热 材 料
仿生工程

（中）邓　涛（TaoDeng）　编著

吴　昱

毕鹏禹　主译

金青君

**Bioinspired Engineering
of Thermal Materials**

化学工业出版社

·北京·

内容简介

仿生学是一门既古老又年轻的科学，最早是1960年由美国斯蒂尔提出的。时至今日，仿生学更专业化、广泛化、智能化、科学化。研究方向大致分为结构仿生、功能仿生、材料仿生和控制仿生等，但最终的研究目的落脚于工程。

鉴于仿生工程的迅猛发展与应用，也为更好地促进国内仿生学的交叉创新发展，译者选取了由WILEY-VCH出版社发行的《热材料仿生工程》介绍给国内读者。全书分为10章，介绍了受生物启发的热材料的最新研究动态。书中第1、2、7章概括了热学的基本理论和热材料的工程历史，其余章节均从具体热学理论出发，介绍了材料的生成特色和实际应用，讨论了受生物系统启发的用于增强沸腾和蒸发的热材料、光热材料和微流体冷却系统的仿生工程等内容。

本书可作为从事仿生工程、热学、功能材料等不同专业研究人员的参考用书。

Bioinspired Engineering of Thermal Materials by Tao Deng

ISBN 9783527338344

Copyright © 2018 Wiley-VCH Verlag GmbH & Co. KGaA, Boschstr. 12, 69469 Weinheim, Germany. All rights reserved.

Authorized translation from the English language edition published by John Wiley & Sons Limited.

本书中文简体字版由John Wiley & Sons Limited授权化学工业出版社独家出版发行。

北京市版权局著作权合同登记号：01-2023-4319

图书在版编目（CIP）数据

热材料仿生工程/邓涛编著；吴昱，毕鹏禹，金青君主译. —北京：化学工业出版社，2023.8

书名原文：Bioinspired Engineering of Thermal Materials

ISBN 978-7-122-43466-1

Ⅰ．①热… Ⅱ．①邓… ②吴… ③毕… ④金… Ⅲ．①热吸收-仿生-工程材料 Ⅳ．①TB34

中国国家版本馆CIP数据核字（2023）第084760号

责任编辑：周 红　　　　　　　　　文字编辑：段正聿 葛文文
责任校对：李雨晴　　　　　　　　　装帧设计：王晓宇

出版发行：化学工业出版社
　　　　　（北京市东城区青年湖南街13号　邮政编码100011）
印　　装：北京新华印刷有限公司
787mm×1092mm　1/16　印张12¼　字数284千字
2023年11月北京第1版第1次印刷

购书咨询：010-64518888　　　　　售后服务：010-64518899
网　　址：http://www.cip.com.cn
凡购买本书，如有缺损质量问题，本社销售中心负责调换。

定　　价：128.00元　　　　　　　　　　　　　　版权所有　违者必究

译者序

热传导行为是整个自然系统运行的重要动力之一，自然界中广泛存在的热材料在宏观和微观尺度展现出独特的性能。时至今日，随着材料、生物、物理、化学等学科高度交叉融合，通过仿生工程实现了高性能热材料的发现、改良、制备，开发出大量节能、低耗、高效的仿生热材料，在军事、医疗、工业制造业等多个热门领域得到广泛应用，展现出巨大的创新潜力、发展势头和广阔的产业应用前景。

基于对热材料仿生技术多年发展成果的深入解析，2018年WILEY-VCH出版社组织领域内顶级专家学者，编著了《热材料仿生工程》。为更好地促进国内热材料仿生技术的交叉创新发展，译者选取该书介绍给国内读者。全书分为10章，系统介绍了热材料仿生技术的发展脉络和最新研究成果：书中第1、7章介绍了材料热学性能的基本理论，第2章介绍了热材料工程的发展历程，第3~6、8~10章则分别介绍了基于仿生技术的表面强化沸腾、蒸发、光热、微流控冷却、热检测、隔热储热、疏冰等材料的研究进展。本书可作为从事仿生工程、热学、功能材料等不同专业研究人员的参考用书，也可作为高等学校相关专业学生的专业课教材。

本书第1章至第3章由毕鹏禹翻译，第4章至第6章由吴昱翻译，第7章至第10章由金青君翻译，主要图表由梅宗书、王翌晨整理。单位领导崔建林、聂凤泉、李伟、董杨、张彤对我们的翻译工作给予了极大的支持和帮助。另外参与本书翻译工作的还有刘海锋、刘艳、赵建锋、任秀娟、张梦清、史红星、吴曦等。在这里，对所有提供帮助的专家学者表示衷心感谢。

由于译著作者水平有限，书中可能存在疏漏和不妥之处，恳请读者批评指正。

译者
2023 年 4 月

目 录

1

材料热学性能简介

冯睿，宋成轶

上海交通大学材料科学与工程学院金属基复合材料国家重点实验室，中国上海市闵行区东川路800号，邮编200240

　　本章主要介绍热传递过程的基本原理、计算方法以及先进热学性能，简要讨论了仿生功能材料在热学方面的应用，并通过一些示例对热学的基本理论进行阐述，例如热源和边界条件、均匀和非均匀网格结构、多相传递、相变和流体对流。鉴于微/纳尺度材料在现代材料科学研究中所展现出的独特的热学性质，本章还介绍了微/纳尺度传热理论方面的新进展，并给出了有关微/纳尺度材料热导率的理论计算方法。为展示宏观尺度和微/纳尺度热传递理论与仿生材料先进热学功能之间的关系，在本章最后一节中，我们将讨论热学仿生材料的一些典型应用，例如纳米热流体（胶体粒子在溶液中的纳米尺度悬浮）、热能快速存储、光热膜相变能量转换和生物激发材料的红外辐射传感。

1.1　宏观热传递

　　热传递是地球上所有生物活动运转的重要动力，它维持着整个自然系统的基本能量运转。作为一门工程学科，热传递的内在规律不仅阐明了能量的传递方式，而且还给出了特定条件下物体的热力学和平衡原理。热力学第一和第二定律提供了平衡原理的基础知识，并遵循传导、对流和辐射的经典热学。在此基础上，我们将讨论热传导、热对流和热辐射等宏观热传递问题，以及用能量方程表述的工作原理。在热物理学和工程问题中，我们使用临界定量标准来表征材料的热学性能。这些热学性能可以用热传导和能量守恒模型表达，并通过分析或数值化的方式来解决热学工程和自然界的有关问题。下面将通过热量传递和能量守恒模型来介绍热传递的基本原理。

1.1.1　热参数标准化

在开发新材料并预测其性能时，重要参数单位的标准化将有助于我们更好地理解相关热学性质。为定量描述热传递过程，表1.1列出了该过程所涉及物理量的基本量纲，后续的定量标准将由这些基本单位导出。为分析更复杂的情况，表1.2给出了材料热学特性的科学表述，特别在数值计算和材料热传递模型研究中，这些量纲将更有利于系统学习和理解有关细节（例如比热容c_p、热导率k、热通量q以及热力学情况下的热扩散率α）。

表1.1　基本参数单位

基本量纲	参数（单位）
长度	L（m）
时间	t（s）
质量	m（kg）
温度	T（℃或K）
电流	J_e（A）

表1.2　由表1.1主要量纲导出的基本参数单位

导出的量纲	参数（单位）
比热容	c_p [J/（kg·K）]
能量	E（J或N·m）
力	F（N·m/s^2）
电荷	C（C或A·s）
热导率	k [W/（m·K）]
压强	p（Pa或N/m^2）
热通量	q（W/m^2）
热效率	Q（W或J/s）
速度	v（m/s）
黏度	μ（Pa·s）
密度	ρ（kg/m^3）
电势	Φ（V或W/A或J/C）

1.1.2　热平衡与热不平衡

热平衡和热不平衡是对热系统能量状态的描述。在一个孤立的、稳定的热系统中，由于没有任何外部能量输入，热平衡状态将变得稳定。一旦系统内的某一位置出现温度升高或降低，就会存在局部的热不平衡，该温差将迫使热能从温度较高的区域传递至温度较低的区域，经过自发传递过程，系统最终将处于平衡状态。由不平衡到平衡的过程由温差控制，而由温度梯度引发的热扩散形式主要有热传导、热对流和热辐射。然而，热传递并不总是由系统内的温差引起，一些非平衡传热也会伴随热传递，如相变、化学吸放热反应等。在这些情况下，热传递的驱动力是潜热和化学能。由此可见，在某种程度上，系统的热不平衡应该被描述为能量状态的不平衡，而不是内部温差。

1.1.3　整体结构热传递

由热不平衡引起的不同介质中的热传递具有不同特征。以特定面积A（控制面）和特定体积V（控制体积）为边界条件的整体结构热传递数值分析如下：

$$q_{\text{heat}} = q_k + q_u + q_r$$
$$Q = \int_A (q_{\text{heat}} \cdot s_n)\,\mathrm{d}A = \int_A [(q_k + q_u + q_r) \cdot s_n]\,\mathrm{d}A \tag{1.1}$$

基于上述定义，图1.1（a）显示了流出特定体积V和特定面积A的法向单位矢量，其中，点s_n表示单位能量状态（表面法向矢量）在表面微元的位置。对整个表面A进行积分，当q平行于表面时，q和s_n的点积将为零，即表面上无热流流出；若q垂直于表面法向矢量s_n，则点积最大。

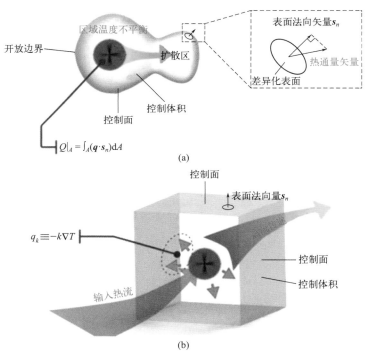

(a)

(b)

图1.1　热传导（a）和热传递（b）示意图（摘自Kaviany 2011[1]）

式（1.2）中，当点积曲面积分为正时，热流流出控制面；当积分为负时，热流流入控制面。当一个单位控制体积拥有比其周围介质更高（或更低）的能量状态时，具有较高温度的区域将把热能传递到具有较低温度的区域。其中，控制体积中的总能量Q代表表面上的能量积分之和。

$$Q = \int_A (q_{\text{heat}} \cdot s_n)\,\mathrm{d}A = \begin{cases} < 0 \\ > 0 \\ = 0 \end{cases} \tag{1.2}$$

图1.1（b）[1]显示了通过控制面和控制体积的热流，此处笛卡尔坐标系中的立方体从外部介质接收向内的能量。热能流入此立方体意味着总能量增加，其中，热量的传导

显示了方向，它可以表示为热导率和温度梯度的乘积。

1.1.4　控制体积和界面

　　在后续研究中，上述控制体积和界面热传导模型中的热系统边界被定义为限定条件。由于局部温度不平衡，热量被迫从高温点向低温点扩散，并通过控制界面进入另一种介质。控制面的边界可以在两相之间的界面（气-液或液-固界面）上，也可以在整体结构内部。如图1.2所示，其中球形气-液-固相存在于初始位置，并具有不同的相环境，不连续的热力学和传递特性发生在球形相界面之外[1]；对于处在温度比周围大气环境高的区域内的液滴或颗粒，热不平衡驱动热量从液-固相向外扩散。

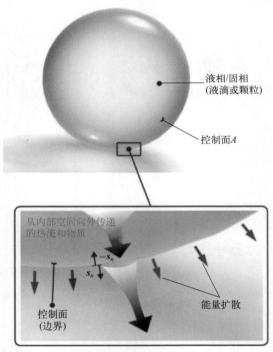

图1.2　液-固-气三相界面（摘自Kaviany 2011[1]）

　　另一实例是气-气相传热分析。由于气体分子具有穿透性和扩散性，初始控制面将参与热传递，此外，还必须考虑物质传递。1.1.5节将阐述固-液、固-气、液-气甚至三相热传递的典型实例，1.2.2节将对涉及分子扩散的热传递进行更全面的分析。

1.1.5　单相和多相介质中的传导

　　多数情况下，热传递介质可以是单相物质，也可以是多相物质，对于单相与多相物质的描述不尽相同。例如考虑到几何结构的巨大变化，以及初始界面和边界条件的不确定性，复合材料通过流体进行热传导或热对流便可给出明确的答案。这里利用几个单相和多相实例，讨论在不同相态中的传递转移分析原则。

1.1.5.1　单相介质

单相整体结构中的热能传递可以采用单一介质，例如饱和气体、纯液体、固体单晶和由单一化学物质组成的化合物（水、二氧化硅、氧化铝）。对于多维单相系统，一些材料遵循傅里叶热传导定律，例如圆柱形和球形结构可以很好地用于计算材料的热通量或热导率。

在一维单相介质中，热能传递一般被视为沿某一方向的热传导。沿着x轴的热传导过程可以用$q=-kA\dfrac{\mathrm{d}T}{\mathrm{d}x}$公式表示，式中$q$代表热通量，$k$为材料的热导率，$A$为热能流出的表面积。传导方程在数值上等价于微分储能方程。在二维或三维单相材料系统中，热通量q代表大小、方向和时空变化，此处$\nabla\cdot q=-\nabla\cdot k\nabla T$可代表吸放热随时间变化率的空间传导。

1.1.5.2　多相复合介质

在许多热传导问题中，存在不止一个相态（例如气体、液体和固体）。多相介质存在各种状态，例如0℃冰水混合物可被视为一种固液两相介质，其内部热能传导与单纯的冰和水的状态存在能量差异。通常多相介质也可分为连续和无序结构：①多层复合薄膜是一种连续多相材料；②掺杂合金或水泥砖为无序多相材料。在这些不同类型的多相介质之间，其热能传导表现出不同的时域特征和属性域特征。此外，一旦热不平衡状态转变为热平衡状态，热能很可能会转化为其他形式的能量，如机械能、电能、电磁能或化学能。

与固体、液体、气体等单相材料热分析的简单情况不同，两相、三相甚至更多相的组合对于热分析来说则更为复杂。

对于多相复合材料，在热分析中应考虑界面效应（气-液、气-固、液-固）和层厚。气-液-固三相界面可能导致完全不同的导热特性（图1.3）。图1.3（a）中，双层固体复合薄膜的横截面设置在矩形隔离边界（超高热阻）区域。具有不平衡倾向的热能单元从其控制体积向周围层开始扩散，通过传导和体辐射使局部温度下降。两相衔接处的热阻，可能导致两层之间的界面传热速率出现显著变化，并且两层之间热导率的差异也会导致各相的传热速率不同。一般来说，在相同的介质中，热能的传递速率基本保持恒定。然而，在固体壁上凝结液体的固-液复合情况下［图1.3（b）］，固体层和液体层之间的热能传递可能在两相界面上引起液体分子相互作用。热对流发生在液体层中，液体对流将加速热能扩散，并使其更快冷却。另一类似例子是气-液介质，即气-液界面存在的瞬时蒸发。当液体过热时，在有限的相变过程中，气-液界面会变得更加模糊，蒸发速率也会提高，在这种情况下，应该考虑相变介质的潜热。

图1.3（c）和（d）讨论了油水乳液的特殊实例。除单个油滴之间以及单个油滴与周围水之间的复杂相互作用外，乳液中的热能传递速率还取决于各种物理量，如油滴的几何形状、液滴的过热温度以及其他涉及相同条件下传热行为的流体动力学参数。然而，表面张力梯度和黏度可能会诱发内部马兰戈尼对流效应，这将有助于将扩散的能量转移到其他空间，这种热现象可为固体多孔介质中的液/气热传递提供模型。

三相热传递的一个经典实例就是在封闭容器中的沸腾实验：当饱和蒸汽气泡附着在

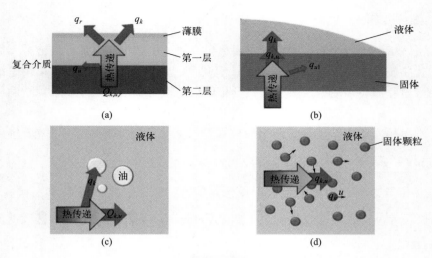

图1.3　不同类型的热传导示意图

（a）复合介质（固态复合薄膜）中的能量转化与传输；（b）液-固两相（固体表面液体凝结）中的能量转化与传输；（c）液-液两相（油-水溶液）中的能量转化与传输；（d）固-液两相（液体中分散的固体颗粒）中的能量转化与传输

过热容器壁表面时，热传递过程就会呈现出气-液-固三相状态。

后面几章将详细介绍热材料的热传递分析。其中，一些材料由单一介质组成，或者在实际的热工学案例中可以简化为单一介质；在其他复杂的热学应用中，考虑对至少由两种异质介质组成的材料进行连续和无序的传热分析。例如，在气-液-固三相介质中，各种气体分子相互扩散/渗透，呈现出极其复杂状态。此外，并非所有的热传导、热对流和热辐射机制在每个物相中都显而易见。例如，加热碳所产生的热辐射几乎和黑体一样，但对空气是透明的。因此，在许多热分析情况下，气体的体积辐射热传递通常被忽略，而在固定网状固体材料的热传递处理中，也常会忽略对流传热。

1.1.6　热容

在一个系统中，热传递不仅使热能穿过单/多相材料的不同介质，而且还能提高介质的温度。材料的储热能力以热容 C_p 来定量表征。比热容 c_p 为单位质量的物质单位温度上升或下降所伴随的能量吸收或释放。在恒定压力下，表观热容下的容量增加量（分子间反应）为：

$$C_p = \frac{\partial Q}{\partial T}\bigg|_p \longrightarrow \infty \tag{1.3}$$

根据热力学第三定律，固体材料在 $T=0K$ 时的比热容 $c_p=0$。一般而言，分子量小的分子比热容高。各种常见材料的 c_p 比较如图1.4所示。示意图中的箭头显示，与其他元素相比，氢（气态）具有最强的储热能力（在恒定的室温下），重金属通常具有较低的比热容[1]。水的比热容 $[c_p=4.2kJ/(kg \cdot K)]$ 比列表中除氢气以外的大多数液体元素都要高，即比热容随着材料的温度、介质的相位（密度）和环境压力的变化而变化。液相和气相比热容的变化严格遵循一个物理规律：这些材料的 c_p 随着密度的降低而增加。

比热容可以通过热能的状态来表征，例如分子或原子集体激发下的平移、旋转和振动运动。对于热传导过程，声子被视为在整体结构内交换热量的热载体。比热容与声子储存和释放热能的能力有关，这可以描述为材料的能量状态。

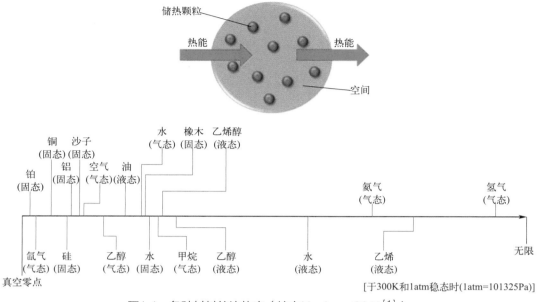

图1.4　各种材料的比热容（摘自Kaviany 2011[1]）

1.1.7　相变

作为一种重要的蓄热现象，加热容器来煮沸水不仅涉及水的温度变化，还涉及相变。在相变过程中，吸收的能量转化为潜热，为相变提供动力。在接近相变点之前可以感知到的热量被认为是物质内部的蓄热。相变表示输入的能量提高了分子的动能或改变了原子结合模式，超出分子或原子之间的相互作用力（范德华力、电磁力等）。因此，固体因分子间距离增加而熔化成液体。同理，当阳离子和阴离子分离时，液体蒸发成蒸气，气体形成离子的等离子气体。虽然经典理论根据实验和能量方程给出了相变过程的经验解决方案，但这些解决方案不能彻底描述相变中涉及的分子反应，也不能准确描述微米级/纳米级尺度的传热问题。

下一节会简要讨论气体（或液体）中微/纳米尺度热传递问题，得出气体和流体的热导率与微尺度特性（如速度、平均自由程、分子密度和微观状态）的关系，并介绍液体和固体中涉及声子和电子传导之间的关系。

1.2　微/纳尺度热传递

通过分析质子和光子的相互作用和迁移，所有的能量过程可由量子力学推导得出。图1.5为不同质量尺度下热物理学的变化。在这个系统的最小尺度（10^{-30}kg）下，质子

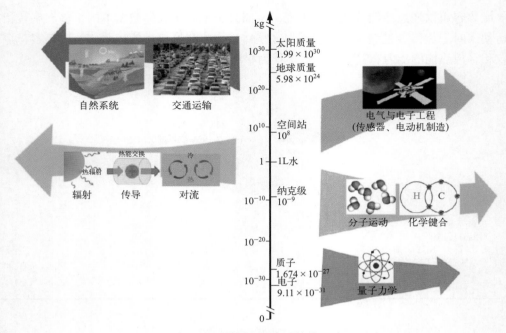

图1.5　不同质量尺度下的热理论

在已知约10^{-30}kg的最小尺度下，相应的理论是量子力学，它涉及电子、质子、原子和电磁波的行为；在更大的尺度下（约10^{-9}kg），相关分子运动和粒子反应可以利用人造显微镜和其他仪器观察和预测。在我们日常生活尺度的正常水平（约1kg）下，经典传热理论涉及基本的传导和对流。将热能工程应用在航空航天尺度（约10^8kg），热能的利用帮助我们更好地探索自然。在大约10^{24}kg的整个地球的尺度上，自然界的生物水循环系统展示了热传递的本质

和电子的热力学可归为量子力学[2]。每个量子的能量输送可以表示为微小粒子的相互作用、量子化晶格振动、离子和电子的迁移以及光子的发射和吸收。

在微尺度范围内认识热能传递的自然规律，将有助于我们分析和研究这些现象。从连续介质效应到各种质量尺度的量子效应，相应的理论被用来描述物质之间的能量过程。如图1.6[3] 所示，多尺度传热问题有四种相关理论，这些尺度效应发生在量子、原子、分子和物质层面。

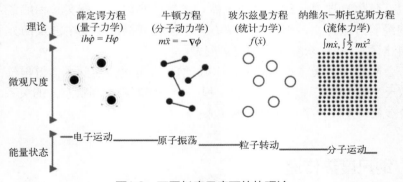

图1.6　不同长度尺度下的热理论

对于电子、质子和原子等量子运动问题，相应的理论是薛定谔方程。对于原子或分子的弹性成键或碰撞，其工作原理可用牛顿定律来描述；对于气态或少数液态系统中较大的刚性粒子问题，最常用的统计预测工具是玻尔兹曼方程。此外，在整体结构中，液体分子和晶体的运动或振动可用纳维尔-斯托克斯方程求解[3]

1.2.1 微/纳尺度热载体

处于非平衡状态的微/纳米材料所经历的每个热过程都需要热载体。热载体被描述为在热传递中具有额外热能的基本单元。热载体可以是声子、热电子、结晶固体或分子。对于非平衡系统的热传导过程，热载体的激发或运动的量化实现了系统中的热能传递。在一些固体晶体传热过程中，声子被当作热载体，通过晶格振动在整体结构中交换热量。

在气体、液体和流体运动系统热过程中会发生随机碰撞。这些碰撞运动的频率由系统中一个分子与另一个分子碰撞前的平均运动距离决定，这种平均运动距离被称为"平均自由程"。它是由微/纳米物体内的随机运动位移所决定的能量传递的平均路径，被广泛用于量化微/纳米物体中发生的动力学过程。

系统中无序和随机性的可测量值被称为"熵"，它可以从统计的角度预测不平衡系统的能量交换行为。熵是用来描述热力学过程中"组合"或"微观状态"数量的最基本的变量之一。改变材料的微观状态可被视为物质的原子间或分子间相互作用（布朗运动）的增强、结晶固体的振动（声子）等等。大量微观状态的存在表明系统中热过程的随机性较大。因此，微观状态的可能组合越多，熵就越高。随机性包括位置随机性和温度随机性，表现为粒子/分子的位置状态和能量状态的分布。

为了预测系统的随机性和能量状态，需要用相对分布来描述各种边界条件下的热交换和储存过程。迄今已发展了几种模型来解释不同物理状态下材料的热载体效应：①固体内声子的普朗克分布；②气体分子的麦克斯韦-玻尔兹曼分布。对于更具体的情况，在分子很少发生碰撞的稀薄凝聚气体系统中，玻色-爱因斯坦分布给出了非相互作用的微小粒子［纳米粒子（NP）或分子］的统计集合，这些粒子在热力学平衡时表现出明确的局域能量状态。在量子物理中，服从泡利不相容原理的玻色子（费米子）一般用费米-狄拉克分布表述。玻色-爱因斯坦分布和费米-狄拉克分布可以在高温条件下导出，而麦克斯韦-玻尔兹曼分布可以在低密度气体条件下导出。对于大多数新开发的微/纳米尺度的热材料，基于直接蒙特卡罗模拟方法的玻尔兹曼方程和分子动力学模拟是分析和阐明其热行为的一般方法。玻尔兹曼方程被认为是处理分子动力学运动和内部反应的通用分析理论。对于一些涉及电磁激发、等离子体效应或声子效应等量子效应的物理过程，可综合应用分子动力学方程和薛定谔方程分析其过程。另外，修正后的宏观传热理论也可以用于分析一些微观传热实例。

1.2.2 基于玻尔兹曼方程的纳米尺度热动力学理论

玻尔兹曼输运方程是一种公认的数值工具。在热应用的粒子系统中，该方程有助于通过预测粒子的种类和动量来分析气体/液体流。因此，由局部不平衡引起的液/气系统的热扩散可通过玻尔兹曼方程来表示，用于显示微小粒子的动力学关系。

非平衡分布函数决定了粒子具有一定位置和动量的概率。玻尔兹曼输运方程用局部平衡能态表达了全局非平衡分布。因此，该方程可以应用平衡系统的性质来研究不平衡系统。

考虑一个特定的二维随机运动粒子系统的简单实例，该系统在 x-y 坐标系上具有温度梯度，每当单个刚性粒子被散射或与其他粒子碰撞时，其进展趋势为：

$$\left\{ f(v+a\mathrm{d}t,\ r+v\mathrm{d}t,\ t+\mathrm{d}t)-f(v,\ r,\ t) \right\}\mathrm{d}v\mathrm{d}t = \left(\frac{\partial Q}{\partial t}\right)_{扩散}\mathrm{d}v\mathrm{d}r\mathrm{d}t \tag{1.4}$$

式中，v 是粒子速度；r 是位置；t 是当前时间；a 是加速度。当 $\mathrm{d}t$ 趋近为零时，可推导出扩散方程：

$$\frac{\partial f}{\partial t} + v\cdot\nabla f + a\cdot\frac{\partial f}{\partial v} = \left(\frac{\partial f}{\partial t}\right)_{扩散} \tag{1.5}$$

然而，此方程并不涉及粒子的碰撞。为计算通过粒子碰撞所传导的能量，可使用近似的热平衡方程，称为"近似弛豫时间机制"，则碰撞函数可以写成：

$$\left(\frac{\partial f}{\partial t}\right)_{扩散} = \frac{f_0 - f}{\tau(r,\ a)} \tag{1.6}$$

式中，∂t 可以被视为与速度和外力相关的函数 $f(v,a)$。如果碰撞粒子的周期被认为是一个统计常数，那么玻尔兹曼方程将被视为一个线性方程，这意味着粒子的运动最终会在达到平衡时满足分布函数 f_0 的要求。因此，当 $a=0$ 时，方程为：

$$\frac{\partial f}{\partial t} + v\cdot\frac{\partial f}{\partial r} = -\frac{f-f_0}{\tau} \tag{1.7}$$

该方程使用近似弛豫时间力学简化后，可用于推导另一个热载体传导方程（即能量流方程）：

$$q_{k,\ r} = \sum_r uf(v,\ r,\ t)H(r) = \int uf(v,\ r,\ t)H(r)\mathrm{d}r \tag{1.8}$$

若要求解方程式（1.8）中含有分布函数 f 的玻尔兹曼方程，$H(x)=\rho c_p\mathrm{d}x$ 设置为分子的一维热传导，在这种情况下，$\frac{\partial f}{\partial x} = \frac{\mathrm{d}f}{\mathrm{d}T}\times\frac{\partial T}{\partial x}$ 满足近似条件，则方程式（1.8）可推导为：

$$q_x(x) = -\frac{\partial T}{\partial x}\int v_x^2\tau\frac{\mathrm{d}f}{\mathrm{d}T}H(x)\mathrm{d}x \tag{1.9}$$

根据相对能量方程和平均自由程力学，我们可以得到合适的热导率[1]：

$$k = \int v_x^2\tau\frac{\mathrm{d}f}{\mathrm{d}T}H(x)\mathrm{d}x = \frac{1}{3}c_v v_x\lambda \tag{1.10}$$

x 方向传导的热通量方程如图1.7所示。对于固体（金属和半导体）中的电子运动或

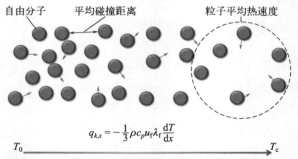

$$q_{k,x} = -\frac{1}{3}\rho c_p u_f\lambda_f\frac{\mathrm{d}T}{\mathrm{d}x}$$

图1.7　玻尔兹曼方程中热载体碰撞（传热）的线性解（摘自Kaviany 2011[1]）

Bioinspired Engineering of Thermal Materials

晶格振动，存在由热传导物理耦合过程所引发的另一个问题，即自由电子在能量传递中起着重要作用，如金属材料及性能介于金属和非金属之间的半导体材料的热释电效应。

1.2.3 分子动力学计算

分子动力学（MD）不仅是理解微/纳米结构特性的一种强有力的辅助计算方法，也是展示热过程随时间变化行为的一种计算机模拟技术。在理论假设上，小分子动力学遵循经典的牛顿定律：

$$F_n = m_n a_n \tag{1.11}$$

式中，原子 n 处于由 N 个原子组成的系统；m_n 是原子质量；$a_n = \dfrac{\mathrm{d}^2 r}{\mathrm{d}t^2}$ 是加速度；F 是与其他原子的相互作用而作用于原子 n 上的力。

因此，在分子动力学模拟中，物体被视为由原子组成的具有柔性键的分子粒子，这与玻尔兹曼理论中将基本物体视为具有恒定质量和不变结构的微小粒子不同。这意味着在一个动态过程中，粒子不仅经历碰撞，而且还经历自旋转、弹性变形，甚至能量转换[4]。

对于线性和一些简单的能量转换而言，玻尔兹曼方程可以通过分子动力学模拟导出。它计算分子系统的时间相关行为（图1.8）。由蒙特卡罗算法导出的玻尔兹曼方程不仅可用于稀薄气体分子系统，还可用于求解物质的相变过程和不同液体混合物的热扩散。

例如，在热水中进行扩散的典型分子动力学中，一旦给定一组初始位置和速度，随后的时间演化就完全确定了。当不平衡发生时，水分子到处运动（流体），与相邻分子一起做布朗运动，如果它们在自由表面上，有时甚至会从系统中蒸发掉。

分子动力学模拟优化了热系统中复杂动态传热的研究。基于蒙特卡罗算法的方法可广泛应用于许多工程或科学研究分析（例如，纳米流体系统中金属纳米粒子的稳定性试验）。

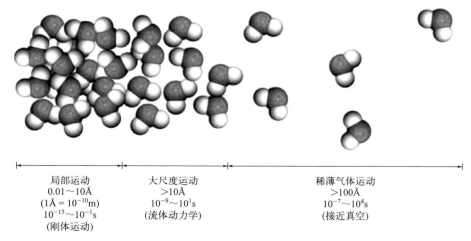

图1.8　分子动力学系统中含水分子的典型样本

1.2.4 表面等离子体共振（SPR）光热效应

表面等离子体共振是最新热材料研究中所涉及的一种重要纳米尺度光热效应。它被定义为自由电子云在块状金属、纳米料子和半导体中的集体振荡。特别是在光热纳米材料中，表面等离子体共振在将光能转化为热能中起着至关重要的作用。

在具有理想电介质的环境中，受激等离子体粒子不在粒子群中传播表面等离子体共振波，而是呈现局部表面等离子体共振。因此，金属中的自由电子云经常表现为沿特定方向的极化并伴随着回复力。随着运动电子在电介质中迁移造成电能损耗，电能被转换成热能。如图1.9所示，热量产生于电磁辐射的振荡过程，对应于电子-声子相互作用。部分被拦截的光将被粒子吸收并转化为热量，剩余部分转化为弹性散射和光子激发：

$$\sigma = \sigma_{scat} + \sigma_{excit} + \sigma_{abs} \tag{1.12}$$

热量耗散部分取决于金属颗粒的数量和几何形状。粒子结构内部的热量产生可以描述为：

$$Q = \sigma_{abs}I \tag{1.13}$$

式中，σ_{abs} 代表光的粒子吸收截面；I 为入射光强[5-8]。

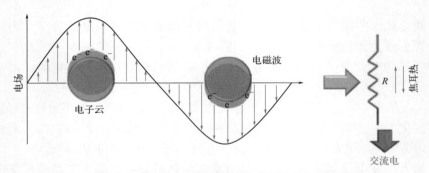

图1.9　金纳米粒子上光诱导等离子体加热的原理示意图

1.3 仿生热材料

人类向自然学习的历史已有数百万年。例如，在北极或南极的低温环境中，生命体必须尽量减少热量损失以适应寒冷的天气。受生物使用毛皮或洞穴来减少冬季热量损失的启发，一些创新性的人工热材料被用于调节温度或减少热量损失[9]。本节简要讨论了一些有趣的仿生热应用，重点介绍了生物系统的关键热学特性，这有助于仿生热工程/管理的发展。

1.3.1 仿生热传导材料

具有高导热性的材料被广泛用于实际的热管理中的加热或冷却。针对传统的导热问题，引入了新开发的超高导热纳米材料，包括碳纳米管或石墨烯。例如，碳纳米管已被用于面向墙壁传热需求的复合材料[10-12]，在有机和无机材料中掺杂碳纳米管或石墨烯有助于降低两相之间的界面热阻。受天然生物精细结构的启发，科学家们在由常规商业原材料制造的功能纳米材料中实现了卓越的热学性能，蜘蛛牵引丝是著名的仿生实例之一。根据相关报道，这种由生物聚合物构成的蛛丝的热导率高达416W/（m·K），与铜的热导率［400W/（m·K）］相当[13]。显然，蜘蛛丝中排列规整的β片层和螺旋结构有助于声子的快速传导。受这种微结构自然高度分级排列的启发，Shen等人制造了高热导率［104W/（m·K）］的人造聚乙烯纳米纤维[14]。从电子芯片的快速冷却、加热元件的涂层到脉管制冷机的部件，这些材料的应用发展引起了广泛关注。

1.3.2　仿生储热材料

迄今为止，人类世界所消耗的80%以上的能源来自天然气、石油和煤炭这些天然燃料。在地球上利用燃料能源不仅会产生严重的污染，还会造成巨大的能源损失。为了提高能源效率，一种方法是储存来自自然和工业加工的热能。许多动物知道如何保留和储存热能，例如黑色蝴蝶在白天很容易吸收太阳光，然后在寒冷的夜晚将其转化为热量。受生物系统进化的热能储存方法的启发，特别是寒冷地区一些蝶类吸收太阳光并将其转化为热量，有人提出了一种新的热能储存系统，采用相变材料、等离子体纳米粒子和石蜡的混合物来提高光热能量储存速率[15]。在Wang的工作中，利用贵金属金纳米粒子的光热效应，在非常低的金纳米粒子和纳米棒的体积负载浓度（百万分之几）表面改性下，实现了石蜡混合物材料的快速热存储（图1.10）。由于纳米粒子均匀地分散在石蜡等基质中，纳米粒子作为光吸收剂大幅提升了热能储存效率。当入射光照射到掺杂纳米颗粒的石蜡表面时，由于吸光颗粒产生大量热量，石蜡表面会迅速熔化。同时，掺杂的凝胶变得透明，便于光能进一步进入石蜡内部[16]。

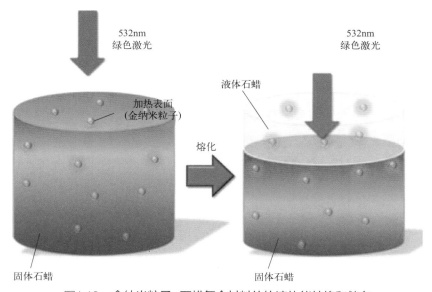

图1.10　金纳米粒子-石蜡复合材料的快速热能转换和储存

1.3.3　仿生热检测材料

沙漠蛇的夜间红外视觉可探测到来自其他生物的热量，受此启发，一些来自发热体的反射辐射波可用于温度探测。传统的红外探测可以分为冷红外探测和非冷红外探测。冷红外探测需要高分辨率、昂贵的低温或热电冷却设备。非冷红外探测的分辨率低，但成本远低于冷红外探测系统。一种仿生检测方法为红外检测技术提供了一种新的机制[17]。通过在薄片末端沉积一层50nm的金原子来制作改良的蝶翼。当改良后的蝶翼受到红外线照射时，蝶翼薄片的甲壳质和沉积的金薄膜将吸收入射的红外线并膨胀。金膜和甲壳质热膨胀系数的不匹配导致蝶翼薄片弯曲。在红外照射后，可见光的反射将改变其光谱结构或位置。通过收集多层蝶翼结构改变的反射光谱，可以捕获红外信号。简而言之，蝶翼三维结构的改变可用于检测红外辐射。另外，也有报道称，热双晶结构的三维多层结构能够提高光子共振器和热质子器件的灵敏度[18-21]。

1.3.4　仿生热能转换材料

受自然叶片蒸腾系统的能量循环的启发，人们用太阳光使水蒸发，转换的光热能量具有广泛的应用，如发电和海水淡化[22-33]。Halas等人系统研究了等离子体纳米粒子水溶液中的热量产生和传递效应。由于表面等离子体共振效应[34]，金纳米粒子通常被用作热源，浓缩的等离子体纳米粒子溶液被用来产生高温蒸汽。他们的工作表明，分散的纳米粒子的多重光散射增强了光热蒸发效率[35,36]。然而，纳米粒子水溶液仍然存在许多缺点，例如不可回收和热能损失进入液体的非蒸发部分。受人体出汗的启发，Liu等人开发了一种新的蒸发系统，如图1.11所示，该系统在自由漂浮的多孔无尘纸上组装金纳米颗粒薄膜涂层[37]。在这项研究中，强烈的等离子体集中在蒸发表面（水-空气界面），导致在蒸发表面附近产生气泡。结果表明，蒸发效率可达74%，远远高于金纳米粒子水溶液的蒸发效率。自由漂浮的纸基金纳米粒子薄膜能够减少热损失，即减少从加热的金

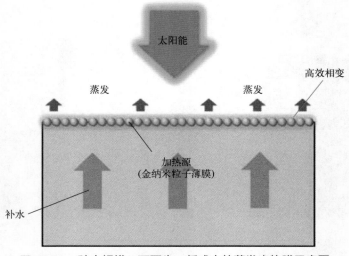

图1.11　一种大规模、可再生、低成本的蒸发光热膜示意图

纳米粒子薄膜到液体未加热部分的热扩散，这在金纳米粒子水溶液中不可避免。此外，无尘纸的低热导率和薄膜中的综合太阳能转换也有助于减少蒸发系统中的热能损失。本书还将全面讨论包括高效蒸发系统在内的仿生材料的热能转换。

1.4 前景与展望

这一章旨在简要描述热传递机制和仿生材料的基本热学性能。1.1节介绍了宏观传热的工作原理，并对热传导问题的实例进行了讨论。除了介绍宏观传热理论，1.2节还强调了微尺度传热方程理论，这有助于了解材料的微/纳米级热学性能的热学概念，这些基础理论可用于解决在快速发展的仿生热材料领域遇到的实际问题。在1.3节中，介绍了仿生热材料的一些典型发展成果，以总结热工程方法的最新工作。热能工程/管理的新进展利用了高度复杂的生物进化系统，这将最终有利于工业发展和人类的日常生活。在不久的将来，通过向自然学习来提高创新材料科学和技术可能会在材料热工程领域掀起一场革命。

致谢

本研究得到了国家自然科学基金（资助批准号21401129）、上海市自然科学基金（资助批准号14ZR1423300）和中国博士后科学基金资助项目（资助批准号2014 M560327和2014 T70414）的资助。

参考文献

1 Kaviany, M. (2011) *Essentials of Heat Transfer: Principles, Materials, and Applications*, Cambridge University Press.

2 Kandlikar, S.G. (2010) Scale effects on flow boiling heat transfer in microchannels: a fundamental perspective. *International Journal of Thermal Sciences*, **49** (7), 1073–1085.

3 Kondepudi, D.K. (2008) *Introduction to Modern Thermodynamics*, John Wiley & Sons, Ltd, Chichester.

4 Allen, M.P. (2004) Introduction to molecular dynamics simulation, in *Computational Soft Matter: From Synthetic Polymers to Proteins*, vol. 23 (eds N. Attig, K. Binder, H. Grubmuller, and K. Kremer), John von Neumann Institute for Computing, Julich, pp. 1–28.

5 Baffou, G., Quidant, R., and Girard, C. (2009) Heat generation in plasmonic nanostructures: influence of morphology. *Applied Physics Letters*, **94** (15), 153109.

6 Baffou, G., Quidant, R., and García de Abajo, F.J. (2010) Nanoscale control of optical heating in complex plasmonic systems. *ACS Nano*, **4** (2), 709–716.

7 Zhang, W., Li, Q., and Qiu, M. (2013) A plasmon ruler based on nanoscale photothermal effect. *Optics Express*, **21** (1), 172–181.

8 Baffou, G., Quidant, R., and Girard, C. (2010) Thermoplasmonics modeling: a Green's function approach. *Physical Review B*, **82** (16), 165424.

9 Tao, P., Shang, W., Song, C., Shen, Q., Zhang, F., Luo, Z., Yi, N., Zhang, D., Deng, T. *et al.* (2015) Bioinspired engineering of thermal materials. *Advanced Materials*, **27** (3), 428–463.

10 Bryning, M.B., Milkie, D.E., Islam, M.F. *et al.* (2005) Thermal conductivity and interfacial resistance in single-wall carbon nanotube epoxy composites. *Applied Physics Letters*, **87** (16), 161909.

11 Shenogin, S., Xue, L., Ozisik, R. *et al.* (2004) Role of thermal boundary resistance on the heat flow in carbon-nanotube composites. *Journal of Applied Physics*, **95** (12), 8136–8144.

12 Biercuk, M.J., Llaguno, M.C., Radosavljevic, M. *et al.* (2002) Carbon nanotube composites for thermal management. *Applied Physics Letters*, **80** (15), 2767–2769.

13 Huang, X., Liu, G., and Wang, X. (2012) New secrets of spider silk: exceptionally high thermal conductivity and its abnormal change under stretching. *Advanced Materials*, **24** (11), 1482–1486.

14 Shen, S., Henry, A., Tong, J. *et al.* (2010) Polyethylene nanofibres with very high thermal conductivities. *Nature Nanotechnology*, **5** (4), 251–255.

15 Wang, Z., Tao, P., Liu, Y. *et al.* (2014) Rapid charging of thermal energy storage materials through plasmonic heating. *Scientific Reports*, **4** (1). doi: 10.1038/srep06246.

16 Zheng, Y., Liu, J., Liang, J., Jaroniecc, M., and Qiao, S.Z. (2012) Graphitic carbon nitride materials: controllable synthesis and applications in fuel cells and photocatalysis. *Energy & Environmental Science*, **5**, 6717–6731.

17 Zhang, F. *et al.* (2015) Infrared detection based on localized modification of Morpho butterfly wings. *Advanced Materials*, **27** (6), 1077–1082.

18 LeMieux, M.C. *et al.* (2006) Polymeric nanolayers as actuators for ultrasensitive thermal bimorphs. *Nano Letters*, **6** (4), 730–734.

19 Watts, M.R., Shaw, M.J., and Nielson, G.N. (2007) Optical resonators: microphotonic thermal imaging. *Nature Photonics*, **1** (11), 632–634.

20 Yi, F. *et al.* (2013) Plasmonically enhanced thermomechanical detection of infrared radiation. *Nano Letters*, **13** (4), 1638–1643.

21 Park, T., Na, J., Kim, B. *et al.* (2015) Photothermally activated pyroelectric polymer films for harvesting of solar heat with a hybrid energy cell structure. *ACS Nano*, **9** (12), 11830–11839.

22 Szwarcman, D., Vestler, D., and Markovich, G. (2010) The size-dependent ferroelectric phase transition in $BaTiO_3$ nanocrystals probed by surface plasmons. *ACS Nano*, **5** (1), 507–515.

23 Huang, X., El-Sayed, I.H., Qian, W. *et al.* (2006) Cancer cell imaging and photothermal therapy in the near-infrared region by using gold nanorods. *Journal of the American Chemical Society*, **128** (6), 2115–2120.

24 Yilmaz, Ş., Bauer, S., and Gerhard-Multhaupt, R. (1994) Photothermal poling of nonlinear optical polymer films. *Applied Physics Letters*, **64** (21), 2770–2772.

25 Yang, Y., Zhang, H., Zhu, G. *et al.* (2012) Flexible hybrid energy cell for simultaneously harvesting thermal, mechanical, and solar energies. *ACS Nano*, **7** (1), 785–790.

26 Gude, V.G. and Nirmalakhandan, N. (2010) Sustainable desalination using solar energy. *Energy Conversion and Management*, **51** (11), 2245–2251.

27 Shannon, M.A., Bohn, P.W., Elimelech, M. *et al.* (2008) Science and technology for water purification in the coming decades. *Nature*, **452** (7185), 301–310.

28 Elimelech, M. and Phillip, W.A. (2011) The future of seawater desalination: energy, technology, and the environment. *Science*, **333** (6043), 712–717.

29 Gupta, M.K. and Kaushik, S.C. (2010) Exergy analysis and investigation for various feed water heaters of direct steam generation solar–thermal power plant. *Renewable Energy*, **35** (6), 1228–1235.

30 Agrawal, R., Singh, N.R., Ribeiro, F.H. *et al.* (2007) Sustainable fuel for the transportation sector. *Proceedings of the National Academy of Sciences of the United States of America*, **104** (12), 4828–4833.

31 Cartlidge, E. (2011) Saving for a rainy day. *Science*, **334** (6058), 922–924.

32 Zarza, E., Valenzuela, L., Leon, J. *et al.* (2004) Direct steam generation in parabolic troughs: final results and conclusions of the DISS project. *Energy*, **29** (5), 635–644.

33 Fang, C., Shao, L., Zhao, Y., Wang, J., Wu, H. *et al.* (2012) A gold nanocrystal/poly(dimethylsiloxane) composite for plasmonic heating on microfluidic chips. *Advanced Materials*, **24** (1), 94–98.

34 Hogan, N.J., Urban, A.S., Ayala-Orozco, C., Pimpinelli, A., Nordlander, P., and Halas, N.J. (2014) Nanoparticles heat through light localization. *Nano Letters*, **14** (8), 4640–4645.

35 Brongersma, M.L., Halas, N.J., and Nordlander, P. (2015) Plasmon-induced hot carrier science and technology. *Nature Nanotechnology*, **10** (1), 25–34.

36 El-Agouz, S.A., Abd, El-Aziz, G.B., and Awad, A.M. (2014) Solar desalination system using spray evaporation. *Energy*, **76**, 276–283.

37 Liu, Y., Yu, S., Feng, R. *et al.* (2015) A bioinspired, reusable, paper-based system for high-performance large-scale evaporation. *Advanced Materials*, **27** (17), 2768–2774.

2

热材料工程史

Mohammed T. Ababneh

先进冷却技术公司，美国宾夕法尼亚州兰开斯特新荷兰大道1046号，邮编17601-5688

2.1 引言

在过去的36亿年里，大自然一直在回答设计师和研究人员直至今日还在面临的许多问题。例如，航空的历史已延续了两千多年，如图2.1所示，从最基本的航空器——风筝，发展到了超声速飞机。飞机是第一批受自然启发而实现的设备之一，它的开发受到了天空中鸟类的启发。实际上，英文单词航空（aviation）即来源于拉丁语的"鸟（avis）"和后缀"-ation"。那时，人们对飞行技术的认识还很有限，但是对天空中鸟类、飞虫等的观察激发了科学家们更好地理解这一技术的兴趣。

为了解决人类社会中的各种复杂问题，从自然界中观察、理解和学习新的概念以复制或模仿生物特性，被称作"仿生学"。近年来，仿生学引起了先进材料和设备开发领域的科学家和工程师的极大兴趣[1]。仿生学的一个典型实例是仿生材料——模仿天然

图2.1　航空史（https://en.wikipedia.org/wiki/Aviation/；经CC BY 3.0许可）

材料的特性、功能和结构制备的人工材料。通过理解生物体的构造原理，从而实现工程系统的类似功能，这种工程实现方法被称为"仿生设计"。

2.2 热材料的工程应用历史

2.2.1 热导率

热导率，又称热传导系数、导热系数，是衡量材料导热能力的标准。基于以笛卡尔坐标系表示的一维热传导傅里叶定律［式（2.1）］，影响 q 的因素是温差（dT）、横截面积（A）、厚度（dx）和材料的热导率（k）。

$$q = -kA\frac{\mathrm{d}T}{\mathrm{d}x} \tag{2.1}$$

式（2.1）仅适用于稳态热流。此外，方程中的负号表示热传递的方向是从热到冷（即当固体材料的一个表面的温度高于另一个表面的温度时，热量将通过该材料传递）。根据材料的热导率，热传导的速度可以快也可以慢。

图2.2 显示了具有相同矩形横截面（$t×w$）的铜棒和不锈钢棒，以50kW/m² 的速率均匀散热，而其他表面保持在25℃，对流传热系数为5W/（m² · K）。

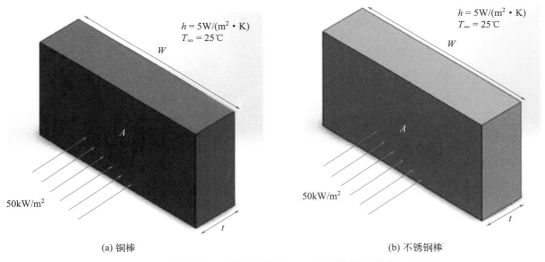

(a) 铜棒   (b) 不锈钢棒

图2.2 具有相同矩形截面的铜棒和不锈钢棒的热传导示意图

图2.3 显示了铜棒和不锈钢棒的温度分布。铜棒和不锈钢棒的正面与背面之间的温差分别为6.4°C 和138.4°C，因为铜的热导率比不锈钢高约22倍。

图2.4 给出了一些气相、液相和固相材料的热导率及其随温度的变化情况。通常情况下，气态材料的热导率小于液态材料的热导率，液态材料的热导率小于固态的热导率。由式（2.1）可知，在给定的温度梯度下，热通量随着热导率的增加而增加。

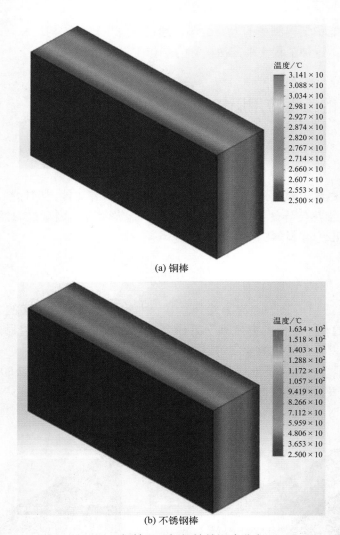

(a) 铜棒

(b) 不锈钢棒

图2.3 铜棒和不锈钢棒的温度分布

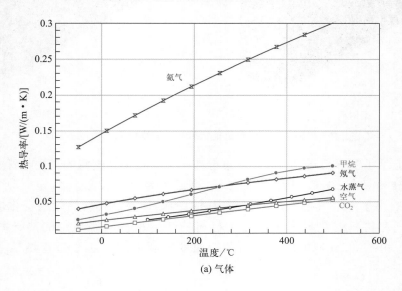

(a) 气体

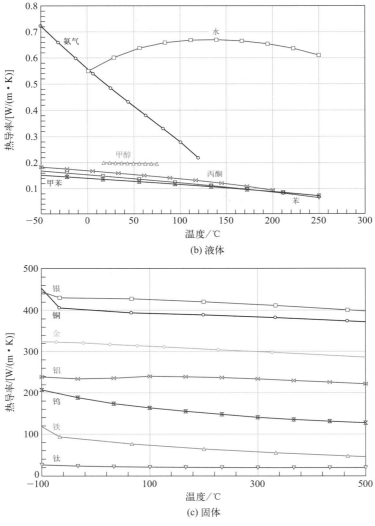

图2.4　不同温度下一些材料的热导率

2.2.2　高导热材料进展

近年来，模仿自然材料以获得具有优异热物理特性的新型材料，这一研究思路得到了工程界和科学界的广泛关注。例如，为了满足日益增长的散热材料对高热学性能的需求，金属基复合材料（metal matrix composites，MMCs）因其出色的热物理性能而被视为下一代热管理材料，其中，低密度碳材料有望用作金属基复合材料中的填充材料[2]。Ghosh等[3]和Balandin等[4]利用显微共聚焦拉曼光谱分析了悬浮单层石墨烯在室温下的热导率，如图2.5所示。石墨烯的层数可以从拉曼谱图中G峰的频率对激发激光功率的依赖关系中分析得到。石墨烯的总耗散功率和由此产生的温度升高，可由拉曼光谱中石墨烯的G模式和光谱峰的积分强度来评估。该工作测得单层石墨烯热导率高达5300W/（m·K）（大约比$k_{金刚石}$高五倍）。由于石墨烯具有极好的热导率，其热传导能力可超过碳纳米管。石墨烯的强导热性有利于未来纳米电子电路的发展，并使石墨烯成为热管理系统的优异候选材料。

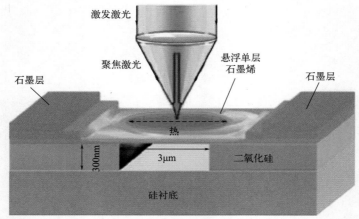

图2.5　悬浮单层石墨烯显微共聚焦拉曼光谱分析实验示意图［经Balandin等许可摘录，2008[4]；美国化学会版权所有（2008）］

激发激光集中在横跨沟槽的石墨烯层上，聚焦激光产生局部热点，在单层石墨烯内部产生向散热器传播的热通量

Kwon和Kim[5]使用MEMS悬浮装置测量了多壁碳纳米管（multiwalled nanotubes，MWNTs）介观的热导率，图2.6所示为悬浮装置的扫描电子显微镜（SEM）图像（插图为带有微电阻的悬浮岛中央部分的放大图）。两个独立岛由三组250μm长的氮化硅支腿悬挂，支腿通过Pt/Cr导线将岛上的微量热装置与探针测试盘连接。

图2.7显示了将介观尺寸的样品放置在装置上形成的两个悬浮的多壁碳纳米管岛之间的热路径。向其中一个电阻器R_h施加偏置电压产生焦耳热，将加热岛的温度从热浴温度T_0升高至T_h。在稳态下，热量通过纳米管传递到另一个岛，因此电阻器R_s的温度T_s也升高。

图2.6　MEMS悬浮装置的SEM图像［经Kwon和Kim许可摘录，2006[5]；Springer-Verlag New York版权所有（2006）］

比例尺为100μm和1μm（放大的中间部分）[5,6]

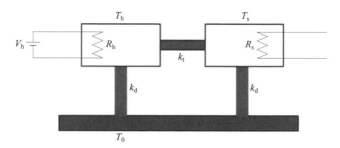

图2.7 MEMS悬挂装置的传热模型示意图（样品横跨两条支腿）［经Kwon和Kim许可摘录，2006[5]；Springer-Verlag New York版权所有（2006）］

支腿和连接管的热导率k_d和k_t可根据施加功率W计算：

$$T_h = T_0 + \frac{k_d + k_s}{k_d(k_d + 2k_s)}W \qquad (2.2)$$

$$T_s = T_0 + \frac{k_s}{k_d(k_d + 2k_s)}W \qquad (2.3)$$

利用这些支腿，可测量热电功率和纳米连接材料的热导率。图2.8显示了由硅纳米线连接的每个悬浮岛的温度变化（ΔT）的功率效应，其中，连接纳米管在温度T_0下的热导率可以用式（2.2）和式（2.3）计算。

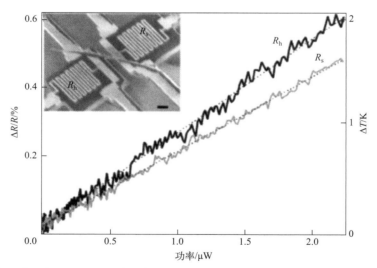

图2.8 加热电阻（R_h）和感应电阻（R_s）的电阻值随加热电阻所施加功率的变化规律［经Kwon和Kim许可摘录，2006[5]；Springer-Verlag New York版权所有（2006）］
插图为多壁碳纳米管安装于悬浮岛上的电子显微镜照片，比例尺为1μm

类似地，多壁碳纳米管的热导率可以使用前述悬浮装置测量。图2.9为悬浮岛的SEM图像，图2.10显示了图2.9中独立多壁碳纳米管的温度相关热导率$k(T)$。该结果显示了与"体相"测量的显著差异。如图2.10所示，室温下热导率高于3000W/（m·K），而使用3ω自加热法对多壁碳纳米管进行的"体相"测量得到的数值约为20W/（m·K）[7,8]。体相测量值和单管测量值之间的显著差异是一些高电阻的导热连接部位造成的。

图2.9　悬浮岛的SEM图像［经Kwon和Kim许可摘录，2006[5]；Springer-Verlag New York版权所有（2006）］

安装有桥接的单根多壁碳纳米管（直径为14nm）[5]。插图为系统俯视图，比例尺为10μm

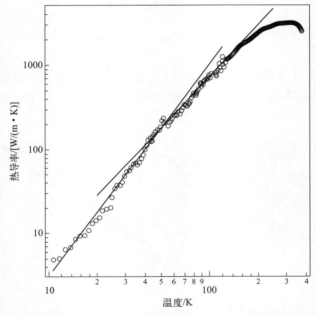

图2.10　直径14nm的单根多壁碳纳米管的热导率［经Kwon和Kim许可摘录，2006[5]；Springer-Verlag New York版权所有（2006）］

实线代表两种温度范围的线性拟合结果。两段直线的斜率分别为2.50和2.01

Klemens和Pedraza[9]通过理论分析和实验证明，300K时，高定向热解石墨的热导率约为1900W/（m·K）（约高于$k_{金刚石}$的两倍）。采用平衡和非平衡分子动力学模拟，作者研究了碳纳米管的热导率随温度变化的情况，结果表明，单独的（10,10）纳米管在室温下k非常高，数值约为6600W/（m·K）；此外，相关结果还表明，高k值与系统的高声子平均自由程有关[10]。

排列整齐的碳纳米管形成的复合材料有望用作电子系统和热电发电机的热界面材料。Marconnet等[11]报道了含有排列整齐的多壁碳纳米管复合膜在各种碳纳米管体积分数下的热导率。1%（体积分数）的碳纳米管复合材料的热导率比聚合物基材高200%，17%（体积分数）碳纳米管含量（更致密的阵列）则可将热导率提高18倍，热导率变化规律与碳纳米管的体积分数呈非线性趋势。

　　Shen等[12]通过使用多巴胺化学物质修饰层状氮化硼（h-BN），在其表面形成聚多巴胺（polydopamine, PDA）壳，实现了微孔板的表面简易仿生改性，如图2.11所示。PDA提高了填料与聚乙烯醇（PVA）基质的相容性，增加了填料的分散性，构建了具有规则排列的h-BN@PDA填料的复合薄膜，与无序排列的h-BN薄膜相比，取向薄膜具有更高的面内热导率［添加10%（体积分数）h-BN@PDA时，热导率约为5.4W/（m·K）］。值得注意的是，该涂层可满足微电子技术对高导热绝缘电子封装材料的需求，有望支撑该领域发展。

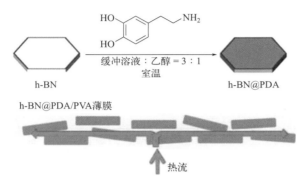

图2.11　h-BN高导热复合薄膜的表面仿生改性原理图［经Shen等许可摘录，2015[12]；美国化学会版权所有（2015）］

2.3　仿生热材料工程应用

2.3.1　亲水与疏水表面

　　荷叶效应（lotus effect）主要指超疏水表面的行为。由于超疏水表面具有低浸润性，液滴在其表面能够形成大接触角（$\theta>150°$）和低滚动角（$\beta<10°$）。因此，液滴可携带和运输表面的微粒。该机制被称为超疏水表面的自清洁效应，而荷叶是自清洁效应的典型代表，故这种机制以荷叶命名。在两位植物学家Barthlott和Neinhuis[13]报道荷叶效应之后，又有大量文献报道了多种模拟荷叶结构制备的疏水表面。反之，当某表面倾向于吸收水滴时，则被称为"亲水表面"。图2.12为接触角示意图，接触角即液滴表面切线和固体表面之间的夹角。当该角度大于90°时［图2.12（a）］，表面为疏水表面，而如果接触角小于90°［图2.12（b）］，表面为亲水表面，液滴倾向于扩散到表面上。

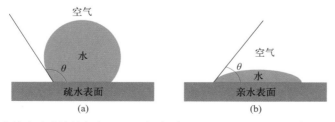

图2.12　疏水表面上的水滴（接触角大于90°）（a）和亲水表面上的水滴（接触角小于90°）（b）

2.3.2 滴状凝结

冷凝指的是物质的物相从气相转化为液相。如图2.13所示，当气相物质暴露于温度低于其饱和温度的表面时，会在表面上发生液滴形式的凝结（滴状冷凝）或液膜形式的凝结（膜状冷凝）。

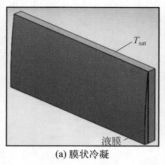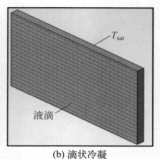

(a) 膜状冷凝　　　　　　　　　　(b) 滴状冷凝

图2.13　冷凝示意图

在膜状冷凝中，表面被厚度不断增加的液膜覆盖，如图2.13（a）所示，蒸气和固体表面之间的薄膜为热传导阻碍层。当蒸气凝结时，释放汽化热，蒸气在到达固体表面之前将面临热传导阻力。对于滴状冷凝，当液滴达到一定尺寸时，会向下滑落，清除表面使之暴露在蒸气中，则无液膜阻碍热传递。因此，滴状冷凝的传热速率会高10倍，是最有效的热传导方法之一，利用该机制可获得非常大的传热系数。研究人员长期致力于通过表面涂层（如疏水表面）和各种蒸气添加剂获得连续的滴状冷凝效果。就已实现的滴状冷凝而言，这些措施并非十分有效，因为滴状冷凝在一段时间后即转变为膜状冷凝[14]，因此，保持滴状冷凝是提高经济效益的需求[15]。最近，研究人员发现了随时间推移仍保持其传热特性的滴状冷凝表面[16]。

如前所述，可通过改变表面粗糙程度来增强其疏水性（即荷叶效应）。改变表面纹理的一个简单方法是使用烧结金属粉末。该技术可改变表面浸润性，通过实现浸润梯度进一步帮助液滴移动，增强冷凝过程的热传递[17]。Lehigh大学和ACT（Advanced Cooling Technologies，先进冷却技术）公司已证明可利用浸润梯度改善抛光表面的滴状冷凝。Bonner[18]通过实验证实滴状冷凝仅发生在非浸润表面上，与无浸润梯度的水平基底相比，浸润梯度表面表现出了显著的滴状冷凝。

图2.14给出了液滴在具有递减疏水性的浸润梯度表面上运动的物理描述。梯度表面上的液滴将经历不同的接触角，其中较大的接触角位于表面上的疏水侧，到亲水侧逐渐减小。接触角差异产生驱动力，向润湿性增加的方向驱动液滴。值得注意的是，为了使液滴在梯度表面上移动，液滴后侧的前进接触角必须大于前侧（更亲水侧）的后退接触角。否则，液滴将停留在表面上[18]。

Varanasi和Deng[19]证明可通过空间区域设计调控水的异相成核行为。图2.15说明通过设计具有疏水和亲水区域的表面来调控局部浸润性有利于水在亲水区域成核。

这些研究为更好地认识水的异相成核和其他过程，例如晶核形成、冰的形成等提供了途径[20]。与超疏水表面的随机成核行为相反，在顶部具有亲水区域的梯度疏水表面

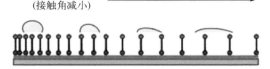

液滴运动示意
(接触角减小)

低浸润区域：
较高的单体密度、
较低的表面能、
较大的接触角、
较差的浸润性

高浸润区域：
较低的单体密度、
较高的表面能、
较小的接触角、
较好的浸润性

—— 低表面能基团
—— 聚合物链(8~20个单体)
—— 表面活性基团

图2.14　液滴在具有浸润梯度的表面上从疏水侧到亲水侧的运动示意图［经Bonner许可摘录，
2009[18]；ASME版权所有（2009）］
可通过调控低表面能分子的表面浓度产生表面能梯度

增强了Cassie型液滴的成核和生长，且在凝结过程中具有较大的液滴脱落特性。因此，该类复合表面在改善凝结传热方面有巨大潜力[21]，有望用于发电和海水淡化过程的冷凝器，减少蒸汽轮机以及电子产品冷却所需的高性能热管由水蒸气导致的效率损失[22]。

图2.15　水蒸气在超疏水表面上凝结的环境扫描电子显微镜（ESEM）图像［经Varanasi和Deng
许可摘录，2010[19]；IEEE版权所有（2010）］
（a）干燥表面；（b）～（d）表面凝结现象
该超疏水表面由宽度15μm、边间距30μm和纵横比为7的疏水方柱阵列组成。（b）～（d）与（a）共用同一
个比例尺

2.3.3　热管

如图2.16所示，热管是一种真空密封装置，通过两相毛细管驱动实现热传递。热管需要一个毛细结构将液体从冷凝器返回蒸发器。由于这种结构依赖液体侧的压力差降低与毛细作用产生的竞争压力，因此会限制总热传递距离。

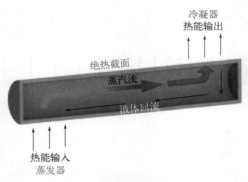

图2.16 热管原理示意图

  热量输入使蒸发器部分毛细结构内的工作流体蒸发，携带蒸发潜热的饱和蒸汽流向较冷的冷凝器部分。在冷凝器中，蒸汽冷凝并释放出潜热，冷凝的液体再通过毛细结构返回蒸发器。随着毛细结构内液体轴向压力梯度增加，达到极限点，即蒸发器内气-液界面上允许的最大毛细管压力差等于系统的总压力损失，此时便达到了器件的最大热传递量。因此，如果热负荷超过这个被称为"毛细限"的极限点，毛细管将在蒸发器区域变干，热管将不再起作用。除了毛细限，热管还存在其他操作限制，例如沸腾、声波、雾沫和黏性限制[23,24]。

  热管的最大热通量由沸腾极限决定，到达沸腾极限时，蒸发器毛细结构中的工作流体开始沸腾。如果热通量足够高，就会形成气泡，并阻碍液体从冷凝器返回蒸发器，从而导致毛细管干燥。当接近沸腾极限时，热阻将继续增加，超过设计参数。热管蒸发器中的液膜沸腾的起点通常为：轴向槽管芯 $5W/cm^2$、筛网管芯 $5 \sim 10W/cm^2$ 和粉末金属芯 $20 \sim 30W/cm^2$ [24]。

2.4　仿生多尺度毛细结构

  为了降低通过毛细结构液体的压力以实现更高的热通量，在美国国防高级研究计划局的TGP项目中，ACT公司、加州大学洛杉矶分校（UCLA）和密歇根大学（UMich）合作开展了仿生毛细结构研究。研究表明，具有小孔径的传统烧结金属粉末毛细结构可以提供较大的传热面积并承受较高毛细管压力。然而，毛细管的渗透率较低，增加了流动阻力并捕获了蒸汽气泡，这导致毛细管在低至中等热通量时干涸。

  因此，针对高热通量应用，开发了新型多尺度仿生毛细结构，该结构将主要的液体进料路径与蒸汽通风路径分开，同时保持高传热面积。多尺度毛细结构的灵感来自生物系统，特别是人类的肺：肺的空气侧具有大的内表面积和小的气流阻力，以实现高效的气体交换，并实现空气侧与血液侧之间的高效物质转移；血液侧的小直径血管对于提高 O_2/CO_2 传送的有效表面积至关重要，然而，它们却不会导致过度的血液泵送需求。

  图2.17显示了使用分层多尺度结构完成的优化。肺泡群之间的大间隙使空气能够在肺内通过，而小肺泡的密集集合则是大表面积的特征，这样可以实现高效的物质传递。肺泡上的小直径血管与较大的肺动脉和肺静脉相连，而肺动脉和肺静脉又与主动

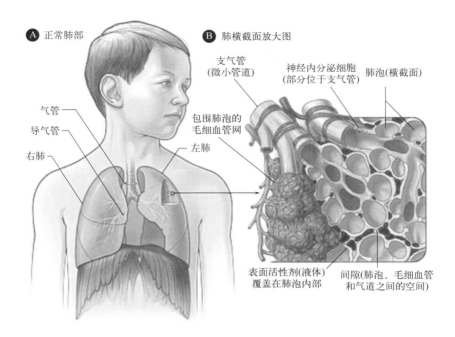

图2.17 人类肺部的分级多尺度结构（数据来源：https://en.wikipedia.org/wiki/Lung；经CC BY 3.0许可）

脉和主静脉相连。这种分级循环网络增加了气体输送的血管表面积，同时降低了血液泵送需求。

类似的方法也可用于先进毛细结构的设计。这种高级毛细结构的一种形式是双口毛细（仿生毛细），它由堆叠的多孔珠簇（图2.18）或覆盖有粉末（相当于肺泡）的柱阵列（相当于肺泡导管）组成。这些毛细结构能让蒸汽容易地通过簇或柱之间的大间隙空间，同时为热传递提供大的总表面积。液体可以被强大的毛细作用力和面积变化吸引到较小的孔隙中[25,26]。

图2.18 具有仿生多孔结构的烧结铜粉毛细结构扫描电子显微镜（SEM）图像

一方面，对于高功率和高热通量热管，采用较厚的毛细结构将液体以高流速输送到蒸发位置的做法比较合理。另一方面，较厚毛细结构的大传导热阻和蒸汽流开口空间的净减少可能导致总热阻的增加。因此，薄的毛细结构有利于降低蒸发器热阻，而厚的毛细结构有利于提高最大临界热通量。为了同时具有高热通量和低热阻，理想的毛细结构需要具有优秀的蒸发传热和液体输送/蒸汽逸出特性。

开发出两种液体供给式毛细结构：一种用于横向液体输送（会聚式），一种用于垂直液体输送（柱阵列）。这两种设计在蒸发器区域都有很大的面积，其中毛细结构非常薄，几乎是一层或两层颗粒厚的烧结铜粉。它们还有专门用于液体输送的很大一部分面积，用于会聚式毛细设计的横向过滤器和用于柱阵列设计的柱。图2.19和图2.20分别为会聚式毛细结构和柱阵列毛细结构的照片[27]。

图2.19　会聚式毛细结构（Dussinger等，2012[27]；经Advanced Cooling Technologies许可）

厚毛细管将液体输送到发生蒸发的薄毛细管部分，蒸汽通过蒸发器之间的空间逸出

图2.20　柱阵列毛细结构（Dussinger等，2012[27]；经Advanced Cooling Technologies许可）

高的烧结毛细结构将液体输送到发生蒸发的薄毛细部分。蒸汽从柱间逸出

利用图2.21展示的仿生毛细结构，预制热管的热通量高达750W/cm²，热阻低至0.05～0.1K/（W·cm²）。该仿生毛细结构由烧结铜粉制成，设计先进，可在蒸发器部分有效去除回流蒸汽。

图2.21　低热膨胀系数（CTE）高热通量平板热管照片（Dussinger等，2012[27]；经Advanced Cooling Technologies许可）

该热管采用仿生会聚式毛细结构和柱阵列毛细结构，由ACT公司制作

2.5 超亲水/超疏水混合毛细结构

此外，根据美国国防高级研究计划局（DARPA）的TGP项目，通用电气公司（GE）全球研究中心及其合作伙伴辛辛那提大学（UC）和美国空军研究实验室（AFRL）研制了一种新型热基板，用于军用电子系统和多芯片模块，如图2.22所示。总目标是开发一种热基板器件，该器件具有超高的热导率［高至20000W/（m·K）］，可在高过载下工作（高至20g），并且重量轻、结构紧凑。

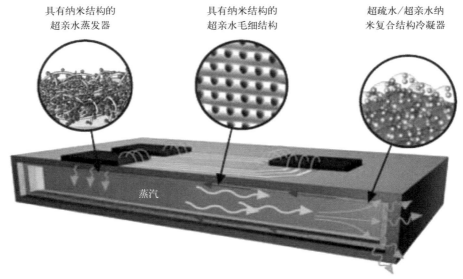

具有纳米结构的 超亲水蒸发器　　具有纳米结构的 超亲水毛细结构　　超疏水/超亲水纳 米复合结构冷凝器

蒸汽

图2.22　高热导率工程纳米结构的TGP基板（摘自Mohammed，2012[28]）

为了实现这个目标，衍生出相应的纳米技术、仿生设计、金属表面基板开发，研究思路如下。

蒸发器和隔热部分：采用具有纳米结构的超亲水毛细结构，提供低接触角并带来高热通量，此外，降低流动阻力以增加毛细作用力，从而允许流体在20g过载环境下流动。

冷凝器部分：采用超亲水/超疏水复合表面，产生滴状冷凝，以获得高传热系数[23,28-32]。

图2.22所示的具有超疏水和亲水复合毛细结构的热基板是受自然界的启发而研制的，因为自然界中存在着各种各样的超疏水和亲水表面，它们大多存在于植物或昆虫的表面。在纳米布沙漠的甲虫身上发现了一种非常优秀和极其重要的生物机制：这种甲虫生活在非常干燥的地区，能够利用其设计精巧的翅膀表面从清晨的雾风中捕捉水分，这种表面结构是一系列由超疏水区域包围的亲水微区（图2.23）[33,34]。

2.6 仿生集成设计的柔性热管

2015年，上海交通大学金属复合材料国家重点实验室报道了一种可简便制造的柔性热管及其性能数据，该热管在蒸发器和冷凝器之间采用了仿生超亲水毛细结构和柔性聚

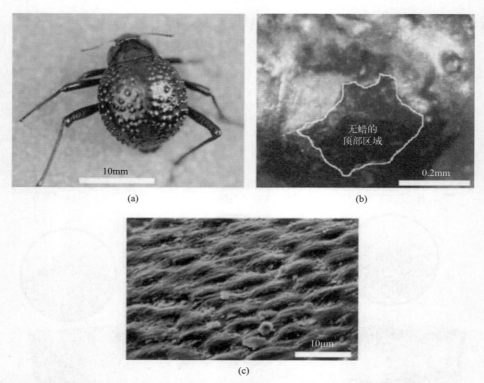

(a)

(b)

无蜡的
顶部区域

0.2mm

10mm

(c)

10μm

图2.23　纳米布沙漠甲虫的吸水翅膀表面［经Parker和Lawrence许可摘录，2001[33]；
自然出版集团版权所有（2001）］

（a）成年雌性甲虫照片；（b）亲水区（框起区域），位于甲虫背部每个"凸起"的顶部；
（c）在甲虫背部"凸起"之间的凹槽中发现的疏水区域的SEM图像

氨酯连接部位设计，以降低总热阻并模拟人体导热血管的柔性。如图2.24所示，去离子水为工作流体，经过仿生强碱氧化的、具有分级微/纳米结构的超亲水铜网被用作毛细结构材料。

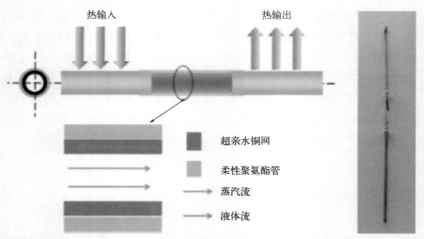

热输入　　　　　　　　　热输出

超亲水铜网

柔性聚氨酯管

蒸汽流

液体流

图2.24　柔性热管的横截面示意图和预制柔性热管照片[35]［经Ababneh等许可摘录，2015[24]；
美国化学会版权所有（2015）］

研制出的柔性热管在垂直重力辅助模式下进行测试，结果表明，弯曲对热阻的影响极其轻微，尤其是在高功率输入情况下。该柔性热管的热性能和流动性主要源于仿生超亲水毛细结构和柔性聚氨酯连接部分带来的强毛细泵输送能力。利用该种技术有望制造出可靠、灵活和高功率的热管，为三维柔性电子器件引入有效的热管理工具[35]。

参考文献

1 Bhushan, B. (2007) *Springer Handbook of Nano-Technology*, Spring Science and Business Media, New York.

2 Balandin, A.A. (2011) Thermal properties of graphene and nanostructured carbon materials. *Nature Materials*, **10** (8), 569–581.

3 Ghosh, S., Calizo, I., Teweldebrhan, D., Pokatilov, E.P., Nika, D.L., Balandin, A.A. *et al*. (2008) Extremely high thermal conductivity of graphene: prospects for thermal management applications in nanoelectronic circuits. *Applied Physics Letters*, **92** (15), 151911.

4 Balandin, A.A., Ghosh, S., Bao, W., Calizo, I., Teweldebrhan, D., Miao, F. *et al*. (2008) Superior thermal conductivity of single-layer Graphene. *Nano Letters*, **8** (3), 902–907.

5 Kwon, Y.-K. and Kim, P. (2006) in *High Thermal Conductivity Materials*, Chapter 8, (eds S.L. Shinde and J.S. Goela), Springer, New York, pp. 227–265.

6 Kim, P., Shi, L., Majumdar, A., and McEuen, P.L. (2001) Thermal transport measurements of individual multiwalled nanotubes. *Physical Review Letters*, **87**, 215502.

7 Ruoff, R.S. and Lorents, D.C. (1995) Mechanical and thermal-properties of carbon nanotubes. *Carbon*, **33**, 925.

8 Yi, W., Lu, L., Dian-Lin, Z., Pan, Z.W., and Xie, S.S. (1999) Linear specific heat of carbon nanotubes. *Physical Review B*, **59**, R9015.

9 Klemens, P.G. and Pedraza, D.F. (1994) Thermal conductivity of graphite in the basal plane. *Carbon*, **32** (4), 735–741.

10 Berber, S., Kwon, Y.-K., and Tománek, D. (2000) Unusually high thermal conductivity of carbon nanotubes. *Physical Review Letters*, **84** (20), 4613–4616.

11 Marconnet, A.M., Yamamoto, N., Panzer, M.A., Wardle, B.L., and Goodson, K.E. (2011) Thermal conduction in aligned carbon nanotube–polymer Nanocomposites with high packing density. *ACS Nano*, **5** (6), 4818–4825.

12 Shen, H. *et al*. (2015) Bioinspired modification of h-BN for high thermal conductive composite films with aligned structure. *ACS Applied Materials & Interfaces*, **7** (10), 5701–5708.

13 Barthlott, W. and Neinhuis, C. (1997) Purity of the sacred lotus, or escape from contamination in biological surfaces. *Planta*, **202**, 1–8.

14 Cengel, Y.A., Klein, S., and Beckman, W. (1998) *Heat Transfer: A Practical Approach*, vol. 141, McGraw-Hill, New York.

15 Rohsenow, W.M., Hartnett, J.P., and Cho, Y.I. (1998) *Handbook of Heat Transfer*, McGraw-Hill, New York.

16 Ma, X., Rose, J.R., Xu, D., Lin, J., and Wang, B. (2000) Advanced in dropwise condensation heat transfer: Chinese research. *Chemical Engineering Journal*, **78**, 87–93.

17 Zheng, Y., Chen, C., Pearlman, H., Flannery, M., and Bonner, R. (2015) Effect of porous coating on condensation heat transfer. 9th International Conference on Boiling and Condensation Heat Transfer, Boulder, Colorado, April 26–30, 2015.

18 Bonner, R. (2009) Condensation on surfaces with graded hydrophobicity. 2009 ASME Summer Heat Transfer Conference, San Francisco, CA, July 2009.

19 Varanasi, K.K. and Deng, T. (2010) Controlling nucleation and growth of water using hybrid hydrophobic hydrophilic surfaces. Thermal and Thermomechanical Phenomena in Electronic Systems (ITherm), 2010 12th IEEE Intersociety Conference, IEEE, Las Vegas, NV, USA, June 2–5, 2010, pp. 1–5.

20 Aizenberg, J., Black, A.J., and Whitesides, G.M. (1999) Control of crystal nucleation by patterned self-assembled monolayers. *Nature*, **398**, 495.

21 Varanasi, K.K. *et al.* (2005) Heat transfer apparatus and systems including the apparatus. US Patent 20,070,028,588.

22 Varanasi, K.K. and Deng, T. (2008) Hybrid surfaces that promote dropwise condensation for two-phase heat exchange. US Patent 12/254561.

23 Ababneh, M.T., Chauhan, S., Gerner, F.M., Hurd, D., de Bock, P., and Deng, T. (2013) Charging station of a planar miniature heat pipe thermal ground plane. *Journal of Heat Transfer*, **135** (2), 021401.

24 Ababneh, M.T., Tarau, C., and Anderson, W.G. (2015). Hybrid heat pipes for planetary surface and high heat flux applications. 45th International Conference on Environmental Systems (IECS), Bellevue, WA, USA, July 12–16, 2015.

25 Semenic, T. and Catton, I. (2009) Experimental study of biporous wicks for high heat flux applications. *International Journal of Heat and Mass Transfer*, **52** (21), 5113–5121.

26 Semenic, T., Lin, Y.Y., Catton, I., and Sarraf, D.B. (2008) Use of biporous wicks to remove high heat fluxes. *Applied Thermal Engineering*, **28** (4), 278–283.

27 Dussinger, P., Sungtaek Ju, Y., Catton, I., and Kaviany, M. (2012) High heat flux, high power, low resistance, low CTE two-phase thermal ground planes for direct die attach applications. *Ann Arbor*, **1001**, 48109.

28 Ababneh, M. (2012) Novel charging station and computational modeling for high thermal conductivity heat pipe thermal ground planes. PhD dissertation. University of Cincinnati.

29 Ababneh, M.T., Chauhan, S., Chamarthy, P., and Gerner, F.M. (2014) Thermal modeling and experimental validation for high thermal conductivity heat pipe thermal ground planes. *Journal of Heat Transfer*, **136** (11), 112901.

30 Ababneh, M.T., Gerner, F.M., Chamarthy, P., de Bock, P., Chauhan, S., and Deng, T. (2014) Thermal-fluid modeling for high thermal conductivity heat pipe thermal ground planes. *Journal of Thermophysics and Heat Transfer*, **28** (2), 270–278.

31 Deng, T., Chauhan, S., Russ, B., Eastman, C., de Bock, H.P.J., Chamarthy, P., and Weaver, S.A. (2011) High performance thermal ground plane. *World Journal of Engineering*, Special Issue ICCE-19.

32 de Bock, H.P.J. (2013) Design and experimental validation of a micro-nano structured thermal ground plane for high-g environments. PhD dissertation. University of Cincinnati.

33 Parker, A.R. and Lawrence, C.R. (2001) Water capture by a desert beetle. *Nature*, **414**, 33–34.

34 Zhai, L., Berg, M.C., Cebeci, F., Kim, Y., Midwid, J.M., Rubner, M.F., and Cohen, R.E. (2006) Patterned superhydrophobic surfaces: toward a synthetic mimic of the Namib desert beetle. *Nano Letters*, **6**, 1213–1217.

35 Yang, C., Song, C., Shang, W., Tao, P., and Deng, T. (2015) Flexible heat pipes with integrated bioinspired design. *Progress in Natural Science: Materials International*, **25** (1), 51–57.

3

仿生表面强化沸腾

Yangying Zhu, Dion S. Antao, Evelyn N. Wang

麻省理工学院机械工程系，美国马萨诸塞州剑桥，麻省大道77号，7-304，邮编02139

3.1 引言

  沸腾是电力工程[1]、海水淡化[2,3]、电子冷却[4,5]以及供暖、通风和空调系统（HVAC）[6]中的关键过程之一。例如，在火力发电厂中，水在锅炉中被煮沸产生高温蒸汽，进而通过朗肯循环做功[1]。发电厂的废热可以用于从较低压力的盐水中产生水蒸气，水蒸气被冷凝后则产生淡水[2]。此外，沸腾发生在两相热交换器中，例如空调系统中的蒸发器[6]。在表面温度均匀的情况下，与沸腾过程相关的巨大蒸发潜热显著地提高了整体传热速率。由于其出色的散热能力，沸腾也被用于去除高性能电子器件中的热量[4,5]。

  在池沸腾系统中，非均相沸腾（表面沸腾）发生在静止的液体池中，描述相变过程热性能变化的常用特征曲线是沸腾曲线[7]。典型的沸腾曲线如图3.1所示，图中以壁面热通量q对过热度ΔT作图。过热度定义为壁温T_w和液体饱和温度T_{sat}之间的差值（$\Delta T=T_w-T_{sat}$）。对于表面温度受控的系统而言，随着过热度的增加，液体将经历几个阶段。最初，当壁温刚刚超过液体的饱和温度时（图3.1中的A区），由于近壁温度梯度的作用，自然对流是主要的传热方式。随着T_w继续增加，液-气相变导致形成气泡，从而导致泡核沸腾开始发生（B区）。从A到B的转变是泡核沸腾起始点（ONB）。如果液体含有溶解的空气，一开始气泡通常由空气和蒸汽的混合物组成。在泡核沸腾状态下，传热模式是对流和沸腾（相变）的结合，其中对流的贡献最初超过沸腾，但逐渐变小。与单相的对流相比，沸腾是一种更有效的传热方式，因为它具有很大的汽化热。这导致了在泡核沸腾状态下有更高的传热系数h（HTC，定义为$q/\Delta T$），在沸腾曲线中表现为A到B段。

  然而，在泡核沸腾状态下，存在一个最大热通量，称为"临界热通量"（CHF）。在CHF之后，过热度增加将导致热通量减少。这是由于气泡积聚时在受热表面形成了蒸汽

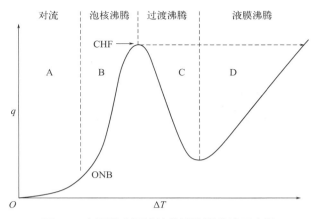

图3.1　表面温度受控的典型沸腾曲线示意图

热通量q随过热度ΔT变化，其中$\Delta T=T_w-T_{sat}$。实心箭头表示临界热通量（CHF）。在具有受控热通量的系统中，当从泡核沸腾转变为液膜沸腾时，沸腾曲线通常遵循虚线箭头

膜，它在热传递中起到了热障作用。热通量在这种过渡状态下下降（图3.1中的C区），而当温度足够高时，热辐射的贡献更大，将会导致热通量再次增加。在热通量受控的沸腾系统中（电子冷却中更常见的情况），沸腾曲线可以直接从CHF点跳到液膜沸腾状态（图3.1中的虚线箭头）。相应地，这种严重的热传递退化，温度急剧升高，通常会导致器件被烧毁。

我们对提高HTC（在给定的q值下降低过热度ΔT）和延迟CHF有着浓厚的兴趣。前者可以通过促进成核来实现，例如，在沸腾表面上的微腔（微/纳米尺度的成核位点）内形成截留的空气或蒸汽来引发。早期的ONB和更高的HTC在许多系统中均有利，例如发电厂的锅炉，它可以降低表面温度，提高电厂的整体效率[1]。为了避免灾难性的热传递退化（表面和系统损坏）并实现高热通量，提高CHF是另一个研究重点。然而，由于难以精确探测和定制微米/纳米尺度的沸腾过程，故实现这种强化沸腾表面具有一定难度。

利用不断发展的微/纳米技术设计具有特定性能的高效沸腾表面，为显著增强材料传热性能带来新的机遇。这些表面设计受到自然界中各种疏水和亲水表面的极大启发：通过人为地在工程化表面增加成核位点（空腔）的密度、降低衬底润湿性或调整空腔尺寸以在工程化表面上促进成核，相应地，也可以通过增加沸腾表面的润湿性和粗糙度来延迟CHF。本章介绍了大自然是如何启发人们使用微/纳米纹理表面来增强沸腾表面的。首先，我们将提供几个用于增强池沸腾的结构化表面和双亲性双导性表面的例子；然后，介绍表面活性剂增强的池沸腾，并讨论使用电场调节沸腾；最后，将讨论微通道流动沸腾系统中微/纳米结构的使用，这是电子冷却应用中的常见配置。本章中包含的各种沸腾表面并不详尽，仅为说明强化沸腾基本概念的代表性例子。

3.2　仿生表面沸腾

自然界中有许多表面具有独特的形态、润湿性和功能性的例子，这些例子启发了高效沸腾表面的设计。例如，润湿性描述了液相和固相之间的相互作用，用接触角（图

3.2中的θ）表征。接触角是三相接触线上固-气界面张力γ_{sv}、固-液界面张力γ_{sl}和液-气界面张力γ_{lv}之间平衡的结果。对于平整表面，θ由杨氏方程[9]决定［式（3.1）］。

$$\gamma_{sv}=\gamma_{lv}\times\cos\theta+\gamma_{sl} \tag{3.1}$$

对于水来说，亲水表面的接触角小于90°［图3.2（a）］，疏水表面的接触角大于90°［图3.2（b）］。表面的微/纳米级粗糙度会影响其润湿性。粗糙表面的接触角由文泽尔方程[8,10]决定。

$$\cos\theta^*=r\times\cos\theta \tag{3.2}$$

式中，θ^*是表观接触角；r是表面粗糙度（真实固体表面积与表观面积/投影面积之比）；θ是液体在光滑表面上的接触角。因此，对于结构化表面，亲水表面变得更亲水或超亲水［接触角接近0°，图3.2（c）］，疏水表面变得更疏水或超疏水（接触角>150°）。如果空气被截留在液滴之下［图3.2（d）］，表面就会变成一个不均匀的表面，固体和空气都与液体接触。在这种情况下，Cassie-Baxter模型用于描述表观接触角[8]，液滴也处于Cassie状态。

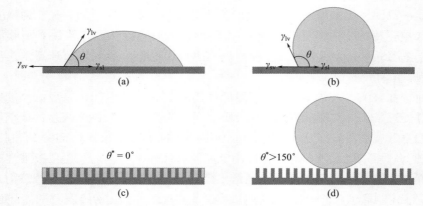

图3.2　接触角<90°的亲水表面（a），接触角>90°的疏水表面（b），
表观接触角=0°的超亲水表面（c），表观接触角>150°的超疏水表面（d）示意图
经Marmur许可摘录，2003[8]；美国化学学会版权所有（2003）

自然界中的许多物种基于不同的原因已经进化出超疏水或超亲水的表面。超疏水表面的例子包括赖草（披碱草）的叶子（静态接触角为161°）、芋头（静态接触角为164°）和莲花（静态接触角为162°）[11,12]。它们展现如此高接触角的原因是其表面上存在多维长度尺度结构，这些结构通常由叶毛、表皮细胞和三维蜡形成，如图3.3所示[11,13-16]。这些表面结构极大地减少了润湿的固体部分（即固体表面与水接触的部分），并在水滴下方截留空气，水滴因此处于高接触角的Cassie状态。类似的分级结构也可以在一些拒水性昆虫身上找到，如水黾[17]和仰泳蝽[18]。这些生物常出于自清洁、空气捕集和防水的目的而形成超疏水表面。

自然界中也存在许多超亲水表面。为了吸水，一些植物的叶子如绒叶肖竹芋的接触角为0°。绒叶肖竹芋和锦芦莉草的SEM图像［图3.4（a）和（b）］显示，叶片由微观圆锥形结构组成[13]。在一些食肉囊叶植物中，例如猪笼草，开口部的表面由液膜包覆的微结构脊组成[19]。为了捕捉昆虫，液膜使开口处变得湿滑。

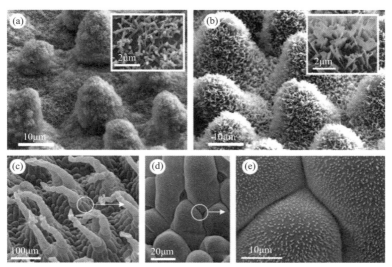

图3.3　植物分级结构化超疏水表面SEM图像［经Koch和Barthlott许可摘录，2009[13]；
皇家学会版权所有（2009）］

（a）莲花叶毛；（b）具有纳米级蜡晶的微尺度乳头状细胞的四棱大戟叶毛；（c）～（e）具有纳米级蜡晶
的多细胞的长圆叶槐叶蘋叶毛

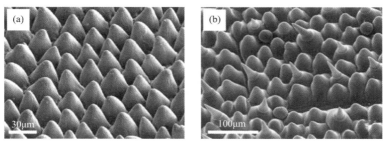

图3.4　植物结构化超亲水表面SEM图像［经Koch和Barthlott许可摘录，2009[13]；
皇家学会版权所有（2009）］

（a）绒叶肖竹芋；（b）锦芦莉草

　　这些生物结构化表面在许多方面为强化沸腾表面的设计提供了灵感。最常见的是将这些生物表面的形态转化为工程化的微纳米结构表面。这方面的例子包括用纳米线[20-23]、微米柱[24-26]、微纳米颗粒[27]、多孔[28,29]和网状结构表面[30,31]图案化的表面，以及具有多维长度尺度结构的表面[32]。这些结构化表面的研发目的不一定是实现来自生物表面的功能，还包括作为促进沸腾的人工气泡成核位点，通过毛细作用强化湿润以延迟CHF，通过减少气泡在沸腾表面的黏附力来促进气泡离开，调整薄膜区域以强化蒸发等。详细的例子将在3.3节至3.6节中介绍和讨论。

3.3　池沸腾表面强化

　　在池沸腾中，气泡在亲水和微观光滑表面上的异质成核需要过热度高的过热壁面[7]。然而，沸腾通常首先在极低的过热度下，在截留空气或蒸汽的微观表面空腔中开始。

Hsu[33] 提出了表面空腔沸腾起始的标准 [图3.5（a）]，假设一个由截留蒸汽形成的小气泡存在于空腔中，根据杨-拉普拉斯方程 $p_{vap}-p_{liq}=2\sigma/r_b$，气泡内部的压力高于周围的液体，式中 p_{vap} 是气泡内的蒸气压，p_{liq} 是周围的液体压力，σ 是液体-蒸汽表面张力，r_b 是球形气泡的半径。为了使气泡生长，气泡周围的最低液体温度应该是对应于气泡蒸气压的饱和温度。这个最低液体温度可以用克劳修斯-克拉佩龙方程和杨-拉普拉斯方程来计算：

$$T-T_{sat}(p_{liq})=\frac{2\sigma T_{sat}(p_{liq})}{\rho_{vap}h_{fg}r_b}\qquad(3.3)$$

假设热边界层厚度为 δ_t，并且在热边界层中有线性温度曲线（从 T_w 到 T_∞），将气泡直径与空腔直径联系起来，则空腔尺寸的范围满足式（3.3）[33]。这些空腔是活性成核位点，尺寸超出该范围的空腔不会导致气泡成核。图3.5（b）给出当 $\delta_t=0.25mm$，$\theta=30°$ 时，饱和水处于大气压力下的有效空腔半径的例子。对沸腾表面而言，人们希望其最好具有在低过热情况下激活成核范围内的空腔。

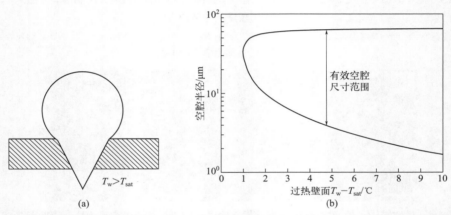

图3.5　从表面空腔生长的蒸汽气泡示意图（a），当热边界层厚度为0.25mm，接触角为30°，并且液体为大气压下的饱和水时，使用Hsu的理论[33]预测有效空腔尺寸的范围（b）

经Hsu许可摘录，1962[33]；ASME版权所有（1962）

为了促进成核，人们设计了具有微/纳米结构的表面，这些微/纳米结构形成了尺寸最适于泡核沸腾的空腔[25,28,29,34]。这种设计类似于仰泳蝽，它利用其层次分明的多毛表面捕捉气泡用于水下呼吸。这些工程化表面设计用于促进成核以及研究气泡动力学和气泡相互作用。例如，Yu等人研究了具有圆柱形微腔的表面[34]。空腔在厚度625μm、直径50～200μm、间距100～400μm、深度110～200μm的硅衬底上形成。FC-72在这些表面上的池沸腾实验显示，与光滑表面相比，HTC和CHF均增加。由于单位面积成核作用的增强，HTC也随着空腔密度的增加而增加。不过，由于气泡更容易聚结并随后转变为液膜沸腾，更密集的空腔间隔导致微腔表面之间的CHF更低。在一个腔密度为25×25（直径200μm，节距400μm，深度110μm）的代表性的10mm×10mm表面上，78.6%的CHF下沸腾的可视化表明，成核均匀地发生在微腔区域上。

CHF是池沸腾效能的另一个重要参数，标志着高效两相传热的操作极限。在光滑的表面上，以水为工作流体时，典型的CHF值为50～100W/cm²。由于其在高性能电子器件热管理系统中的现实意义，增强CHF的方法已经被广泛研究。CHF的机制传统上被认为与蒸汽柱的流体力学亥姆霍兹不稳定性有关[35]，该不稳定性与表面条件无关，仅适用于光滑表面。不过，最近对不同类型表面沸腾的研究已经确定了表面润湿性对CHF的重要意义。Dhir和Liaw[36]从理论和实验上都证明CHF随着接触角的减小而增加。Kandlikar[37]提出了一个力平衡模型，其中考虑了气泡的液-气界面的动量、浮力和表面力。在该模型中，如果表面力和浮力补偿了气泡生长过程中的动量，气泡底部形成的干燥区域可以在气泡离开时重新湿润。否则，能够导致CHF的干燥区域将不可逆膨胀。

然而，超亲水微纳米结构表面的CHF明显高于零接触角表面的预测值，并涵盖了一个宽的数值范围（170 ～ 250W/cm²）[20-23,36]。这些表面适应结构的灵感来自于自然界中的超亲水植物表面，超亲水表面可以促进液膜扩散，从而延缓蒸汽膜的形成。例如，使用水作为工作流体，Chen等人在硅纳米线［图3.6（a）］和铜纳米线［图3.6（b）］上实现了100%的CHF增强（200W/cm²）[20]。Kim等人证明，在由硅微柱阵列涂覆的氧化锌纳米线组成的分级表面上，CHF为230W/cm²[21]。这一实验证据表明，除了接触角依赖性之外，还有其他机制可能起作用。

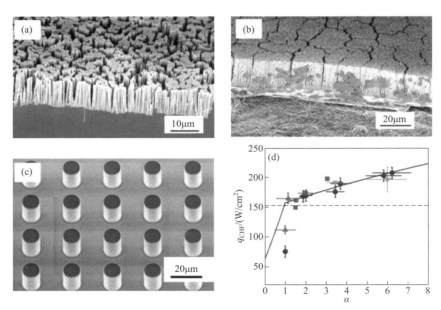

图3.6 硅纳米线（a）和铜纳米线（b）的SEM图像［经Chen等人许可摘录，2009[20]；美国化学学会版权所有（2009）］；涂有二氧化硅的硅微柱阵列[24]（c）［经参考文献［24］许可摘录；AIP Publishing LLC版权所有（2012）］；函数CHFα（＝rcosθ$_{rec}$），Chu模型（实线）[24]与Kutateladze-Zuber模型（虚线）[35,38]进行了比较，式（3.5）中的经验系数K=0.18，（·）来自Chu等[24]、（▼）来自Chen等[20]、（▲）来自Kim等[21]和（■）来自Ahn等[22]的数据（d）［经参考文献［20］许可摘录；美国化学学会版权所有（2009）］

为了系统地研究表面粗糙度在CHF完全润湿状态（接触角=0°）中的作用，Chu等人在表面涂有二氧化硅层的排列规整的硅微柱阵列上进行实验，以提高润湿性［图3.6（c）］[24]。使用水作为测试流体，对粗糙度r（定义为与液体接触的总表面积与投影面积之比）在1.79至5.94范围的表面进行了研究，在这些微结构表面上，CHF的值为

$170 \sim 207 \mathrm{W/cm}^2$ [图3.6（d）]。Chu等人扩展了Kandlikar[37]开发的力平衡模型，用以预测超亲水表面（接触角=0°）上的CHF。由于接触线长度较长，保持接触线位置的表面力会因表面粗糙度的因素而增加：

$$F_s = \gamma_{lv} \times r \cos\theta_{rec} \tag{3.4}$$

式中，γ_{lv}是液-气表面张力；θ_{rec}是液体在相应光滑表面上的后退接触角。遵循Kandlikar[37]的其他假设，结构化表面的CHF以下列形式获得[24]：

$$q_{CHF} = K h_{fg} \rho_g^{1/2} [\gamma_{lv} g (\rho_l - \rho_g)]^{1/4} \tag{3.5}$$

式中，$K = \left(\dfrac{1+\cos\beta}{16}\right)\left[\dfrac{2(1+\alpha)}{\pi(1+\cos\beta)} + \dfrac{\pi}{4}(1+\cos\beta)\cos\psi\right]^{1/2}$，$\alpha = r\cos\theta_{rec}$，$\beta$是表观接触角（超亲水表面的$\beta$=0°），$\Psi$是沸腾表面的倾斜角（水平表面的$\Psi$=0°）。图3.6（d）表明，该模型（实线）与文献中的一些实验数据非常吻合。该模型预测CHF会随着α的增加而呈线性增加。因此，进一步扩大CHF将需要增加粗糙度r。事实上，分级表面就是这种具有高粗糙度r的例子，这在自然界中很常见（见图3.3），这些表面的CHF值已报道，为$230 \sim 250 \mathrm{W/cm}^2$ [21,32]。

除了受自然界实例启发而设计的具有微/纳米结构的表面，一些研究已经使用生物形成的结构（如病毒）作为模板来制造强化沸腾表面[39]。这些表面可应用于大面积、复杂几何形状和各种基底。与之前介绍的通常需要微/纳米加工技术（包括光刻、蚀刻或生长）的表面相比，生物模板表面的制造更具可扩展性。比如纳米棒形状的烟草花叶病毒 [图3.7（a）][39]，可以自组装到金属基底上。Rahman等用镍包覆病毒模板形成纳米结构 [图3.7（b）][40]，比病毒具有更高的机械和热耐久性。纳米结构被应用于普通的传热基底，如铜、铝、不锈钢和硅表面。在这些表面上实现了$60 \sim 70 \mathrm{kW/(m^2 \cdot K)}$的最大HTC和约$200 \mathrm{W/cm}^2$的CHF值。

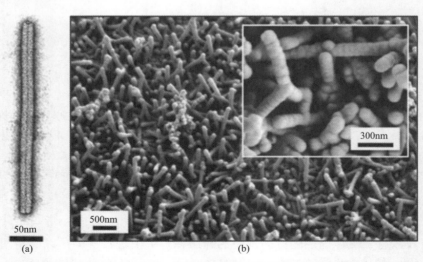

图3.7　烟草花叶病毒的TEM图像（a）和涂有镍的自组装烟草花叶病毒的SEM图像（b）

经Rahman等人许可摘录，2014[39]；WILEY-VCH Verlag GmbH & Co. KGaA, Weinheim版权所有（2014）

3.4 强化沸腾表面双亲和双传导性

如前所述，理想沸腾表面的润湿性要求是矛盾的：在存在孤立气泡的低过热状态下，低表面能的非润湿基底促进气泡成核；然而，在接近CHF条件时，高表面能的润湿基底通过保持润湿的表面延迟了向液膜沸腾的转变。在意识到这种对基底双重润湿性的需求后，研究人员在池沸腾试验中用水作工作流体时创造了双亲性表面[41,42]。这些双亲性表面具有亲水和疏水区域，疏水区作为人工成核位点，亲水区保持表面湿润。

Betz等[41]制造并测试了具有双亲性特征的各种表面。这些表面包括带有疏水岛的亲水表面［在图3.8（a）中标记为亲水网络（+）］和带有亲水岛的疏水表面［在图3.8（b）中标记为疏水网络（−）］。亲水表面是硅衬底上的二氧化硅，疏水表面是硅衬底上的100nm聚四氟乙烯涂层（美国杜邦AF400）。将双亲性表面与亲水表面（即硅衬底上的二氧化硅）上的池沸腾进行比较。测试前，用氢氟酸缓冲溶液处理选定的表面，以去除表面的污染物，包括碳氢化合物等有机污染物，并使二氧化硅层的接触角降低（25°→7°）[43]。

Betz等人[41]的测试结果如图3.8（c）和（d）所示。图3.8（c）中的沸腾曲线显示，所有测试的双亲性表面都比测试的平面/亲水二氧化硅表面具有更低的过热。如图3.8（d）所示，这导致了更高的HTC。此外，需要注意疏水区的作用，即产生成核位点。如

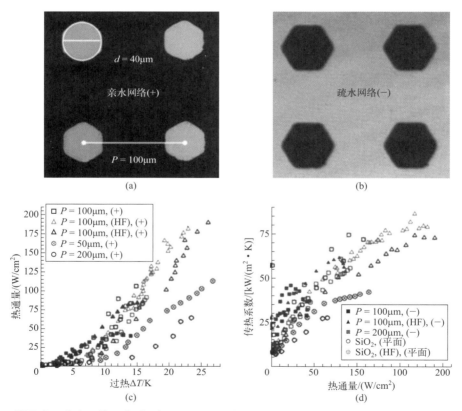

图3.8 样品表面亲水网络图像（a），样品表面疏水网络图像（b），同一研究的池沸腾性能曲线（c）和传热系数（HTC）曲线，*P*表示双亲性岛的间距（d）

（c）中▲和■未详细说明，因此未给出图例说明，只给出与此处内容相关的图例说明。经Betz等人许可摘录，2010[41]；AIP Publishing LLC版权所有（2010）

果疏水区与亲水区的面积比大于1，由于成核位点数量较多，表面的HTC增加［图3.8（d)]；由于润湿性降低，表面的CHF降低［图3.8（c)]。

　　已知表面的粗糙度增加会增强其润湿性（图3.2）。Betz等人[44]通过增加他们先前研究的双亲性表面的粗糙度[41]来产生超双亲性表面。如前一节所见，微/纳米级粗糙度的使用已证明可以提高水池沸腾的表面性能[24,32,39]。因此，可以使用超双亲性表面来进一步增强在双亲性表面上所观察到的性能。Betz等人[44]通过黑硅[45]制造了纳米级粗糙度表面，这同时增强了亲水和疏水区域的润湿性（参见前文关于所用亲水和疏水表面的讨论）。一种Betz等人[44]使用的典型超双亲性表面如图3.9（a）所示。

　　在图3.9（b）和（c）中，将超双亲性表面的传热性能与双亲性、超亲水性和亲水性（平整/低表面粗糙度）基底的传热性能进行了比较。与其他表面相比，超双亲性表面在过热度非常低的情况下即观察到气泡成核。这归因于超疏水区域的高接触角（＞150°）。然而，考虑到超亲水基底保持湿润表面的能力，它们的CHF更高。超双亲性基底的优点是成核所需的低温过热导致HTC值要高得多。

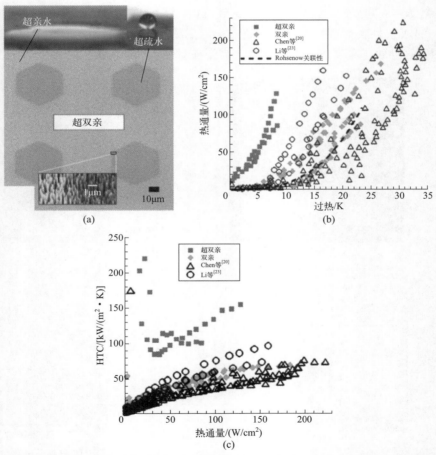

图3.9　强化池沸腾的超亲水表面［经Betz等人许可摘录，2013[44]；Elsevier Ltd.版权所有（2013）]
　　（a）具有超疏水区域/点的超亲水网络图像［顶部插图显示了超亲水（左）和超疏水（右）区域上固着液
滴的行为，底部插图显示了纳米级结构的SEM图像，超双亲表面上实现的传热增强优于在双亲、超亲水
和亲水性表面上的增强]；（b）沸腾曲线；（c）传热系数变化曲线

双亲性表面的局限性有两个方面：①工作流体仅限于水（或类似的高表面张力流体）；②低表面能涂层的耐久性，即疏水性聚合物在长时间和高温下的耐久性较差。考虑到这些限制因素，Rahman 等[46]最近开发了一种双传导表面来增强池沸腾传热。这种增强通过创建具有交替导热区域的表面来实现。图3.10（a）给出了这一概念的示意图。当热量施加到衬底上时，高热导率区域的表面温度高于相邻低热导率区域的表面温度。这导致高导热区上方的热液体上升（自然对流），并由低导热区上方的较冷液体补充。此外，气泡的成核发生在高温区，而低温区保持湿润，有助于气泡离开之后高温区的再湿润。Rahman 等[46]使用铜作为高导热基底，并在基底中以不同间距（微通道间间距，N=2 ～ 12cm^{-1}）制造微通道。机械加工的微通道填充有双组分高温环氧树脂（Aremco-Bond 526-N，Aremco 产品），与铜［400W/（m·K）］相比，其热导率低得多［<1W/（m·K）］，典型样品的SEM图像如图3.10（b）～（d）所示。

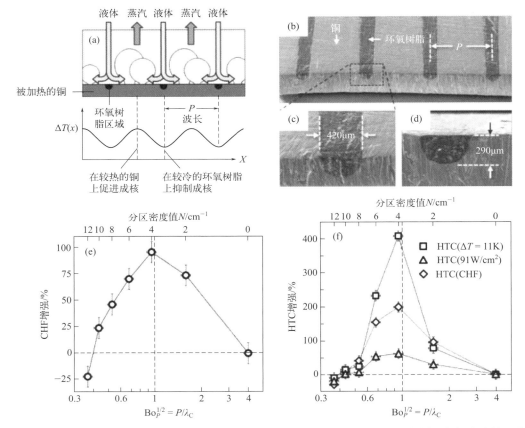

图3.10 强化沸腾双传导表面概念示意图（a），由铜基底和散布低热导率环氧树脂条组合成的双传导表面样品SEM图像（b）～（d），根据邦德数和环氧树脂间距P优化的双传导表面的CHF（e）和根据邦德数和环氧树脂间距P优化的双传导表面的HTC（f）

Rahman 等[46]证明，当修改后的邦德数（根据低热导率区域间距P和毛细管长度标度λ_C计算）为1时，双传导表面上的性能达到最优。根据Fritz[47]以及Cole和Rohsehow[48]的相关关系，当邦德数（Bo$_P^{1/2}$）为1时，气泡脱离直径为最佳值。图3.10（e）和图3.10（f）分别显示了在低热导率表面不同分区密度值N下，这些双传导表面的CHF和HTC均得到增强。随着N的增加，表面张力和高热导率传热面积的减少开始发挥作用。当$N \geqslant 12$时，气泡偏离直径包括整个铜带的宽度，与普通铜表面（单一传导性基底）相比，会导致过早的CHF条件。

3.5　强化池沸腾表面活性剂

　　除了通过本章前几节讨论的表面改性来增强沸腾过程外，添加低浓度的表面活性剂到工作流体（主要是水）中也可以提高池沸腾性能。表面活性剂的使用已被证明可以增强气泡成核和提高传热系数[49,50]。增强归因于两个主要机制：①表面活性剂在液-气界面的吸附；②表面活性剂在固-液界面的吸附。在前一种情况下，表面活性剂吸附在液-气界面导致流体表面张力降低，从而有助于气泡脱离[51]。在后一种情况下，当表面活性剂吸附在固-液界面上时，在界面上形成疏水涂层，促进了气泡成核[51-54]。

　　表面活性剂吸附对表面润湿性的影响如图3.11（a）和（b）所示。在微/纳尺度上具有圆锥形空腔的表面，对于具有较高表面张力的液体（例如水），接触角过高，以至于液体不能完全润湿每个缺陷。根据截留蒸汽理论，由于润湿性降低（$\theta > 10°$），蒸汽/气体被截留在这些缺陷位点［图3.11（a）］。由于空腔尺寸小、接触角低，截留蒸汽中的拉普拉斯压力对于现有的饱和条件来说太高。因此，未产生蒸发，成核位点不活跃（即气泡不生长）。

　　随着向水中加入表面活性剂，表面活性剂的上端吸附到表面上，疏水尾部与水接触。这导致表面的润湿性降低，接触角增加［图3.11（b）］。接触角的增加导致拉普拉斯压力有一定程度的降低，继而导致两个空腔中较大的一个空腔被激活（蒸发发生）并且泡核沸腾开始产生。Cho等[56]用非离子表面活性剂Triton X-114和Triton X-100证明了这种表面活性剂对池沸腾的增强作用。图3.11（d）中的泡核沸腾图像（均在$2.5W/cm^2$的热通量下）提供了表面活性剂浓度增加时增强的成核行为的直观证明。当表面活性剂浓度增加到超过表面活性剂溶液临界胶束浓度（CMC）时，沸腾性能下降。在临界胶束浓度以上［图3.11（d），0.594mmol/L］时，表面活性剂聚集成胶束，溶液的整体性质（如黏度）发生改变，从而影响沸腾性能。在临界胶束浓度以下，随着表面活性剂浓度的增加，成核位点增加的结果［图3.11（d）］由测试的两种表面活性剂的沸腾曲线证实［图3.11（e）］。随着表面活性剂浓度增加，图3.11（e）中的沸腾曲线向左移动，表明过热正在降低（HTC增加）。过热的降低与表面活性剂浓度增加时成核位点的增加相关。

　　Cho等[55]证明，当使用导电表面活性剂时，沸腾性能可以用电压进行调节。当使用导电（或离子）表面活性剂时，可以根据电场的极性控制表面活性剂在沸腾表面的吸附和解吸。当使用带正电荷的表面活性剂时［图3.11（b）］，即使没有外加电场，表面活性剂也会吸附在表面上。然而，当表面施加负电位时［图3.11（c）］，额外的表面活性剂单体被吸引到表面，有效增加了表面活性剂的浓度，使其更疏水。这种增加的疏水性激活了额外的成核位点，并导致较低的过热壁。Cho等[55]证明了外加电场对沸腾性

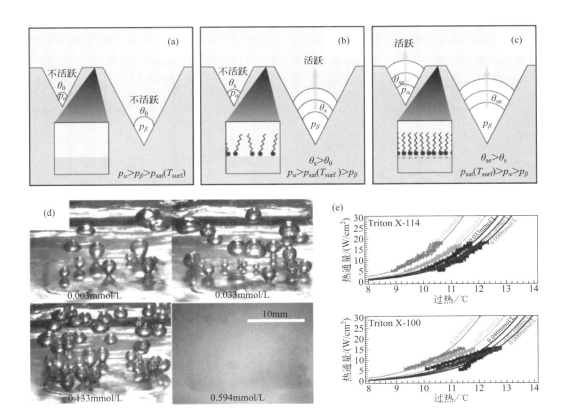

图3.11 强化池沸腾表面活性剂对表面润湿性的影响示意图

（a）没有表面活性剂（表面具有亲水性）；（b）表面活性剂在表面上的吸附降低了润湿性并激活了两个成核位点中较大的一个；（c）由于施加电场，表面上更高的表面活性剂吸附激活了更小的成核位点［经Cho等人许可摘录，2013[55]；自然出版集团版权所有（2015）］；（d）具有不同表面活性剂浓度的 Triton X-114在2.5W/cm² 的热通量下的代表性水泡核沸腾图像；（e）两种非离子表面活性剂 Triton X-114和 Triton X-100的沸腾曲线［随着表面活性剂浓度的增加，成核作用增强（给定热通量的过热降低）］［经参考文献［56］许可摘录；ASME版权所有（2013）］

能的影响［图3.12（a）和（b）］。

当使用带负电荷的表面活性剂十二烷基硫酸钠（SDS）（浓度低于临界胶束浓度）并且施加到表面的电势从 −0.1V 变为 −2.0V 时，表面活性剂被表面排斥。这导致表面温度升高，HTC降低［图3.12（a）］。HTC的降低（或表面温度的升高）归因于成核位点数量的减少，表面活性剂被表面排斥，可以通过沸腾过程的可视化得到证实[55]。这时，传热模式从泡核沸腾（蒸汽发生）转变为自然对流。对于带正电荷的表面活性剂［十二烷基三甲基溴化铵（DTAB）］，观察到相反的行为，即当施加到表面的电热从 −0.1V 变为 −2.0V 时，表面温度降低，成核位点数量增加，HTC增加。

当使用非表面活性剂盐 NaBr［图3.13（a）］和非离子表面活性剂 MEGA-10［图3.13（b）］时，电场强度的变化不会影响沸腾性能。当表面电位从 −2.0V 变为 −0.1V（q 从41W/cm² 变为3.7W/cm²）时，对于给定的过热度8.7℃，带负电荷的表面活性剂 SDS的HTC增加了约1000%［图3.13（c）中黑色垂直箭头］。此外，当表面电势从 −2.0V 变为 −0.1V 时，对于17W/cm² 的给定热通量，过热度从10℃降低到7.5℃［图3.13（c）中的水平箭头］。对于带正电荷的表面活性剂 DTAB，也观察到类似的可调节沸腾行为

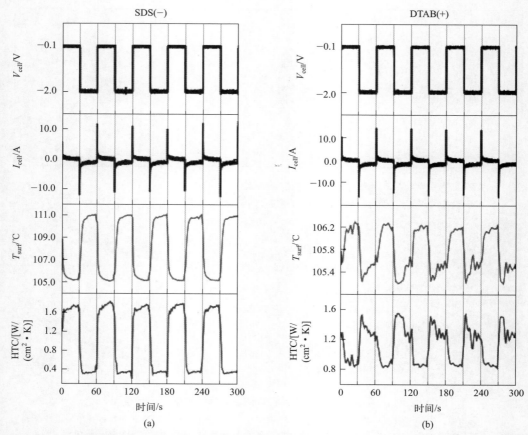

图3.12　强化沸腾表面活性剂通过电场调节的性能（Cho等人，2015[55]；https://www.nature.com/ articles/ncomms9599?spMailingID=49880291&spUserID=ODkwMTM2NjQyNgS2&spJobID=783931636&spReportId=NzgzOTMxNjM2S0，经CC BY 4.0许可）

（a）带负电荷的表面活性剂SDS的HTC、表面温度和高温超导对外加电场变化的瞬态响应；（b）带正电荷的表面活性剂DTAB的HTC、表面温度和高温超导对外加电场变化的瞬态响应

[图3.13（d）]。离子或带电表面活性剂的电场可调性说明了开发适应性沸腾设备的可能性。

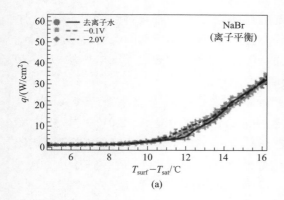

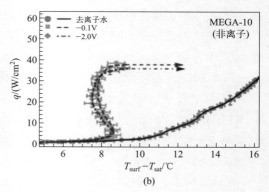

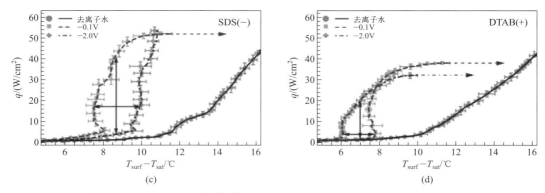

图3.13 NaBr（a）和MEGA-10（b）（非离子表面活性剂）的沸腾曲线表明，施加的电场不会影响沸腾性能；SDS（c）和DTAB（d）的沸腾曲线表明，根据主要条件调整沸腾性能（高HTC或高CHF）的可能性

3.6 流动沸腾

尽管各种强化池沸腾表面可实现比光滑表面高200%的CHF，但约250W/cm² 的最大CHF仍低于许多现代电子器件产生的热通量。这些高性能器件包括聚光光伏电池、动力电子设备和激光二极管等，其中一些会产生超过1000W/cm² 的热通量。由于许多电子器件会局部发热，为了在这些系统中散热，另一种替代方案是采用流动沸腾，其中液体被迫流动的沸腾发生在单通道 [图3.14（a）、（b）] 或多通道内，通常使用微通道和小通道（其中通道横截面的直径分别在10 ~ 200μm 或200μm ~ 2mm）。此外，减小通道横截面积会增加通道的比表面积（表面积与体积之比），从而有利于传热。在这些通道中，气泡在通道表面的成核位点上形成。在高热通量下，小通道尺寸的限域效应通常导致环形流动，其中蒸汽芯被通道壁上的液膜包围 [图3.14（a）]。同样，流动沸腾中的CHF由通道表面的严重干涸引起。与气泡通过浮力离开表面的池沸腾相比，泵出的水流可以有效地迫使蒸汽气泡离开通道，这一现象可能会导致更高的CHF。

然而，实际上在这样的小长度系统中，很难在增强CHF以便尽可能散热的同时，将两相流的不稳定性控制在最小范围内 [59-61]。这些流动不稳定性可能由多种机制触发，包括通道中的爆炸气泡膨胀 [62] 和密度波振荡 [63]，以及与流动回路相关的上游可压缩性 [64,65]，并可能导致通道上大的压降波动以及与液体干涸相关的温度峰值。这种干涸严重限制了这些微通道散热器的散热能力，一旦达到CHF，就会导致器件故障 [66]。

与池沸腾类似，微/纳米结构化表面也被用于增强两相微通道和小通道的传热性能。例如，可以形成空腔的纳米线束被用来促进流动沸腾中的泡核沸腾。Li等人用硅纳米线覆盖了施加热量的平行微通道的底面 [图3.14（c）] [57]，并研究了在热通量较低时不同质量流量下的流动沸腾性能，其中，泡核沸腾是主要的传热模式。引入纳米线以形成促进成核的空腔 [图3.14（c）]。在相对较低的热通量（q=80W/cm²）和质量流量

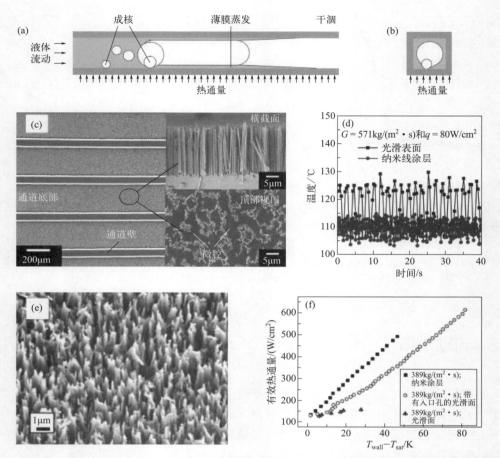

图3.14　流动沸腾侧视图（a），流动沸腾横截面示意图（b），底壁覆盖有硅纳米线的多通道流动沸腾（c），在质量流量G为571kg/（$m^2\cdot s$）、热通量q为80W/cm^2时，与光滑面通道相比，纳米线涂层通道的温度流量降低（d）[经参考文献［57］许可摘录，美国化学学会版权所有（2012）]，Yang等人制作的微通道表面的硅纳米线[58]（e），纳米线涂层通道与光滑面通道和带有入口的光滑面通道的沸腾曲线（f）[经Yang等人许可摘录，2014[58]；Elsevier版权所有（2014）]

[G=571kg/（$m^2\cdot s$）] 下，这些微通道降低了温度波动 [图3.14（d）] 和压降振荡。较低的平均测量温度也有助于中高质量流量下 [G=238～571kg/（$m^2\cdot s$）] 的较高HTC。Yang等人[58,67]用硅纳米线涂覆通道底面和侧壁 [图3.14（e）]。与光滑表面微通道相比，以水为工作流体的纳米结构微通道在HTC和CHF方面有很大的提高。图3.14（f）显示了带有和不带有入口孔的纳米线涂层微通道和平面微通道的沸腾曲线。增强机制主要是促进了泡核沸腾，增加了延缓CHF的润湿性，并增强了薄膜蒸发。这些工作证明了利用结构化表面提高流动沸腾稳定性和CHF的可能性。

　　除了促进成核外，Zhu等[68]还专注于使用微结构来促进环形流区中环形液膜的流动稳定性和热传递，这通常在高热通量时占主导地位。在这种状态下，薄膜蒸发是重要的传热方式。在这项研究中，直径为5～10μm、间距为10～40μm、恒定高度为25μm的控制良好的微柱阵列被集成到一个单通道中，这些微柱的目的是增强结构内的毛细流动，以降低液-气界面的不稳定性，并增强环形流动沸腾状态下的CHF。图3.15（a）展示了具有代表性微柱的微通道横截面的SEM图。图3.15（a）的左、右插图分别为通道底面和底角附近侧壁上的微柱放大图。

超亲水微结构促进了通道底面上的毛细流动，在该处加热以抑制环形流动区域中的液膜干涸。侧壁具有来自制造工艺（深度反应离子蚀刻）的定制粗糙度，能够促进成核。因此，这种设计将侧壁的成核和底面的毛细管辅助薄膜蒸发分离开来，以抑制底面的干涸，同时仍然提供成核位点。

这些微通道在环形流动区域内表现出显著降低的温度和压降波动。对通道背面温度和通道上的压降随时间的变化进行测量，结果表明，与光滑表面微通道相比，其稳定性有显著提高。图3.15（b）显示了q=315W/cm^{2}和615W/cm^2［G=300kg/（m^2·s）］时的通道背面中点温度。平面通道显示出与环形膜干涸相关的周期性温度峰值，而结构化表面通道在两个热通量下都显示出稳定的温度。光滑表面和代表性结构化表面上的

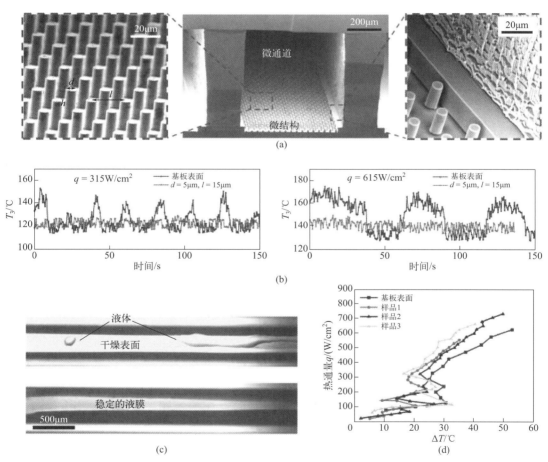

图3.15　通道横截面的SEM图像（a），在q=315W/cm^{2}和615W/cm^2［G=300kg/（m^2·s）］时，光滑表面通道和结构化表面通道（d=5μm，h=25μm，l=15μm）的中点通道背面温度（b），光滑底部通道表面和结构化底部通道表面的光学图像（d=5μm，h=25μm，l=15μm）（c），光滑表面通道和三个结构化表面通道的沸腾曲线（样品1，d=5μm，h=25μm，l=10μm；样品2，d=5μm，h=25μm，l=15μm；样品3，d=10μm，h=25μm，l=30μm）（d）

流动图像［图3.15（c）］表明，干涸发生在与温度峰值相关的光滑表面上。干表面积扩大到微通道的中心，留下单独的液体岛。相比之下，由于微结构的毛细作用，结构化表面保持了液膜。微结构表面干涸的减少导致了较低的时间平均表面温度和增强的CHF［图3.15（d）］。使用微结构表面微通道获得了约700W/cm^{2}的CHF，与光滑表面微通道相比提高了17%。

3.7 结论与展望

本章列举了从自然界中各种超疏水、超亲水和微/纳米结构表面获得高效沸腾表面的几个例子。这些例子并不详尽。在池沸腾中，具有微腔的表面类似于自然界中捕获空气的纳米纹理表面，它们已经被证明可以促进泡核沸腾。不过，为了增强CHF，需要超亲水的结构化表面来保持液体能进入表面。与光滑表面相比，各种微/纳米结构表面能够将CHF值提高超过200%。这些结果突出了表面性质对沸腾传热性能的重要影响。双亲水表面结合了疏水成核位点促进成核和与亲水流动路径延迟干涸的优势。除了调整表面，向工作流体中添加表面活性剂也是调整界面能的一种有效方法。表面活性剂通常会降低固-气表面能，从而使表面更疏水。表面活性剂还提供了通过施加电场主动控制沸腾开关的可能，电场通过吸收和解吸表面活性剂来调节表面能。最后，本章讨论了将具有强化池沸腾传热的表面结合到微通道散热器中的情形。增强的HTC和CHF均通过涂有纳米线和微柱的微通道实现。由于两相流的复杂性质，理解表面结构的作用以及优化结构需要进一步研究。不过，这也表明通过改进表面结构和功能，有机会利用仿生结构，在流动沸腾应用中进一步强化传热。此外，还有许多其他生物表面，如具有不同孔隙度的膜（如树叶）和具有动态结构的表面（如人类呼吸道内壁的运动纤毛），这些生物表面很少用在沸腾方面。膜表面具有通过分离液体和蒸汽来减轻界面不稳定性的潜力，动态可调表面能够主动控制用于瞬时热点冷却应用的流体流量。

致谢

相关研究工作的部分资金来自阿联酋阿布扎比马斯达尔科技学院（Masdar Institute）与美国马萨诸塞州麻省理工学院（MIT）签订的合作协议（参考号：02/MI/MI/CP/11/07633/GEN/G/00）、巴特尔纪念研究所、空军科学研究办公室（AFOSR）、新加坡-麻省理工学院研究与技术联盟（SMART）和海军研究办公室（ONR）。

参考文献

1 Maffezzoni, C. (1997) Boiler-turbine dynamics in power-plant control. *Control Engineering Practice*, **5** (3), 301–312.

2 El-Dessouky, H.T. and Ettouney, H.M. (2002) *Fundamentals of Salt Water Desalination*, Elsevier.

3 Humplik, T., Lee, J., O'Hern, S.C. *et al.* (2011) Nanostructured materials for water desalination. *Nanotechnology*, **22** (29), 292001.

4 Mahajan, R., Chiu, C., and Chrysler, G. (2006) Cooling a microprocessor chip. *Proceedings of the IEEE*, **94** (8), 1476–1486.

5 Pop, E. (2010) Energy dissipation and transport in nanoscale devices. *Nano Research*, **3** (3), 147–169.

6 Bobenhausen, W. (1994) *Simplified Design of HVAC Systems*, John Wiley & Sons, Inc.

7 Carey, V.P. (2007) *Liquid Vapor Phase Change Phenomena: An Introduction to the Thermophysics of Vaporization and Condensation Processes in Heat Transfer Equipment*, 2nd edn, Taylor & Francis.

8 Marmur, A. (2003) Wetting on hydrophobic rough surfaces: to be heterogeneous or not to be? *Langmuir*, **19** (20), 8343–8348.

9 Young, T. (1805) An essay on the cohesion of fluids. *Philosophical Transactions of the Royal Society of London*, **95**, 65–87.

10 Wenzel, R.N. (1936) Resistance of solid surfaces to wetting by water. *Industrial and Engineering Chemistry*, **28** (8), 988–994.

11 Neinhuis, C. and Barthlott, W. (1997) Characterization and distribution of water-repellent, self-cleaning plant surfaces. *Annals of Botany*, **79** (6), 667–677.

12 Barthlott, W. and Neinhuis, C. (1997) Purity of the sacred lotus, or escape from contamination in biological surfaces. *Planta*, **202** (1), 1–8.

13 Koch, K. and Barthlott, W. (2009) Superhydrophobic and superhydrophilic plant surfaces: an inspiration for biomimetic materials. *Philosophical Transactions of the Royal Society of London, Series A*, **367** (1893), 1487–1509.

14 Herminghaus, S. (2000) Roughness-induced non-wetting. *Europhysics Letters*, **52** (2), 165–170.

15 Wagner, P., Fürstner, R., Barthlott, W., and Neinhuis, C. (2003) Quantitative assessment to the structural basis of water repellency in natural and technical surfaces. *Journal of Experimental Botany*, **54** (385), 1295–1303.

16 Fürstner, R., Barthlott, W., Neinhuis, C., and Walzel, P. (2005) Wetting and self-cleaning properties of artificial superhydrophobic surfaces. *Langmuir*, **21** (3), 956–961.

17 Gao, X. and Jiang, L. (2004) Biophysics: water-repellent legs of water striders. *Nature*, **432** (7013), 36–36.

18 Flynn, M.R. and Bush, J.W.M. (2008) Underwater breathing: the mechanics of plastron respiration. *Journal of Fluid Mechanics*, **608**, 275–296.

19 Bauer, U., Bohn, H.F., and Federle, W. (2008) Harmless nectar source or deadly trap: nepenthes pitchers are activated by rain, condensation and nectar. *Proceedings of the Royal Society of London - Series B: Biological Sciences*, **275** (1632), 259–265.

20 Chen, R., Lu, M.-C., Srinivasan, V. *et al.* (2009) Nanowires for enhanced boiling heat transfer. *Nano Letters*, **9** (2), 548–553.

21 Kim, S., Kim, H.D., Kim, H. *et al.* (2010) Effects of nano-fluid and surfaces with nano structure on the increase of CHF. *Experimental Thermal and Fluid Science*, **34** (4), 487–495.

22 Ahn, H.S., Jo, H.J., Kang, S.H., and Kim, M.H. (2011) Effect of liquid spreading due to nano/microstructures on the critical heat flux during pool boiling. *Applied Physics Letters*, **98** (7), 071908.

23 Li, C., Wang, Z., Wang, P.-I. *et al.* (2008) Nanostructured copper interfaces for enhanced boiling. *Small*, **4** (8), 1084–1088.

24 Chu, K.-H., Enright, R., and Wang, E.N. (2012) Structured surfaces for enhanced pool boiling heat transfer. *Applied Physics Letters*, **100** (24), 241603.

25 Dong, L., Quan, X., and Cheng, P. (2014) An experimental inves-

tigation of enhanced pool boiling heat transfer from surfaces with micro/nano-structures. *International Journal of Heat and Mass Transfer*, **71**, 189–196.

26 Dhillon, N.S., Buongiorno, J., and Varanasi, K.K. (2015) Critical heat flux maxima during boiling crisis on textured surfaces. *Nature Communications*, **6**, 8247.

27 Hwang, G.-S. and Kaviany, M. (2006) Critical heat flux in thin, uniform particle coatings. *International Journal of Heat and Mass Transfer*, **49** (5–6), 844–849.

28 Chang, J.Y. and You, S.M. (1997) Boiling heat transfer phenomena from microporous and porous surfaces in saturated FC-72. *International Journal of Heat and Mass Transfer*, **40** (18), 4437–4447.

29 Vemuri, S. and Kim, K.J. (2005) Pool boiling of saturated FC-72 on nano-porous surface. *International Communications in Heat and Mass Transfer*, **32** (1–2), 27–31.

30 Li, C., Peterson, G.P., and Wang, Y. (2006) Evaporation/boiling in thin capillary wicks (l)—wick thickness effects. *Journal of Heat Transfer*, **128** (12), 1312–1319.

31 Li, C. and Peterson, G.P. (2006) Evaporation/boiling in thin capillary wicks (II)—effects of volumetric porosity and mesh size. *Journal of Heat Transfer*, **128** (12), 1320–1328.

32 Chu, K.-H., Soo Joung, Y., Enright, R. *et al.* (2013) Hierarchically structured surfaces for boiling critical heat flux enhancement. *Applied Physics Letters*, **102** (15), −151602.

33 Hsu, Y.Y. (1962) On the size range of active nucleation cavities on a heating surface. *Journal of Heat Transfer*, **84** (3), 207–213.

34 Yu, C.K., Lu, D.C., and Cheng, T.C. (2006) Pool boiling heat transfer on artificial micro-cavity surfaces in dielectric fluid FC-72. *Journal of Micromechanics and Microengineering*, **16** (10), 2092–2099.

35 Zuber, N. (1959) Hydrodynamic aspects of boiling heat transfer. PhD Thesis. University of California, Los Angeles.

36 Dhir, V.K. and Liaw, S.P. (1989) Framework for a unified model for nucleate and transition pool boiling. *Journal of Heat Transfer*, **111** (3), 739–746.

37 Kandlikar, S.G. (2001) A theoretical model to predict pool boiling CHF incorporating effects of contact angle and orientation. *Journal of Heat Transfer*, **123** (6), 1071–1079.

38 Kutateladze, S.S. (1948) On the transition to film boiling under natural convection. *Kotloturbostroenie*, **3**, 10–12.

39 Rahman, M.M., Ölçeroğlu, E., and McCarthy, M. (2014) Scalable nanomanufacturing of virus-templated coatings for enhanced boiling. *Advanced Materials Interfaces*, **1** (2), 1300107.

40 Flynn, C.E., Lee, S.-W., Peelle, B.R., and Belcher, A.M. (2003) Viruses as vehicles for growth, organization and assembly of materials. *Acta Materialia*, **51** (19), 5867–5880.

41 Betz, A.R., Xu, J., Qiu, H., and Attinger, D. (2010) Do surfaces with mixed hydrophilic and hydrophobic areas enhance pool boiling? *Applied Physics Letters*, **97** (14), 141909.

42 Jo, H., Ahn, H.S., Kang, S., and Kim, M.H. (2011) A study of nucleate boiling heat transfer on hydrophilic, hydrophobic and heterogeneous wetting surfaces. *International Journal of Heat and Mass Transfer*, **54** (25–26), 5643–5652.

43 Preston, D.J., Miljkovic, N., Sack, J. *et al.* (2014) Effect of hydrocarbon adsorption on the wettability of rare earth oxide ceramics. *Applied Physics Letters*, **105** (1), 011601.

44 Betz, A.R., Jenkins, J., Kim, C.-J., and Attinger, D. (2013) Boiling heat transfer on superhydrophilic, superhydrophobic, and superbiphilic surfaces. *International Journal of Heat and Mass Transfer*, **57** (2), 733–741.

45 Jansen, H., de Boer, M., Legtenberg, R., and Elwenspoek, M. (1995) The black silicon method: a universal method for determining the parameter setting of a fluorine-based reactive ion etcher in deep silicon trench etching with profile control. *Journal of Micromechanics and Microengineering*, **5** (2), 115.

46 Rahman, M.M., Pollack, J., and McCarthy, M. (2015) Increasing boiling heat transfer using low conductivity materials. *Scientific Reports*, **5**, 13145.

47 Fritz, W. (1935) Maximum volume of vapor bubbles. *Physikalishce Zeitschrift*, **36** (11), 379–384.

48 Cole, R. and Rohsenow, W.M. (1969) Correlation of bubble departure diameters for boiling of saturated liquids. *Chemical Engineering Progress Symposium Series*, **65** (92), 211–213.

49 Cheng, L., Mewes, D., and Luke, A. (2007) Boiling phenomena with surfactants and polymeric additives: a state-of-the-art review. *International Journal of Heat and Mass Transfer*, **50** (13–14), 2744–2771.

50 Wasekar, V.M. and Manglik, R.M. (2002) The influence of additive molecular weight and ionic nature on the pool boiling performance of aqueous surfactant solutions. *International Journal of Heat and Mass Transfer*, **45** (3), 483–493.

51 Zhang, J. and Manglik, R.M. (2005) Additive adsorption and interfacial characteristics of nucleate pool boiling in aqueous surfactant solutions. *Journal of Heat Transfer*, **127** (7), 684–691.

52 Sher, I. and Hetsroni, G. (2002) An analytical model for nucleate pool boiling with surfactant additives. *International Journal of Multiphase Flow*, **28** (4), 699–706.

53 Fuerstenau, D.W. (2002) Equilibrium and nonequilibrium phenomena associated with the adsorption of ionic surfactants at solid–water interfaces. *Journal of Colloid and Interface Science*, **256** (1), 79–90.

54 Lo, C., Zhang, J.S., Couzis, A. *et al.* (2010) Adsorption of cationic and anionic surfactants on cyclopentane hydrates. *Journal of Physical Chemistry C*, **114** (31), 13385–13389.

55 Cho, H.J., Mizerak, J.P., and Wang, E.N. (2015) Turning bubbles on and off during boiling using charged surfactants. *Nature Communications*, **6**, 8599.

56 Cho, H.J., Sresht, V., Blankschtein, D., and Wang, E.N. (2013) Understanding Enhanced Boiling With Triton X Surfactants. V002T07A047.

57 Li, D., Wu, G.S., Wang, W. *et al.* (2012) Enhancing flow boiling heat transfer in microchannels for thermal management with monolithically-integrated silicon nanowires. *Nano Letters*, **12** (7), 3385–3390.

58 Yang, F., Dai, X., Peles, Y. *et al.* (2014) Flow boiling phenomena in a single annular flow regime in microchannels (I): characterization of flow boiling heat transfer. *International Journal of Heat and Mass Transfer*, **68**, 703–715.

59 Kandlikar, S.G. (2002) Fundamental issues related to flow boiling in minichannels and microchannels. *Experimental Thermal and Fluid Science*, **26** (2–4), 389–407.

60 Das, P.K., Chakraborty, S., and Bhaduri, S. (2012) Critical heat flux during flow boiling in mini and microchannel-a state of the art review. *Frontiers in*

Heat and Mass Transfer, **3** (1). doi: 10.5098/hmt.v3.1.3008.

61 Bergles, A.E., Lienhard V, J.H., Kendall, G.E., and Griffith, P. (2003) Boiling and evaporation in small diameter channels. *Heat Transfer Engineering*, **24** (1), 18–40.

62 Hetsroni, G., Mosyak, A., Pogrebnyak, E., and Segal, Z. (2005) Explosive boiling of water in parallel micro-channels. *International Journal of Multiphase Flow*, **31** (4), 371–392.

63 Yadigaroglu, G. and Bergles, A.E. (1972) Fundamental and higher-mode density-wave oscillations in two-phase flow. *Journal of Heat Transfer*, **94** (2), 189–195.

64 Zhang, T., Peles, Y., Wen, J.T. *et al.* (2010) Analysis and active control of pressure-drop flow instabilities in boiling microchannel systems. *International Journal of Heat and Mass Transfer*, **53** (11–12), 2347–2360.

65 Zhang, T., Tong, T., Chang, J.-Y. *et al.* (2009) Ledinegg instability in microchannels. *International Journal of Heat and Mass Transfer*, **52** (25–26), 5661–5674.

66 Bergles, A.E. and Kandlikar, S.G. (2005) On the nature of critical heat flux in microchannels. *Journal of Heat Transfer*, **127** (1), 101–107.

67 Yang, F., Dai, X., Peles, Y. *et al.* (2014) Flow boiling phenomena in a single annular flow regime in microchannels (II): reduced pressure drop and enhanced critical heat flux. *International Journal of Heat and Mass Transfer*, **68**, 716–724.

68 Zhu, Y., Antao, D.S., Bian, D.W. *et al.* (2015) Reducing instability and enhancing critical heat flux using integrated micropillars in two-phase microchannel heat sinks. 2015 Transducers – 2015 18th International Conference on Solid-State Sensors, Actuators and Microsyst, Transducers, pp. 343–346.

4

仿生蒸发材料

刘颜铭，宋成轶

上海交通大学材料科学与工程学院金属基复合材料国家重点实验室，中国上海市闵行区东川路800号，邮编200240

4.1 引言

　　蒸发是物质在自由表面从液相转化为气相的过程，其广泛应用于工业和日常生活中的各种基础工业，如发电、化学工业、海水淡化和高温蒸汽灭菌[1-13]。目前已经采用了多种技术降低蒸发系统成本，同时提高蒸发性能，其中一些新策略已经大幅提高了蒸发效率[14-19]，但根据传统的整体加热理论来看，相应的蒸发效率提高有限（换句话说，表面的水蒸发是由整体液体持续加热导致的。在这种加热方式下，大部分热能并没有被有效地用于蒸发而是耗散进入周围的环境）。为了减少整体液体加热过程中的热能损失，从而提高蒸发效率，研究人员将目光投向了自然界[20-23]。在自然界数十亿年的进化中，生物系统经过长期的自然选择和相互竞争，已经形成了独特而复杂的结构与系统用于调节其自身的蒸发功能。在"自然大师"设计的基于液体蒸发的优异生物系统中，值得一提的是基于液体蒸发的排液机制和植物叶片通过蒸腾作用调节自身温度或输送水分和养分机制[24-28]。受蒸发表面温度局部控制的启发，研究人员开发出了可显著提高蒸发效率的先进蒸发材料[21, 22, 29-32]，其仿生手段本质上区别于传统方法。

　　此外，研究人员通过观察植物叶片表面的不同润湿性开发出用以调控蒸发性能的先进的超亲水和超疏水材料[33]，拓展其在发电、高压和脱盐领域的应用潜力。例如，水可以迅速地扩散到锦芦莉草的超亲水叶片上，从而加速其蒸发；然而，对于生长在沙漠中的一些植物来说，疏水性叶表面会阻碍水分蒸发，从而有助于防止水分的流失[28]。由此，研究人员用不同的化学物质，制造出了超亲水或超疏水的表面，如同一扇"水门"，以控制水蒸气的流动速率。需要说明的是，局域水蒸气生成系统是由液/固界面直接控制的，其中水直接与加热介质而非气/固界面接触。

本章概述了推动先进蒸发材料制造的两个仿生学特点：①通过局域控制蒸发表面实现高性能蒸发；②通过生物温度调节系统促进人工装置的散热。随着蒸发材料的仿生方法的发展，人们希望推动对生物系统的进一步详细研究，以开发最佳解决方案，促进基于蒸发效应的实际应用发展。

4.2 蒸发

蒸发是一种由液体转换为蒸气并吸收周围环境热量的相变过程。其速率受许多因素影响，例如空气中给定分子的浓度、气流速率和整体液体的温度[34-40]。蒸发实际上是一个动态平衡过程：水面上的一小部分分子获得足够的热能，从系统水体中逸出；同时，来自周围空气的水分子进入液体。只要蒸汽是不饱和的，吸收足够的热量后，水分子就会不断逃逸到大气中，直到蒸汽饱和或剩余的液态水被完全蒸发完为止。了解水如何蒸发以及如何进一步提高蒸发效率，对工业应用和我们的日常生活具有重要的指导意义。

在许多基础工业应用中，蒸发是一种至关重要的蒸汽生成方法或冷却过程。例如，在火力发电厂中，高压蒸汽可以驱动蒸汽机发电[41,42]。有效的蒸发方法可以提高蒸汽机的效率，从而提高整体发电的系统效率。此外，由于巨大的蒸发潜热，基于蒸发的池沸腾过程已应用于多种冷却场合中[43-46]。蒸发也和我们日常生活中的实际应用有着密切的关系。在灭菌过程中，水蒸发产生的高温蒸汽是杀灭细菌的一种直接有效的方法，尤其是在细菌生长增殖区域[47-48]。使用基于蒸发的冷却方法的手持电子设备在日益增长的散热需求中也展现了其卓越的优势[49-51]。

4.2.1 整体加热和界面加热的蒸发理论模型

自19世纪初道尔顿首次发表蒸发的经验性探索实验结果以来，无数关于蒸发现象的研究报告陆续出版发表[34,39]。众所周知，蒸发是液体的一种汽化现象，其在自由表面处由液相转化为气相。蒸发率（E）定义如下：

$$E = C(P_s - P_a) \tag{4.1}$$

式中，P_s、P_a和C分别表示饱和蒸气压、实际蒸气压和相关常数。这个方程被称为道尔顿蒸发定律。蒸发速率由蒸气压、风速、物质的温度、相对湿度、蒸发表面积等因素决定。在之后的讨论中，这些因素里我们只关注水温对蒸发速率的影响。水温升高，水分子获得足够的动能蒸发速率加快，而这些动能由吸收的热量转换而来。常规的蒸发模式中，整个液体从底部加热，然而蒸发只发生在水的自由表面上，这意味着有大部分的热能并未被用于蒸发。以水壶中的水沸腾为例，水整体从容器壁上吸收热能，气泡开始在容器壁上成核和生长，并向上漂浮到蒸发表面。一旦它们到达表面，气泡就会破裂并释放出内部的水蒸气。在气泡传播的路径中，气泡与未蒸发的液体部分和容器壁交换热能导致大量热损失，这种能量损失降低了热-蒸发转换效率。

常规蒸发过程都是从底部加热整体液体，因此大量的能量被浪费在加热液体而非直接蒸发。显而易见的是，该热-蒸发转换效率远低于直接加热液体表面的效率。我们利用COMSOL Multiphysics软件建立了一个模型来模拟上述两种加热方式，以此评估两种蒸发过程中的温度分布和加热效率：顶部液体界面加热模式和底部液体整体加热模式。输入热通量值为600W/m^2，分别在液体的表面和底部加热。图4.1显示了两种情况下空气/水界面的温度分布和水的热通量变化（显热+汽化热）与时间的关系。对于表面加热［图4.1（a）、（c）］，热能被限制在空气/水界面附近的局部区域。热通量在1min时开始急剧上升，5min后趋于稳定，接近输入的初始值。另外，对于底部加热［图4.1（b）、（d）］，从底部产生的热量非常缓慢地从底部扩散到顶部，并且顶部的表面温度低于与之同时进行界面加热的情况。热通量由开始的初始值，在6min后开始增加，直到加热15min后，热通量仅为0.15W/m^2，远低于前一种情况下的数值。

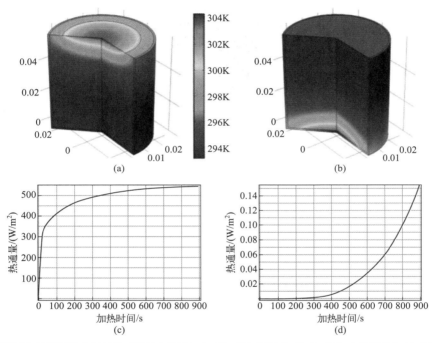

图4.1　模拟了在热通量为600W/m^{2}的输入下15min后，采用界面加热（a）和底部整体加热（b）的液体温度分布及输入相同热通量600W/m^{2}时，界面加热（c）和整体加热（d）的表面热通量随时间的变化

4.2.2　整体加热和界面加热示例

为了比较整体加热和界面加热的蒸发效率，采用等离激元纳米颗粒作为光热转换媒介来产生热量。在过去的几年中，基于贵金属纳米颗粒的光热效应已经开展了深入的研究[14-19]，有报道称相比传统方法而言，利用吸光纳米颗粒均匀分散在液体中的全新方法，可以有效地提高蒸发性能。当光线照射溶液时，颗粒周围立即产生蒸汽。蒸汽包裹的纳米颗粒移动到空气/水界面并将蒸汽释放到空气中，在此过程中并不需要升高整体液体的温度。此外，随着纳米颗粒浓度的增加，在蒸发过程中会出现多重散射效应，使

产生的热能局限在蒸发表面的区域，这种蒸发方式在一定程度上提高了蒸发效率。

另有报道称，人们将吸收光的金属纳米颗粒分散在液体中，这种液体将太阳能转化为热能，从而提高了蒸发效率[15]。如图4.2（a）所示，当光照射纳米颗粒时，其表面温度上升到远高于液体的沸点，在纳米颗粒的表面产生蒸汽，从而使薄蒸汽层包裹在颗粒的表面。

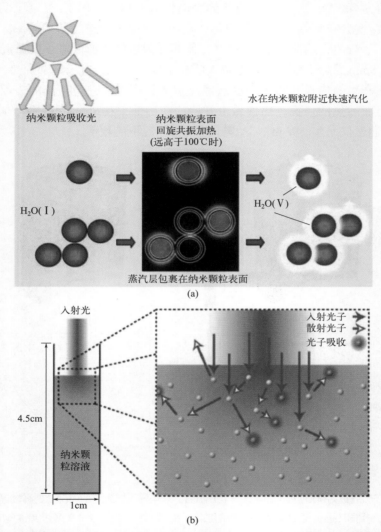

图4.2 通过等离激元加热产生蒸汽纳米颗粒将光转化为热，使其表面温度高于液体的沸点。气泡在颗粒周围形成并被输送到空气/液体界面，其中的蒸汽被释放到空气中（a）［经许可改编自Neumann等人的研究，2012[15]；美国化学学会版权所有（2013）］。纳米颗粒既是吸收介质，也是散射体，它通过将热量局部限制在液体的顶部表面来提高光热转换效率（b）［经许可改编自Hogan等人的研究，2014[17]；美国化学学会版权所有（2014）］

在连续光照下，纳米气泡不断长大，并可能与其他气泡融合，随后漂浮到开放的表面，其中的蒸汽被释放，纳米颗粒重新回到溶液中，使蒸发过程不断循环。在蒸汽产生和释放到空气的过程中无须加热液体。

因此，与使用燃料能源的常规整体加热方法相比，这种方法本质上更有效、更节能。为了演示这种高效的蒸汽生成过程，研究人员在单独的透明管中制备了两种光吸收纳米颗粒的溶液，即SiO₂/Au纳米壳和水溶性N115碳纳米颗粒。虽然在光照一段时间后，两种溶液的蒸汽生成速率都会提高，但在初始时间段内，液体的温度存在显著差异。对于纳米壳溶液，观察到液体温度缓慢地升高且可测量，而对于碳纳米颗粒溶液，在相同光照条件下观察到温度升高几乎可忽略。两种类型的纳米颗粒之间的差异很可能是由于金属纳米颗粒的加热速度快于碳纳米颗粒。这项研究显示了该方法具有较高的太阳光能-蒸汽转换效率，并在等离激元加热蒸发方式中开辟了一条新的途径。

为了进一步推动热-蒸发转换的效率，在后续工作中，纳米颗粒作为吸收介质和散射体，被用来将光线集中到蒸发表面附近的光照区域［图4.2（b）］[17]。这些颗粒不仅具有稳定的散射性和吸收效率，而且具有众所周知的散射相位函数。研究人员在较宽的纳米颗粒浓度范围内，研究了纳米颗粒溶液的光散射特性及其对光吸收占比的影响。纳米颗粒浓度较高时，光的穿透不会很深，甚至在最高浓度时出现了较强的液体表面背散射现象。因为随着纳米颗粒浓度的逐渐增加，这些颗粒的多重散射增加了平均光程，从而增加了光被吸收的概率。因此，光的穿透越来越浅，导致其在液体表面被颗粒吸收后转化成热，产生的热局限在液体的表层而起到局部加热的作用。

为了精确调整纳米颗粒的吸收与散射比，研究团队发表文章报道了一种通过混合具有纯散射功能的纳米颗粒和只有纯光吸收能力的纳米颗粒溶液，将入射光局限在溶液的顶部，从而达到提高光热转换效率的效果[52]。在此项工作中，不同于使用一种既是光散射又是光吸收中心的颗粒的传统方法，开发了一种全新方法。具体来说，该方法通过使用两种类型的纳米颗粒来实现局部加热［图4.3（a）］：光吸收介质金纳米颗粒（AuNP）和光散射介质聚苯乙烯纳米颗粒（PSNP）。这种具有独立的不同功能的纳米颗粒系统能够分别调节光吸收和光散射，以此优化局部蒸发系统的性能。相比之下，如图4.3（b）所示，尽管高浓度的AuNP溶液可以有效地收集光线，最大程度地捕获光线，并将产生的热量集中在整体水体的顶部，但溶液底部的大多数AuNP并不参与光热转换过程。从图4.3（c）可以看出，增加PSNP实际上可以在减少AuNP数量的同时，获得相对有效的蒸发。为了评估引入PSNP后蒸发速率是否提高，我们通过式（4.2）量化蒸发速率提高比（A）：

$$A = \frac{R_{\mathrm{m}} - R_{\mathrm{Au}}}{R_{\mathrm{Au}}} \qquad\qquad (4.2)$$

式中，R_{m}和R_{Au}分别为混合溶液和纯AuNP溶液的蒸发速率。计算结果见图4.3（d）。蒸发速率提高比随着AuNP浓度的增加而减少。由于在浓缩的AuNP溶液中，即使没有聚苯乙烯纳米颗粒的散射增强作用，大部分吸收也已经发生在靠近空气/水界面的液体顶部，因此蒸发速率增强有所下降。然而，对于稀释的AuNP溶液，蒸发效率会增加，这是因为添加的聚苯乙烯纳米颗粒的多重散射导致了局部光吸收。纯散射性的廉价聚苯乙烯纳米颗粒的引入不仅可以减少成本高昂的光吸收金纳米颗粒的使用，而且由于多重散射效应，反而获得了更高的蒸发效率。

虽然这种多重散射方法可以加强蒸发效率和光能的利用，但除了表面液体中的纳米颗粒用于光收集捕获以外，其他大多数纳米颗粒并没有参与光能-蒸发转换过程。因此，这种纳米颗粒溶液并不适合实际使用和生产。这些问题的解决将在下一节中继续讨论。

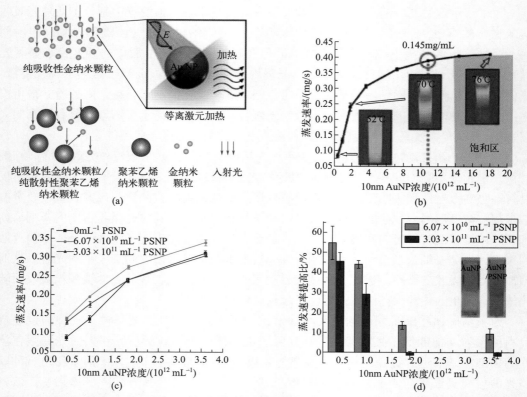

图4.3　纯吸收性的金纳米颗粒（AuNP）和纯散射性聚苯乙烯纳米颗粒（PSNP）增强光吸收引起的等离激元加热示意图（a），532nm激光照射下不同浓度的10nmAuNP水溶液的蒸发性能［该图显示了一个蒸发的饱和区，其中蒸发速率不会随着颗粒浓度的增加而上升，插图是显示测视温度的红外图像］（b），10nmAuNP、10nm AuNP和200nm PSNP混合溶液的浓度与蒸发速率函数关系（c），条形图显示由于添加PSNP而增加的蒸发率，其中使用纯AuNP溶液作为标准（d）

经许可改编自Zhao，2015 [52]；自然出版集团版权所有（2015）；
https://www.ncbi.nlm.nih.gov/pmc/articles/PMC4660318/.Licensed under CC BY 4.0

4.3　仿生蒸发材料概述

　　表面蒸发对生物系统的正常维持至关重要。例如，身体通过排汗使皮肤表面的汗液蒸发来调节温度。当环境温度高于体温时，热量通过辐射、对流和传导的方式进入体内，而不是从体内排出。皮肤上汗液的蒸发对有效降低体温起着主导作用。当体温上升时，随着血管的扩张，温热的血液被泵到局部皮肤表面，使皮肤升温。随后皮肤出汗释放热量，通过汗液的蒸发冷却降低血管的温度。皮肤表面冷却的血液回流到体内以降低体温。自然界中另一个涉及表面水分蒸发的高效温度调节系统是植物的蒸腾作用。在阳光充足的炎热地区，蒸腾作用起到了蒸发冷却植物的作用，因为蒸发过程中的巨大潜热带走了热能。蒸腾过程中的蒸发作用不仅能防止植物过热，还可以使矿物营养物质从根部大量运输到植物的其他组织。在排汗和蒸腾过程中，蒸发表面局部环境的精确控制对

Bioinspired Engineering of Thermal Materials

于实现高效蒸发至关重要。

受生物系统中蒸发表面局部控制的启发，近年来国内外几个研究小组分别开展了一系列光热转换材料的研究，这些材料能自由地漂浮在空气/水界面实现有效的高温蒸汽生成。除了生成蒸汽之外，仿生高效蒸发也被用于冷却电子器件。通过模拟人体皮肤冷却特性的人造膜可以耗散手持电子设备产生的余热，由此设计的设备具备更快的响应速度、更复杂的功能。随着现代材料制造和加工技术的进步，用于仿生蒸发的温度调节材料已经发展成更高端复杂的形式。

以下小节将详细介绍用于高温蒸汽生成和电子器件仿皮肤蒸发冷却的仿生材料的最新发展。本节还将讨论叶片表面激发的化学物质对蒸发表面的影响，以及这些化学物质如何促进或抑制表面水的蒸发。

4.3.1　仿生界面蒸发速率

传统的蒸发或产生蒸汽的方法依赖于加热整体液体，这种方法的缺点在于将热量传递到水的非蒸发部分和容器壁，在水沸腾之前有过多的热能损失。本小节通过讨论由研究人员发明的自由漂浮材料，以模拟多孔生物蒸发表面，可将蒸发局限在空气/水界面处发生。这些界面材料也被视为光-热转换器有效地提供热源（即当对其进行光照时，界面材料将光能转换为热能并立即使表面的水蒸发）。这种在蒸发表面局部加热的方式大大减少了热损失从而提高了蒸发效率。

研究团队发表了一项科研成果，即一种通过自由漂浮的自组装金纳米颗粒（AuNP）薄膜进行局部等离激元加热的高效表面蒸发方法，这是首次引入仿生界面的加热蒸发方式［图4.4（a）～（e）］[22]。众所周知，人体皮肤能通过有效的汗液蒸发精确调节体温。首先，在出汗过程中，皮肤局部被血管中的温热血液加热。其次，汗液由于毛细血管的压力从汗腺流向皮肤表面［图4.4（a）］。受人体皮肤蒸发表面局部控制的启发，开发了一种通过等离激元加热实现高蒸发效率的AuNP膜。等离激元纳米颗粒膜将光转化为热，并在空气/水界面产生一个热区，此区域内的表面水被加热后迅速蒸发。AuNP薄膜的多孔结构可充当水通道，通过毛细作用将水从底部泵送至AuNP薄膜的上表面，这是一种在蒸发过程快速补充水的方式。由于光热转换过程中产生连续热量，水在AuNP膜表面蒸发，生成的蒸汽立即释放到空气中。由于材料正好位于空气/水界面处，因此通过热传导、热对流的热损失将会大幅减少［图4.4（b）］。这种能自由浮动在水表面的自组装AuNP薄膜，是通过在干燥器的甲酸气氛下，将AuNP水溶液静置12h以上制备的。随着甲酸蒸气慢慢扩散至溶液中，甲酸分子发生解离作用，产生氢离子，从而质子化AuNP表面的带负电荷的柠檬酸基团。由于这种电荷屏蔽作用，纳米颗粒变得不稳定，并容易上浮在空气/水界面处自组装成自由漂浮薄膜。为了更好地研究该组装薄膜的蒸发过程，将制备好的AuNP薄膜连同水溶液置于电子天平上，在532nm绿色激光照射下测量该溶液蒸发导致的重量损失。红外图像显示了产生的热区严格限制在空气/水界面处，这表明大部分吸收并转化为热的能量被限制在蒸发表面［图4.4（c）］。通过在相同的激光功率下与美国莱斯大学Halas教授开发的AuNP水溶液体系蒸发作对比，结果显示Halas教授的AuNP水溶液体系在蒸发时热区更宽，这进一步证明了其本质是等离激元纳米颗粒溶液整体加热过程［图4.4（d）］。通过式（4.3）计算蒸发速率（v），定量比较蒸发情况：

$$v = Q_E M / H_E = \alpha Q_{激光} M / H_E \qquad (4.3)$$

式中，Q_E表示蒸发的热功率；$Q_{激光}$表示输入激光功率；α为常数；M为水的摩尔质量；H_E为水的蒸发摩尔热。用式（4.3）拟合图4.4（e）实验得到的曲线，结果表明，AuNP膜与水溶液相比，组装薄膜在蒸发过程中最大限度地利用了薄膜中的纳米颗粒，光能与蒸发热的转换效率是AuNP水溶液的两倍以上。在薄膜内，大多数纳米颗粒参与光能到

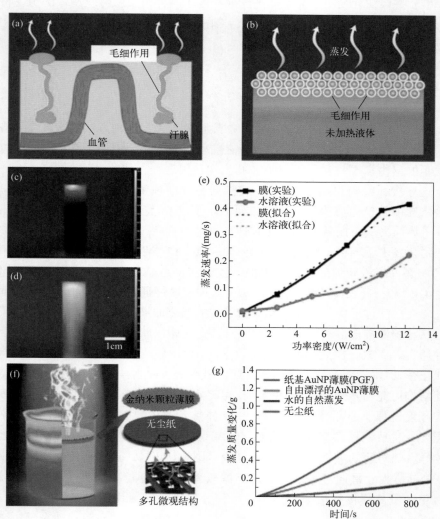

图4.4　仿生界面蒸发

（a）人体皮肤出汗过程示意图；（b）受出汗过程启发，通过对空气/水界面上的自由浮动AuNP薄膜的等离元加热进行表面高效蒸发的示意图；（c）、（d）在10.18W/cm² 的激光照射下，自由漂浮的AuNP膜和AuNP水溶液的红外测视图像；（e）自由漂浮的AuNP膜和AuNP水溶液在不同激光功率下照射20min后的蒸发率［（a）～（e）经许可改编自Wang等人，2014 [22]；WILEY-VCH Verlag GmbH & Co. KGaA，Weinheim 版权所有（2014）］；（f）纸基AuNP薄膜（PGF）结构示意图；（g）在4.5kW/m²的太阳能功率密度下，PGF、自由漂浮的AuNP薄膜、水的自然蒸发和无尘纸的蒸发质量变化［（f）、（g）经许可改编自Liu等人，2015 [21]；WILEY-VCH Verlag GmbH & Co. KGaA，Weinheim 版权所有（2015）］

热能的吸收和转换。然而，在溶液中，只有光吸收路径长度范围内的纳米颗粒被用于光能的吸收和转换。与常规的整体加热不同，这种通过等离激元加热实现高效蒸发的新型仿生方法将为光热产业的节能带来非凡的益处。

虽然使用等离激元薄膜体系可获得较好的蒸发性能，但由于其易碎和不可循环利用的特性，在实际应用中受到极大限制。为了应对这些挑战，在上述课题的延伸工作中，我们再次从大自然中获得灵感。受人类皮肤组织的启发，巧妙地使用了一种既提供机械稳定性又提供低导热性的纸质基底，作为一种可供等离激元薄膜大规模生产的、可便携转移的支撑材料 [图4.4（f）][21]。事实证明，纸基AuNP薄膜（PGF）灵活轻便，它可以循环使用至少30次。我们将PGF、自由漂浮的AuNP薄膜、无尘纸和纯水在功率密度为4.5kW/m^{2}的太阳能照射下，进一步研究比较PGF的性能。有趣的是，PGF的蒸发速率可持续增加到1.71mg/s，并在阳光照射15min后保持稳定，这几乎是相同条件下无尘纸或纯水的63倍 [图4.4（g）]。式（4.4）计算可得蒸发效率（η_{ep}，该效率也被视为光热转换效率），用于比较PGF和自由漂浮的AuNP膜的热性能。

$$\eta_{ep} = \frac{\dot{m}h_{LV}}{I} \tag{4.4}$$

式中，$\dot{m}$为单位时间蒸发损失的质量；h_{LV}是液体/蒸汽相变的总焓（显热+相变焓）；I是太阳照明的功率密度。计算得到PGF和AuNP膜的蒸发效率分别为约77.8%和约47.8%。在太阳光照射下，PGF的高蒸发速率和效率归因于使用无尘纸的三个优点：①无尘纸粗糙的表面结构引起的多重散射而产生的增强吸收作用；②无尘纸的较大表面粗糙度增加了蒸发表面积；③纸基底的低热导率限制了向下热传导引起的热能损失。

除了应用贵金属纳米颗粒的等离激元加热方式外，科学家们对碳材料在界面蒸发过程中对太阳能的本征吸收也进行了研究。Chen等人开发了一种双层结构（DLS），由泡沫碳层做基底支撑剥离石墨层，用于太阳能高温蒸汽生成[32]。底部的碳泡沫具有隔热性，孔隙较小，用于供液；顶部的剥离石墨层可吸收97%的辐射太阳能，孔隙较大，用于蒸汽逸出。在1～10kW/m^{2}的一系列模拟太阳光光学浓度照射下，Chen等人测定了蒸发率和蒸汽温度。DLS的热效率随着光学浓度的递增而提高，在10kW/m^{2}的太阳光照射下，热效率达到85%。相反，热损失随着太阳能照射强度的增强而减少，在10kW/m^{2}时，由于液体/蒸汽界面的区域集热效应，总热损失下降到约15%。值得注意的是，在10kW/m^{2}的阳光照射下，蒸汽温度超过100℃。蒸汽温度高于环境压力下的饱和温度，这是由气泡异质成核所需的过热引起的。

这种局部蒸发过程实际上是太阳能吸收、隔热和毛细管作用这一系列过程的综合效果。在现有研究的基础上，Chen等人研发了氮掺杂的3D多孔石墨烯，它具有低比热容、有效光吸收、低导热性和介观孔隙[30]。采用镍基化学气相沉积（CVD）方法制备基于镍基底的3D多孔石墨烯薄膜。其中HCl溶液用于溶解镍基底，以此得到保留的多孔石墨烯结构。经证实，与未掺杂的3D石墨烯或2D石墨烯相比，掺杂氮的3D石墨烯在热导率、比热容和能量转换方面有更好的表现，这与化学掺杂导致的带隙开放有内在联系。此外，化学掺杂提高了石墨烯的润湿性，从而实现了水的快速输送。

上述公开的方法都是围绕如何提升蒸发效率以实现快速表面蒸发，然而，在一些实际应用中，如何有效地控制蒸发速率也是一项关键的技术。在自然界中，对于许多植物来说，超亲水叶片表面通过铺展表面水来增加空气/水界面，从而使水蒸发更快，超亲水性有利于植物对水分和养分的吸收。而在干旱地区，超疏水叶片表面需要尽可能阻碍水分蒸发，以防止水分过分流失。因此，水在超亲水的叶片上蒸发的速度应比在亲水或超疏水的叶片上蒸发的速度快得多。表面润湿性对蒸发速率的影响促进了表面化学对蒸发的影响研究。在这些案例的启发下，课题组研究了基于阳极氧化铝（AAO）基的AuNP薄膜（AANF）的表面蒸发[33]。用不同的化学分子对顶部AuNP膜和底部AAO基底进行改性 [图4.5（a）～（e）]，可以调节AANF的润湿性。如图4.5（e）所示，由于毛细作用，底部基底AAO充当了从底部到顶部输水的通道，其润湿性在控制局部蒸发系统的性能方面发挥了关键作用，而顶部表面的润湿性对蒸发性能并没有太大的影响。因此，相比疏水性支撑层而言，使用亲水性支撑层能获得更好、更稳定的蒸发性能。

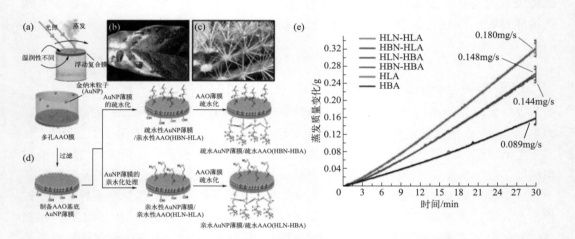

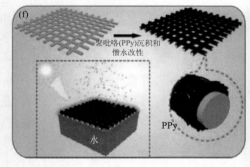

图4.5　表面润湿性改性

（a）具有不同润湿性的自由漂浮双层薄膜（顶部，光热转换层；底部，支撑层）的示意图；（b）、（c）亲水的桂花叶和疏水的仙人掌叶的光学图像；（d）具有不同润湿性的AAO基底AuNP薄膜（AANF）的制备步骤示意图；（e）在功率密度约为3.2kW/m²的氙灯下，上下层不同亲水和疏水修饰组合得到的双层薄膜（包括HLN-HLA、HBN-HLA、HLN-HBA、HBN-HBA、HLA和HBA）的蒸发质量随时间的变化 [（a）～（e）经许可改编自Yu等人，2015 [33]；自然出版集团版权所有（2015）；https://www.ncbi.nlm.nih.gov/pmc/articles/PMC4559801/。根据CC BY 4.0获得许可]；（f）PPy涂层SS网膜制造程序的示意图，由于疏水性，薄膜能漂浮在水面上，并将光转化为热 [经许可改编自Zhang，2015 [31]；WILEY-VCH Verlag GmbH &Co.KGaA，Weinheim版权所有（2015）]；（g）漂浮的炭黑基超疏水纱布和沉在底部的原始纱布的光学图像和接触角 [经许可改编自Liu等人，2015 [29]；美国化学学会版权所有（2015）]

Bioinspired Engineering of Thermal Materials

除了利用改变表面润湿性来调节蒸发速率外，疏水表面蒸发材料还可用于其他实际应用中，例如自漂浮和自清洁。Zhang和他的同事首次报道了一种具有疏水自愈能力的光热膜的概念验证，该光热膜是含PPy涂层的不锈钢（SS）网［图4.5（f）］[31]，用于界面太阳能加热。他们将聚合物光热材料PPy沉积到SS网基底上，然后对PPy涂层进行氟烷基硅烷改性，以达到所需的疏水性，这使得膜能够自由地处于空气/水界面处。与传统的整体加热方法相比，除了蒸发效率提高（约58%）之外，该膜在环境条件下可以自动恢复其疏水性，并且在光照射下可以加速恢复。Jiang及其同事展示了一种用于增强太阳能蒸发的自清洁的炭黑基超疏水纱布［图4.5（g）］[29]。采用聚二甲基硅氧烷（PDMS）/正己烷溶液浸渍法制备了超疏水黑色纱布。在激光照射下，漂浮黑色纱布表现出显著的温度梯度，并有效地促进水分蒸发，其速率是空白组的3倍。超疏水纱布以荷叶为灵感具有一定的自洁能力，如挂在针头上的水滴在被污染的纱布表面接触并移动。移动的液滴可以吸附NaCl晶体和炭黑颗粒，而不被其疏水基底所捕获。

4.3.2 仿生皮肤蒸发冷却系统

在生物系统中，散热是调节体温的关键问题。为了实现这一点，自然界的有机体已经进化出了几种有效且高效的冷却系统。自然界中发现的最先进的温度调节系统之一是人体系统，其依赖于蒸发、传导、对流和辐射冷却过程，尤其是通过排汗过程来调节体温。Lee和同事首次提出了通过多孔膜上的液滴阵列进行蒸发冷却的想法。他们提供了阵列液滴蒸发（包括液滴间相互作用）的简化分析模型，从理论上阐明了几何参数和环境参数对蒸发冷却性能的影响［图4.6（a）、（b）］[49]。

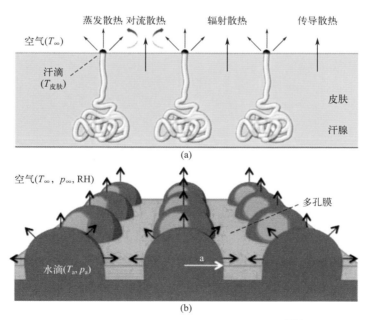

图4.6 仿生皮肤的蒸发冷却系统［经许可改编自Kokalj等人，2010[49]；AIP Publishing LLC版权所有（2010）］

（a）人体皮肤散热示意图；（b）仿生冷却多孔膜的散热示意图

随着手持式微电子器件集成度的进一步提高，这些器件的发热问题变得越来越突出。为了满足微电子器件制造的要求，需要先进的散热技术来确保这些器件的性能可靠性。与台式电脑和笔记本电脑不同，手持设备的散热装置不能产生噪声，而且需要功耗低、重量轻。因此，被动冷却技术始终是冷却解决方案的首选。然而，由于经典传热理论中自然对流和热辐射的上限问题，这一方面很难在根本上改进。Huang及其同事从皮肤冷却中获得灵感，提出了一种称为"汗水冷却"的新型手持设备被动冷却解决方案[50, 51]。手持设备内的感温冷却系统由三层组成，即防水膜（用于防止设备直接与水接触）、温度敏感水凝胶（TSHG，用于吸收、存储和散热）和多孔盖（使蒸汽能够从内部向外部渗透）。作为中间层的TSHG对温度敏感，可以模拟人体皮肤的排汗过程。当"皮肤"温度高于TSHG的临界溶液温度下限（LCST）时，TSHG层可以在潮湿环境下湿润"皮肤"，从而通过蒸发加速散热。TSHG层在较低的温度下可以吸收水分进行补充。通过这种技术，手持设备的被动冷却能力得到了极大的提升。在最佳条件下，模拟皮肤冷却的方法可接近传统被动冷却方法极限的4.9倍，即使在最差的环境参数下，与自然对流和辐射相比，汗水冷却仍然相当有效。Hu等人进一步研究了模仿皮肤冷却的热量和质量传递特性。他们建立了一个由实验数据验证的计算流体动力学（CFD）模型，并利用该模型研究了不同使用条件对皮肤冷却性能的影响。实验和模拟结果共同表明，在较高的环境温度下皮肤冷却更有效，这是因为水分传输速度由水分浓度差控制，而不是由温度差控制。有效传热系数随温差的减小而增大。相比之下，当皮肤表面积和环境温差变小时，由温差驱动的自然对流所起的作用就不明显了。另一个可能影响皮肤冷却的重要环境条件是湿度，因为蒸发是冷却过程的基础。由此可见，皮肤冷却的传热系数随着相对湿度的增加而逐渐减小。这种下降基本上很小，部分原因是水蒸气的潜热很大。

4.3.3 仿生蒸发材料的应用

蒸发作为一种基础工艺，在传统和现代工业以及生活中得到了广泛的应用。在高压蒸汽驱动的发电厂中，高效的蒸发过程可以提高整个系统的输出效率。有效的蒸发还可以提高基于液体/蒸汽相变的传热系统的性能，例如成核沸腾、热管和蒸汽室。此外，蒸发已被证明在脱盐、杀菌、蒸馏、分馏等方面具有巨大的应用潜力。目前有多种先进技术可以提高蒸发效率，包括提高能量转换效率、开发新型材料、优化机械系统和改进设备。本小节介绍了一系列利用仿生方法显著提高蒸发效率或基于蒸发的沸腾性能的新策略，这将应用于环境、能源和人类生活领域。

4.3.3.1 蒸馏

基于蒸发的太阳能蒸汽分离乙醇法已被证明是可用较少的能量将乙醇从其水溶液中分离出来的一种有效方法。在Halas的工作中，他们研究了乙醇-水和正丙醇-水混合物在吸收-散射Au/SiO$_2$纳米壳和纳米颗粒共振激光辐照下的蒸发驱动蒸馏过程[15,53]，比较了光诱导蒸馏和使用热源的传统蒸馏。对于乙醇-水混合物［图4.7（a）］，在光诱导过程中获得的乙醇的摩尔分数明显高于通过常规热蒸馏获得的乙醇的摩尔分数，基本上打破了常规蒸馏混合物的乙醇-水共沸物分离的上限。如图4.7（b）所示，蒸发速率随乙醇摩尔分数呈线性增加，表明不存在共沸物。他们把这种两组分共沸物不同于常规蒸馏分离的效果归因于纳米颗粒引起的局部加热破坏了液体混合物的氢键网络。相比之下，对于正丙醇-水混合物［图4.7（c）］，由于其氢键网络较弱，光驱动蒸馏过程显示出与常规热过程非常相似的结果，但是其中相分离为两个不同的液体层：当混合物中正丙醇摩尔分数为0.5～0.9时，上层的丙醇浓度高于下层［图4.7（d）］，纳米颗粒聚集在密度更大的正丙醇相中。通过控制局部等离激元加热，可以将这种效应扩展到其他关键的液体分离过程。这种光诱导分离过程使我们能够在基于蒸发效应的工业生产中开辟新的道路。

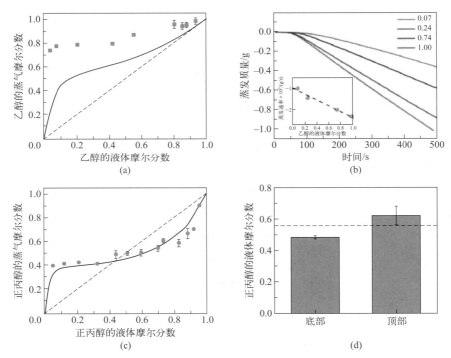

图4.7　乙醇-水和正丙醇-水混合物的蒸发驱动蒸馏过程［经许可改编自Neumann等人，2015[53]；美国化学学会版权所有（2015）］

（a）在激光照射下（红点）和使用传统加热法（蓝色曲线），带有纳米壳的乙醇-水混合物的液-气蒸馏图；（b）在5W激光照射下，不同摩尔分数的乙醇-水混合物的蒸发质量随时间的变化，插图显示了蒸发速率与液相中乙醇摩尔分数之间的线性关系；（c）在激光照射下，带有纳米颗粒的正丙醇-水混合物的液-气蒸馏图（红点），以及使用传统加热法的标准平衡蒸馏曲线（黑色曲线）；（d）在激光照射下，摩尔分数为0.57的正丙醇液体混合物在纳米壳的诱导下分离成两相

4.3.3.2　灭菌

随着疾病的传播问题日益严峻，医疗行业缺乏便捷的灭菌方法一直是发展中区域面临的一项重大挑战。现代医疗设施经常使用高压灭菌法对含有致病菌的设备进行消毒。

然而，电力的匮乏限制了这种方便的方法在发展中国家的普及。Halas及其同事开发了基于纳米颗粒产生高温蒸汽的太阳能高压灭菌器。他们设计了两个太阳能高压灭菌器并验证灭菌能力：其一是作为医疗工具的便携式闭环高压灭菌器，其二是作为大型医疗应用的开环高压灭菌器。如图4.8（a）所示，闭环高压灭菌器包含三个主要模块：蒸汽发生装置、连接管和灭菌室。在太阳光照射下，液体在高温蒸汽产生后输送至灭菌室，冷凝，并最终流回液体容器。这样的灭菌循环可产生至少115℃以上温度的蒸汽，并保持20min，表明设备已成功灭菌［图4.8（c）］。对于开环高压灭菌器，使用太阳能碟式收集器将太阳光聚焦到纳米颗粒分散的水溶液工作流体中［图4.8（b）］。蒸汽温度可达132℃，整个灭菌过程需要4.6min［图4.8（d）］。如果每周运行三次，它处理的固体和液体废物的量相当于一个由4个成年人组成的家庭每周产生的废物。总之，闭环和开环高压灭菌器均具有足够的灭菌能力，简单可行，很容易推广到其他基于蒸发的应用中，如净水、烹饪和药品生产。

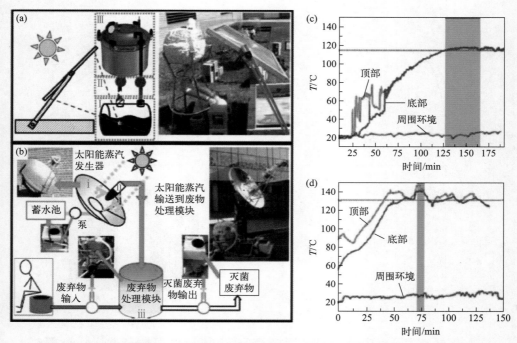

图4.8　太阳能高压灭菌器的设计及其灭菌过程［经许可改编自Neumann等人，2013[48]；
美国国家科学院版权所有（2013）］

（a）闭环高压灭菌器的示意图和照片，Ⅰ～Ⅲ分别显示蒸汽发生模块、连接模块和灭菌模块；（b）开环高压灭菌器的示意图和照片，i～iii显示太阳能集中器、集热器和灭菌室；（c）闭环和（d）开环高压灭菌器中随时间变化的蒸汽温度，虚线和红色区域表示灭菌温度和灭菌方案（115℃，20min；132℃，4.6min）

4.3.3.3　脱盐

利用太阳能作为可持续和无污染来源的蒸发驱动脱盐技术，已在全世界许多地区广泛用于生产高质量饮用水以及用于进一步工业目的的盐水。高效的蒸发过程不仅可以提高产量和降低成本，而且还可以为缺水地区提供清洁的水。在过去的几十年里，研究人员做了大量的工作优化太阳能蒸馏器和海水淡化系统的设计，但是输出效率的提高较为有限。如前所述，课题组在发生蒸发的空气/水界面采用仿生蒸发方法，证明了一种低成本、柔性、简易、大规模和可重复使用的纸基等离激元材料具有高达约78%的光热转换效率，从而潜在地提高了生产率[21]。根据式（4.5），此类纸基材料已被证明可将脱盐输出效率（E）提高至大约57%，而在相同的环境条件下，使用传统方法的脱盐输出效率（E）约为26%：

$$E=\frac{QL}{GA} \tag{4.5}$$

式中，Q是单位面积测量的蒸馏水输出产量；L是水汽化热（2.26MJ/kg）；G是太阳辐照量；A是蒸馏器的孔径面积［图4.9（a）、（b）］。与目前商业安装的太阳能蒸馏器（效率为30%～40%）相比，纸基系统可在没有额外设施的情况下增加海水脱盐工艺的产量。仿生纸基等离激元材料可与许多现有的商业蒸发系统联合使用，从而降低额外隔热装置成本，并进一步增产纯净水。Zhang及其同事利用自愈合PPy涂层不锈钢网片，设计并制造了一种一体化太阳能蒸馏器，以支持淡水生产的光热界面加热［图4.9（c）］[31]。氟烷基硅烷的化学气相沉积（CVD）代替了PPy在SS网上的电聚合，使得自修复的疏水光热膜可制备的尺寸大幅提升。他们制造了一种太阳能蒸馏装置，由轻质透明塑料壁

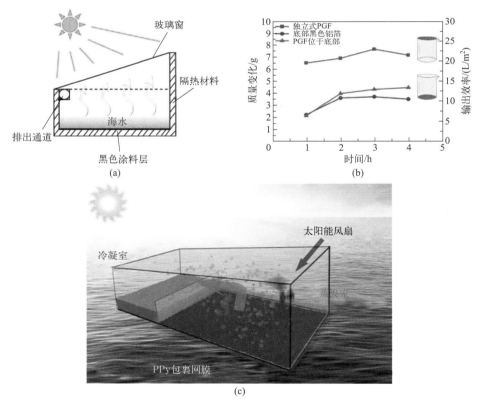

图4.9　现有太阳能蒸发器在自然太阳能照明下的示意图（a），PGF在烧杯顶部/底部不同位置的脱盐质量变化和产水量变化曲线，最大输出效率达到传统方法的两倍以上（b）［经许可改编自Liu等人，2015[21]；WILEY-VCH Verlag GmbH & Co. KGaA, Weinheim版权所有（2015）］，生产淡水的太阳能蒸馏装置示意图（c）［经许可改编自Zhang等人，2015[31]；WILEY-VCH Verlag GmbH & Co. KGaA, Weinheim版权所有（2015）］

组成，两个腔室（蒸发室和冷凝室）上部相连，下部用隔板隔开。在蒸发室的底部放置疏水性光热膜，蒸发室自由漂浮在海水表面。该薄膜蒸发水分的同时在自然太阳光照射下使用太阳能风扇将水蒸气驱入冷凝室。使用$120cm^2$光温膜（$10cm \times 12cm$）时，该装置每小时可产生约1.4g淡水，而在没有膜的情况下每小时仅可产生约0.12g的淡水。由于仿生表面局部温度控制，蒸发室的水表面温度急剧升高，从而加速蒸发，使得水连续地传输到冷凝室中。光热膜卓越的蒸发性能、稳定性和自愈能力，使其在实际淡水生产的应用成为可能。

4.3.3.4 废水处理

除了海水淡化之外，仿生界面蒸发还应用于废水处理，以生产清洁水。为了解决水污染和水资源短缺问题，研究团队探索了一种仿生双功能膜，起到光催化净化水和太阳能驱动等离激元蒸发作用[23]。如图4.10（a）～（c）所示，通过多种过滤工艺制备了三层膜，由上层二氧化钛纳米颗粒（TiO_2NP）、中间层AuNP和底层阳极氧化铝（AAO）组成。首先，通过过滤在多孔AAO基底上形成了一层均匀而致密的50nm的AuNP膜［图4.10（a）］。在接下来的第二次过滤后，AuNP层的顶部形成了一层类似岛状的TiO_2NP沉积［图4.10（b）］。通过在Xe光照射下将膜浸没在含有有机染料罗丹明B（RhB）的液体表面下，对双功能膜的性能进行了评估。如图4.10（d）所示，与Au-AAO膜、TiO_2-AAO膜和空白组相比，双功能TiO_2-Au-AAO膜光催化活性最高。在光照2h后，约60%的RhB被降解。双功能膜可在八个连续循环中保持稳定的光催化性能［图4.10（e）］，从而在实际应用中具有可重复使用的潜力。此外，还对太阳能驱动的蒸发进行了研究［图4.10（f）］，TiO_2-Au-AAO膜的蒸发速率略低于Au-AAO膜，这是由于AuNP层顶部的TiO_2NP岛的光吸收和散射。复合膜采用三层设计，可实现不同程度的水

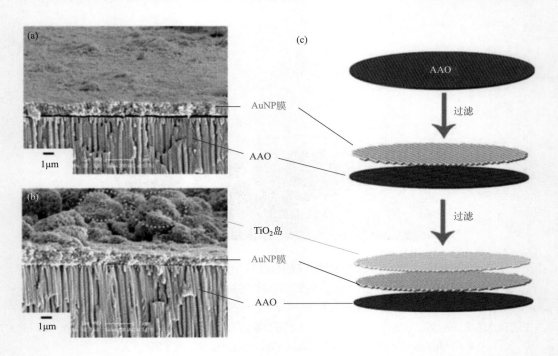

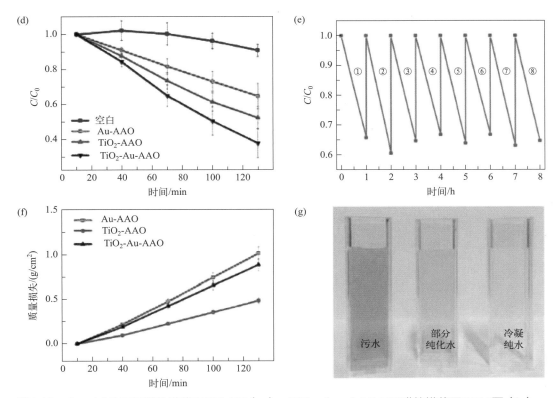

图4.10　Au-AAO双层膜的横截面SEM图（a），TiO₂-Au-AAO三层膜的横截面SEM图（b），双功能膜制备过程的示意图（c），具有TiO₂-Au-AAO、TiO₂-AAO、Au-AAO膜和空白基团的RhB的光催化降解性能（d），使用双功能膜的RhB光催化降解8个连续循环的重复试验（e），模拟太阳光照射下TiO₂-Au-AAO、TiO₂-AAO、Au-AAO膜的蒸发质量损失（f），被污染的水、被双功能膜降解的部分纯化水以及蒸发后收集的冷凝纯水的照片（g）

经许可改编自Liu等人，2015[23]；美国化学学会版权所有（2016）

净化：①废水通过TiO₂的光催化降解进行部分净化；②等离激元加热诱导蒸发产生纯化水蒸气，并且在之后的冷凝过程中收集纯净水［图4.10（g）］。总的来说，光热蒸发以及这种双功能膜的光催化降解提供了一种最大限度利用太阳能的新净水途径。

4.3.3.5　电子设备冷却系统

随着大众对手持电子设备功能需求的日益增长，这些设备的功耗不可避免地增加，对散热造成了重大挑战。因此，需要更好的散热技术来满足下一代手持设备的需求。传统的冷却解决方案，例如翅片风扇散热器、合成射流和电驱动的离子流，实际上都存在噪声大或功耗大、重量重的问题。使用相变材料（PCM）的被动冷却工艺可能是目前手持式设备热管理的唯一解决方案[50, 51]。手持设备中嵌入的PCM可从固体变为液体，并在设备过热时将部分热量储存为潜热。然而，PCM的关键问题是储热密度太低，无法在实际应用中提供足够长的冷却效果。Huang和他的同事最近通过模仿人类皮肤，提出了使用TSHG层的手持设备的"汗水冷却"解决方案以实现优异的散热性能。他们用聚（N-异丙基丙烯酰胺）制备了TSHG，LCST约为33℃。他们将TSHG粘贴在模型设备上，并在不同相对湿度下测量了有无TSHG的温度。实验得出的结论是，有两个因素影响"排汗"的冷却能力：皮肤温度T和环境相对湿度。只有当皮肤温度高于LCST时，在任意相对湿度环境下才会出汗。使用仿生皮肤冷却材料的手持设备的被动冷却性能是传统方法的5倍，真正扩大了手持设备的功能。Hu及其同事通过将N-亚甲基双丙烯酰胺（BIS）与NIPAM掺杂以提高TSHG的LCST来制备TSHG，进一步改进了仿生皮肤冷却材料，其冷却性能达到自然对流的20倍。这样出色的散热性能足以让下一代手机在广泛的设计范围内像个人电脑一样运行。

4.4　总结与展望

本章讨论了几种使用仿生方法的蒸发系统。经过数十亿年的时间，自然界已经进化出各种独特的、先进的结构和形式来实现某些特定的功能，这些结构和形式远比传统的人工系统要巧妙得多。例如，人体皮肤的排汗功能不仅可以提高蒸发效率，还可以帮助调节体温。在过去的几年中，受生物系统的启发，学术界已经涌现了大量创新的具备优异性能的多功能材料。在此，我们重点介绍了用于太阳能蒸汽系统和手持电子设备冷却的仿生蒸发材料。

通过借鉴人类皮肤和植物叶片蒸发表面的局部控制，研究人员开发了用于高效蒸发的界面光热转换材料。区别于常规整体加热或通过纳米颗粒水溶液加热，局部加热方式显著提高了蒸发性能。通过自组装的AuNP薄膜的等离激元加热实验，证明了仿生表面蒸发具有更高的蒸发效率，主要原因在于这种方法阻止热量向下传递到液体的非蒸发部分。在后续工作中可以看到，由于无尘纸的高粗糙度能增加光的吸收和蒸发的表面积，纸基底复合AuNP薄膜可以进一步提高蒸发速率和效率。与贵金属纳米颗粒不同，石墨或石墨烯等碳材料作为更平价的替代品也可以实现类似的蒸发性能，但两者之间的差异有待进一步研究。在某些实际应用中，蒸发速率的控制显得尤为重要，受植物叶片不同润湿性的启发，研究人员通过化学改性得到了超亲水或超疏水的表面并用于研究蒸发特性。研究表明，直接与水接触的界面的润湿性对蒸发速度起着决定性的作用。利用超疏水材料可以实现自修复和自清洁等多功能，极大地扩展了蒸发材料的应用范围。受人类皮肤汗液冷却功能的启发，研究人员开发了手持式电子设备的蒸发冷却系统。随着电子消费品需求的日益增长，人们为了获得更好的性能，对先进的散热技术的要求越来越高。面对这些问题，研究人员开发出了以TSHG材料为基础的仿生"汗液冷却"，这种材料克服了传统被动冷却的局限性，即使在恶劣的环境中也能极大地提高散热能力。总之，生物系统的强大特性促使研究人员改进人工设施以获得更好的性能，生物蒸发系统为研究自然和进一步开发高性能材料开辟了新途径。

致谢

本研究得到了国家自然科学基金（批准号：51420105009、91333115、21401129和51403127）、上海自然科学基金（批准号：14ZR1423300）、上海交通大学致远基金、中国博士后科学基金资助项目（批准号：2014M560327和2014T70414）的资助。

参考文献

1 Shannon, M.A., Bohn, P.W., Elimelech, M., Georgiadis, J.G., Marinas, B.J., and Mayes, A.M. (2008) *Nature*, **452** (7185), 301–310.

2 Cartlidge, E. (2011) *Science*, **334** (6058), 922–924.

3 Elimelech, M. and Phillip, W.A. (2011) *Science*, **333** (6043), 712–717.

4 Lewis, N.S. (2007) *Science*, **315** (5813), 798–801.

5 Oki, T. and Kanae, S. (2006) *Science*, **313** (5790), 1068–1072.

6 Karagiannis, I.C. and Soldatos, P.G. (2008) *Desalination*, **223** (1), 448–456.

7 El-Agouz, S., El-Aziz, G.A., and Awad, A. (2014) *Energy*, **76**, 276–283.

8 Zarza, E., Valenzuela, L., Leon, J., Hennecke, K., Eck, M., Weyers, H.-D., and Eickhoff, M. (2004) *Energy*, **29** (5), 635–644.

9 Agrawal, R., Singh, N.R., Ribeiro, F.H., and Delgass, W.N. (2007) *Proceedings of the National Academy of Sciences of the United States of America*, **104** (12), 4828–4833.

10 Lewis, N.S. and Nocera, D.G. (2006) *Proceedings of the National Academy of Sciences of the United States of America*, **103** (43), 15729–15735.

11 Gupta, M. and Kaushik, S. (2010) *Renewable Energy*, **35** (6), 1228–1235.

12 Lenert, A. and Wang, E.N. (2012) *Solar Energy*, **86** (1), 253–265.

13 Quoilin, S., Orosz, M., Hemond, H., and Lemort, V. (2011) *Solar Energy*, **85** (5), 955–966.

14 Baral, S., Green, A.J., Livshits, M.Y., Govorov, A.O., and Richardson, H.H. (2014) *ACS Nano*, **8** (2), 1439–1448.

15 Neumann, O., Urban, A.S., Day, J., Lal, S., Nordlander, P., and Halas, N.J. (2012) *ACS Nano*, **7** (1), 42–49.

16 Fang, Z., Zhen, Y.-R., Neumann, O., Polman, A., García de Abajo, F.J., Nordlander, P., and Halas, N.J. (2013) *Nano Letters*, **13** (4), 1736–1742.

17 Hogan, N.J., Urban, A.S., Ayala-Orozco, C., Pimpinelli, A., Nordlander, P., and Halas, N.J. (2014) *Nano Letters*, **14** (8), 4640–4645.

18 Govorov, A.O. and Richardson, H.H. (2007) *Nano Today*, **2** (1), 30–38.

19 Brongersma, M.L., Halas, N.J., and Nordlander, P. (2015) *Nature Nanotechnology*, **10** (1), 25–34.

20 Tao, P., Shang, W., Song, C., Shen, Q., Zhang, F., Luo, Z., Yi, N., Zhang, D., and Deng, T. (2015) *Advanced Materials*, **27** (3), 428–463.

21 Liu, Y., Yu, S., Feng, R., Bernard, A., Liu, Y., Zhang, Y., Duan, H., Shang, W., Tao, P., and Song, C. (2015) *Advanced Materials*, **27** (17), 2768–2774.

22 Wang, Z., Liu, Y., Tao, P., Shen, Q., Yi, N., Zhang, F., Liu, Q., Song, C., Zhang, D., and Shang, W. (2014) *Small*, **10** (16), 3234–3239.

23 Liu, Y., Lou, J., Ni, M., Song, C., Wu, J., Dasgupta, N.P., Tao, P., Shang, W., and Deng, T. (2015) *ACS Applied Materials & Interfaces*, **8** (1), 772–779.

24 Smith, C.J., Alexander, L.M., and Kenney, W.L. (2013) *American Journal of Physiology—Regulatory, Integrative and Comparative Physiology*, **305** (8), R877–R885.

25 Nadel, E.R., Bullard, R.W., and Stolwijk, J. (1971) *Journal of Applied Physiology*, **31** (1), 80–87.

26 Wingo, J.E., Low, D.A., Keller, D.M., Brothers, R.M., Shibasaki, M., and Crandall, C.G. (2010) *Journal of Applied Physiology*, **109** (5), 1301–1306.

27 Wheeler, T.D. and Stroock, A.D. (2008) *Nature*, **455** (7210), 208–212.

28 Koch, K. and Barthlott, W. (1893) *Philosophical Transactions of the Royal Society of London A: Mathematical, Physical and Engineering Sciences*, **2009** (367), 1487–1509.

29 Liu, Y., Chen, J., Guo, D., Cao, M., and Jiang, L. (2015) *ACS Applied Materials & Interfaces*, **7** (24), 13645–13652.

30 Ito, Y., Tanabe, Y., Han, J., Fujita, T., Tanigaki, K., and Chen, M. (2015) *Advanced Materials*, **27** (29), 4302–4307.

31 Zhang, L., Tang, B., Wu, J., Li, R., and Wang, P. (2015) *Advanced Materials*, **27** (33), 4889–4894.

32 Ghasemi, H., Ni, G., Marconnet, A.M., Loomis, J., Yerci, S., Miljkovic, N., and Chen, G. (2014) *Nature Communications*, **5**. doi: 10.1038/ncomms5449.

33 Yu, S., Zhang, Y., Duan, H., Liu, Y., Quan, X., Tao, P., Shang, W., Wu, J., Song, C., and Deng, T. (2015) *Scientific Reports*, **5**.

34 Brutsaert, W. (2013) *Evaporation into the Atmosphere: Theory, History and Applications*, vol. **1**, Springer Science & Business Media.

35 Tiwari, G., Kumar, A., and Sodha, M. (1982) *Energy Conversion and Management*, **22** (2), 143–153.

36 Rideal, E.K. (1925) *The Journal of Physical Chemistry*, **29** (12), 1585–1588.

37 Bowen, I.S. (1926) *Physics Review*, **27** (6), 779.

38 Penman, H.L. (1948) *Proceedings of the Royal Society of London A: Mathematical, Physical and Engineering Sciences*, **193** (1032), 120–145.

39 Sartori, E. (2000) *Solar Energy*, **68** (1), 77–89.

40 Van Bavel, C. (1966) *Water Resources Research*, **2** (3), 455–467.

41 Aljundi, I.H. (2009) *Applied Thermal Engineering*, **29** (2), 324–328.

42 Kaushik, S., Reddy, V.S., and Tyagi, S. (2011) *Renewable and Sustainable Energy Reviews*, **15** (4), 1857–1872.

43 Chu, K.-H., Enright, R., and Wang, E.N. (2012) *Applied Physics Letters*, **100** (24), 241603.

44 Chu, K.-H., Joung, Y.S., Enright, R., Buie, C.R., and Wang, E.N. (2013) *Applied Physics Letters*, **102** (15), 151602.

45 Chen, R., Lu, M.-C., Srinivasan, V., Wang, Z., Cho, H.H., and Majumdar, A. (2009) *Nano Letters*, **9** (2), 548–553.

46 Li, C., Wang, Z., Wang, P.I., Peles, Y., Koratkar, N., and Peterson, G. (2008) *Small*, **4** (8), 1084–1088.

47 Baier, R., Meyer, A., Akers, C., Natiella, J., Meenaghan, M., and Carter, J. (1982) *Biomaterials*, **3** (4), 241–245.

48 Neumann, O., Feronti, C., Neumann, A.D., Dong, A., Schell, K., Lu, B., Kim, E., Quinn, M., Thompson, S., and Grady, N. (2013) *Proceedings of the National Academy of Sciences of the United States of America*, **110** (29), 11677–11681.

49 Kokalj, T., Cho, H., Jenko, M., and Lee, L. (2010) *Applied Physics Letters*, **96** (16), 163703.

50 Cui, S., Hu, Y., Huang, Z., Ma, C., Yu, L., and Hu, X. (2014) *International Journal of Thermal Sciences*, **79**, 276–282.

51 Huang, Z., Zhang, X.S., Zhou, M., Xu, X.D., Zhang, X.Z., and Hu, X.J. (2012) *Journal of Electronic Packaging*, **134** (1).

52 Zhao, D., Duan, H., Yu, S., Zhang, Y., He, J., Quan, X., Tao, P., Shang, W., Wu, J., and Song, C. (2015) *Scientific Reports*, **5**.

53 Neumann, O., Neumann, A.D., Silva, E., Ayala-Orozco, C., Tian, S., Nordlander, P., and Halas, N.J. (2015) *Nano Letters*, **15** (12), 7880–7885.

5

仿生光热材料工程

张旺[1]，田军龙[2]

1 上海交通大学材料科学与工程学院金属基复合材料国家重点实验室，中国上海市闵行区东川路800号，邮编200240
2 湘潭大学物理与光电工程学院，中国湘潭市雨湖区，邮编411105

大自然经过数亿年的演变和发展，创造出了具有优异力学[1-3]、光学[1]、热学[4]、电学[5]、磁学[6]等各种物理特性的生物材料。这些生物材料无与伦比的物理性能，源自自然生物体精细功能结构与生物质组分的有效结合。因此，认识生物材料精细功能结构与生物质组分相结合机制，设计开发仿生功能材料，为解决传统材料技术在新型功能材料开发所面临的挑战提供了全新的指导路径。本章重点阐述了自然物种的减反射、光吸收及光热性能与其精细功能结构的结合，此外还阐述了新型仿生光热材料的制备及其应用。

5.1　减反射和光热生物材料

变温动物为了生存，必须通过吸热和放热过程将体温提高到活动水平[7-9]。大多数变温动物通过寻求温暖环境利用热交换实现体温提升或通过太阳光吸收光热转换等简单方式进行取暖[10]。其中，有大量变温动物是通过高效的减反射、光吸收微纳功能结构来增强光热转换能力从而提升生存能力的[10]，例如蛇[11]、蚱蜢、蝴蝶[7,12]、某些甲壳虫、苍蝇和蜻蜓[10]。另外，动物为了在阳光直晒下获得有效的光热效应，已进化出极强的减反射能力，以增强阳光吸收，促进光热转换。

生物材料的减反射、光吸收表面可分为两类：一类是均相表面；一类是非均相表面，如图5.1[13-15]所示。大多数生物物种的减反射、光吸收结构都是针对非均相表面。图5.2展示了生物物种的典型减反射、光吸收结构。减反射、光吸收结构主要包含图5.2

所示的几种类型，如乳突状阵列型（蛾子或蝴蝶的眼睛）[16]、突起阵列型（蝉的透明翅膀）[17, 19]和三角屋顶型减反射结构[18, 20, 21]。这些减反射结构构成折射率渐变薄层，从而有效降低材料的反射率。本节从三类结构出发介绍生物减反射、吸光特性。

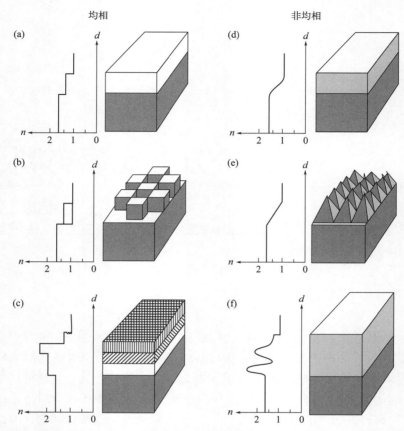

图5.1 不同类型减反射涂层的结构和有效折射率分布图［经Chattopadhyay等人许可引用，2010[13]；Elsevier版权所有（2010）］

（a）～（c）均相的单层、数字式及多层减反射涂层；（d）～（f）异质的单层、结构式及合成减反射涂层

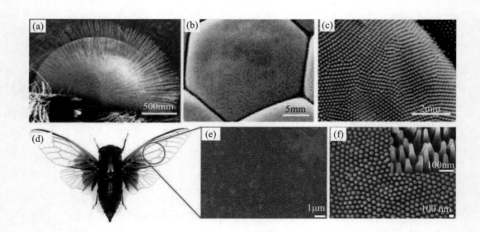

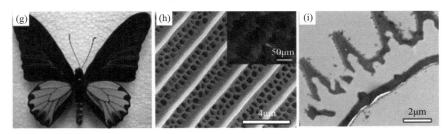

图5.2　孔雀蛱蝶（一种蛱蝶科蝴蝶）的复眼照片（a），小眼SEM照片（b），具有高度有序乳
突阵列的小眼局域形貌SEM照片（c）［经Stavenga等人许可引用，2006[16]；英国皇家学会版权所有
（2006）］，蚱蝉的光学照片（d），蚱蝉的SEM照片（e）、（f）［经Zada等人许可引用，2016[17]；
美国物理学会版权所有（2016）］，裳凤蝶光学照片（g），裳凤蝶前翅SEM照片，嵌入图为裳凤
蝶前翅光学显微镜照片（h），裳凤蝶前翅横截面TEM照片（i）［经Tian等人许可引用，2015[18]；
Elsevier版权所有（2015）］

5.1.1　乳突阵列型减反射生物材料

　　蝴蝶和蛾子的眼睛是由许多微小的单体小眼组成的[22]，称为复眼。如图5.2（a）～
（c）所示，小眼外观像乳突，同一区域的许多小眼几乎呈六方密排晶体状排列[16]。相
关理论研究将乳突阵列看作具有渐变等效折射率的界面，成功获得复眼结构反射率的定
量数据[16]。从图5.3（a）中可以看出，当复眼的乳突阵列呈高抛物面形时，反射率急
剧降低至接近零[16,23]。进一步研究表明，乳突的高度是影响折射率的最重要因素，乳突
的宽度则为次重要因素[16]。乳突阵列的脊状结构物显示，在0°至大约60°这一很宽的入
射角范围内，入射光的反射率急剧下降，如图5.3（b）、（c）所示[24]。

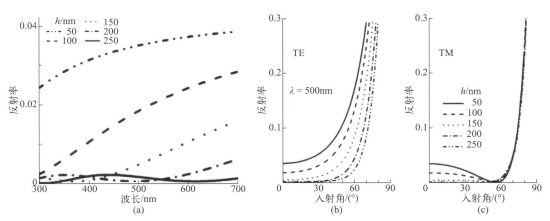

图5.3　正交入射光下抛物面形态乳突阵列的反射率，采用多层模型计算光谱，厚度为h/100，层数
为100，其中h表示抛物面乳突的高度。其高度从50～250nm不等，步幅为50nm。宽度参数p计为
0.53。50nm高位乳突的反射值接近0.043，更大波长时采用Fresnel方程预测（a）。反射率大小取
决于入射光的偏振值和角度，角膜状乳突呈现为底部（p=0.53）相互接触的抛物面，而且乳突高度发
生50～250nm不等的变化，光波长为500nm，TE（s－）偏振光反射率随着乳突高度的增加急剧降
低，而TM（p－）偏振光反射率仅在入射光角度低于50°才会急剧降低（b）、（c）

经Stavenga等人许可引用，2006[16]；英国皇家学会版权所有（2006）

5.1.2 突起阵列型减反射生物材料

天蛾或蝉的透明翅膀表面呈现排列有序的微纳突起阵列结构，具有高减反射和高透射性，在整个可见光谱范围内反射率不超过7.8%[17,19,25]。如图5.4（a）所示，蝉翼在400～800nm波长区间的总半球反射率（镜面反射＋漫反射）约1%[19, 25]。另外，生物形态TiO_2具有仿生蝉翼（蚱蝉）的减反射结构。科研人员受蝉翼低反射、高透射特性的启发，成功制备了具有仿蝉翼（蚱蝉）微纳突起阵列减反射、高透射功能结构的TiO_2薄膜。如图5.4（b）、（c）所示，在450～750nm的可见光范围内，随着入射角从法线方向到45°角发生变化，仿生蝉翼TiO_2薄膜的反射率也从1.4%逐渐增加到7.8%。因此，在可见光波长范围内，以及不同入射角下，仿生蝉翼TiO_2薄膜均表现出优异的减反射性能[17]。

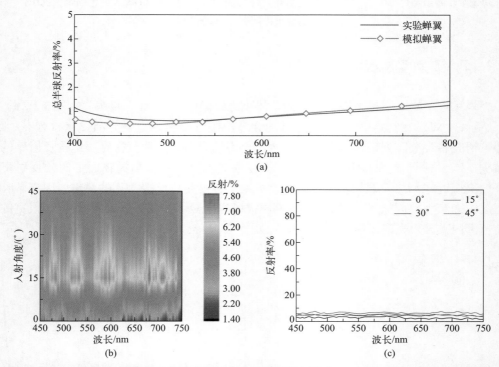

图5.4 实验测试和模拟的蝉翼总半球反射率（总反射率）谱（a）[经Huang等人许可引用，2015[19]；美国化学学会版权所有（2015）]，仿生TiO_2薄膜入射角度特性研究的等值线反射谱图（b），仿生TiO_2薄膜随角度变化的反射率（c）[经Zada等人许可引用，2016[17]；美国物理学会版权所有（2016）]

5.1.3 三角屋顶型减反射和光热材料

三角屋顶型减反射结构可将入射光有效反射到光吸收结构内，通过光吸收材料内的多重反射实现减反射、促进光吸收。如图5.5裳凤蝶前翅的光反射谱和光吸收谱所示[26]，裳凤蝶的黑色前翅在可见光区域具有低反射、高吸收特性。原因有三点：其一，三角屋顶型脊状结构通过多次减反射作用将光聚焦到鳞片内部促进光捕，并且三角屋顶型脊状结构形成了一种具有渐变折射率膜层的有效介质，减少了吸收膜层外的光反射[13]；其二，脊两侧的微肋结构产生内部光散射，进一步促进光捕；其三，每对脊状结构间的交错窗口延长了光路长度，扩大了能量密度分布空间，这与高光捕能力具有潜在的内在联系[27]。图5.6为利用有限差分时域法（FDTD）模拟得到的裳凤蝶前翅的能通量密度幅度图，进一步证实了上述理由。区域内的能量密度集中分布在两个脊状结构物之间的窗口。以上发现证实，因其具有减反射特性，三角屋顶型脊状结构具备促进光捕的能力[27]。

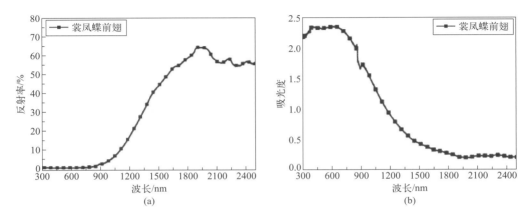

图5.5　裳凤蝶前翅的光反射谱（a）和光吸收谱（b）（300～2500nm波长范围）［经Tian等人许可引用，2015[26]；上海交通大学版权所有（2015）］

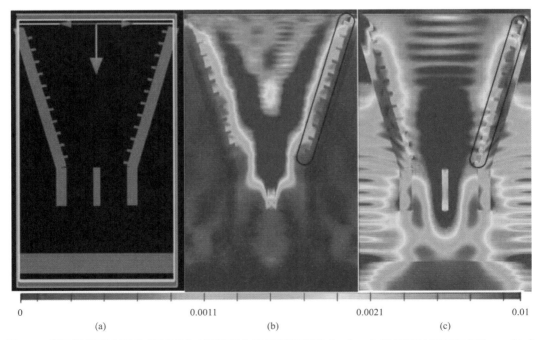

图5.6　裳凤蝶前翅有限差分时域法（FDTD）计算模拟模型（a），入射光波长设定在470nm（b）和980nm（c）时，带有微肋结构的裳凤蝶前翅的电磁场能通量密度幅度图

经Tian等人许可引用，2015[26]，上海交通大学版权所有（2015）

得益于三角屋顶型减反射结构，黑色蝶翼可以有效吸收太阳光并促进光热转换，从而保证裳凤蝶生存所需的基本热量[7,12]。鉴于其高效的减反射、光吸收性能，其功能结构不断被研发并应用于如太阳能电池[28-31]、太阳能集热器[18, 32]、光化学制氢[33, 34]、表面发光二极管[35, 36]和光电探测器[22]等领域。以下重点阐述仿生光热材料的各种应用。

5.2　仿生光热材料

为了增强对宽波段阳光的吸收和促进光热转换，尤其是增强红外（IR）光热转换效率，首先必须获得一种具有强吸收性和有效红外光热转换能力的材料。过去几年里，已有大量研究旨在提高光热材料的光热转换特性，实现更强的光吸收和更高的光热转换效率，如在800nm近红外光照射下Au纳米壳光热转换效率高达13%、Au纳米棒光热转换效率高达21%、硒化铜（$Cu_{2-x}Se$）纳米晶光热转换效率高达22%[37]；在980nm近红外光照射下亲水性Cu_9S_5纳米晶光热转换效率高达25.7%、Au纳米棒光热转换效率高达23.7%[38]等。尽管如此，这些光热制剂的组分单一，限制了光热转换性能进一步提升和多功能化的集成，从而造成了不同应用下的功能局限。当前多组分纳米颗粒（MNP）系统研究与日俱增，包括金属-金属[39, 40]、金属-半导体[41-44]和半导体-半导体组合[45-47]等。这些材料不仅增强了光热转换性能还实现了多功能协同，在光学、生物医学、催化、太阳能转换、电子、磁力[41, 48]和光热转换[44, 49]等领域具有极高的多功能性，引起了业界的广泛关注。问题的关键在于，提高结构光吸收性能的同时能够降低光反射性。通过多组分纳米颗粒（MNP）自行组装到薄膜和颗粒材料之中，尤其是在具有相应的功能性亚微米结构中的自组装，能大大增强多组分纳米颗粒薄膜的设计自由度、形态复杂度和多功能性[48]。但传统技术的局限性，例如种子纳米颗粒（NP）上存在的第二、三组分自发性外延成核难等问题，导致传统纳米技术难以实现具有微纳功能结构的复合薄膜的宏观尺度制备[39,48]。

大自然生物经过亿万年进化，实现了简单材料成分与功能结构的一体化，为材料、器件设计提供全新的指导思想。启迪于自然界生物功能特性，遗态仿生技术是克服传统纳米合成技术局限的有效方法之一[50, 51]。其中，蝴蝶作为自然界最精致的物种之一，蝶翅由大量具有复杂的微纳周期性功能结构的细微鳞片覆盖。其微纳周期性结构构成经典的准周期性结构，引起光与微纳结构之间的交互作用[52, 53]。特别是黑色蝶翅，具有高光吸收和光热转换能力，从而为蝴蝶提供生存所需的基本热量。受黑色蝶翅高光吸收、光热转换特性的启发，利用遗态仿生技术，以蝴蝶翅膀为模板，将金属[54]或半导体纳米颗粒[55]组装成仿蝶翅减反射、光吸收微纳功能结构后，形成光吸收、光热纳米颗粒与模板功能性结构之间的有效耦合，极大提升表面增强型拉曼（Raman）散射检测性能[56]、控制光传播性能[57]、增强光捕效率性能[28]。本节讲述了仿生碳基金属与金属-半导体复合薄膜制备的各种合成方法，包括宽波段光吸收、光热转换功能及红外光热引起的磁性变化等。

5.2.1 仿生光热材料合成方法

如图5.7所示，仿蝶翅碳基金属与金属-半导体复合薄膜的制备方法可简单分为如下三步：①制备氨化甲壳素基蝶翅模板；②在氨化的蝶翅模板上采用湿化学法进行纳米功能材料自组装，实现仿生微纳功能结构与功能材料一体化；③使用碳化仿蝶翅金属或金属-半导体薄膜的蝶翅模板，制备出仿蝶翅碳基金属或金属-半导体功能薄膜[26]。

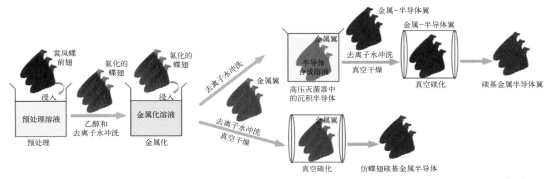

图5.7　遗态仿蝶翅金属、金属-半导体功能薄膜制备流程示意图［经Tian等人许可引用，2015[26]；上海交通大学版权所有（2015）］

5.2.2 仿生金属-半导体光热材料

近年来学术界成功制备了大量高光热转换效率的金属、半导体纳米颗粒，如在800 nm激光照射下光热转换效率高达13%的Au纳米壳、21%的Au纳米棒和22%的硒化铜（$Cu_{2-x}Se$）纳米晶[37]，以及在980nm激光照射下光热转换效率高达25.7%的亲水性Cu_9S_5纳米晶和23.7%的Au纳米棒[38]等。同时，金属纳米材料还表现出高效的太阳光热转换性能，并用于太阳能光热蒸发等[58, 59]。

本小节将金属和半导体纳米颗粒与三维亚微米级周期性三角屋顶型减反射结构（SPTAS）相结合，以裳凤蝶前翅为仿生模板，制备一种融合亚微米级周期性三角屋顶型减反射结构的金属-半导体复合（Au-CuS）纳米薄膜系统。所制备的仿裳凤蝶前翅Au-CuS功能复合薄膜，实现了宽波段高光吸收，尤其在可见光和近红外光范围内，同时实现了高光热转换。

裳凤蝶前翅的形态如图5.8（a）～（c）所示，通过对多组裳凤蝶前翅结构的SEM和TEM图进行统计测量，得到了裳凤蝶前翅的鳞片尺寸（$d_1 \sim d_8$和θ值），如表5.1所示[18,27]。

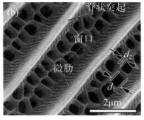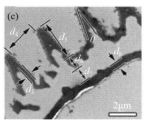

图5.8

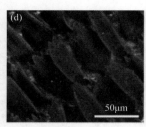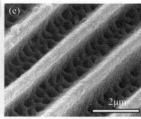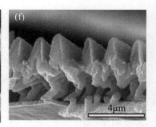

图5.8　裳凤蝶前翅翅鳞光学显微镜照片（a），裳凤蝶前翅SEM照片（b），裳凤蝶前翅横断面TEM照片（c），仿裳凤蝶前翅Au-CuS功能薄膜光学显微镜照片（d），仿裳凤蝶前翅Au-CuS功能薄膜SEM照片（e），仿裳凤蝶前翅Au-CuS功能薄膜横断面SEM照片（f）

经Tian等人许可引用，2015 [18]；Elsevier版权所有（2015）

表5.1　裳凤蝶前翅鳞片微纳功能结构尺寸

参数	值	变化幅度
窗口宽度 $d_1/\mu m$	0.530	0.004
窗口孔槽壁厚度 $d_2/\mu m$	0.200	0.001
脊状突起壁厚度 $d_3/\mu m$	0.200	0.001
脊状突起结构周期 $d_4/\mu m$	2.870	0.002
脊状突起高度 $d_5/\mu m$	3.270	0.002
窗口深度 $d_6/\mu m$	0.900	0.016
窗口底部与底板之间的距离 $d_7/\mu m$	1.010	0.004
底板厚度 $d_8/\mu m$	0.460	0.003
脊状突起半顶角角度 $\theta/(\degree)$	13.0	—

注：经Tian等人许可引用，2015 [18]；Elsevier版权所有（2015）；经Tian等人许可引用，2015 [27]；英国皇家化学学会版权所有（2015）。

利用光学显微镜、SEM和TEM技术，对仿裳凤蝶前翅Au-CuS功能薄膜进行了从介观到纳米尺度的表征 [图5.8（d）～（f）]。如图5.8（d）所示，裳凤蝶前翅的黑色鳞片转变成黑-靛蓝色鳞片。由图5.8（e）可见，Au-CuS复合纳米材料均匀覆盖在裳凤蝶前翅微纳准周期三角屋顶状减反射脊结构和窗口结构表面，同时还保留脊上下滑微肋。图5.8（f）中，内部支柱和下表面也被Au-CuS复合纳米材料均匀覆盖。为此，所制备的仿裳凤蝶前翅Au-CuS功能薄膜完美保留了裳凤蝶前翅的微纳周期性三角屋顶型减反射结构。CuS覆层的厚度及裳凤蝶前翅保留的形态均可通过改变沉积时间进行控制。CuS覆层的厚度随着沉淀时间增加而增加。与此同时，裳凤蝶前翅的脊状结构物、微肋甚至是亚微米结构的窗口，均被CuS纳米颗粒逐渐充填 [18]。相比仿裳凤蝶前翅Au-CuS功能薄膜的制备程序，仿裳凤蝶前翅CuS功能薄膜的制备程序省略了在氨化的裳凤蝶前翅表面沉积Au纳米材料的过程，导致CuS纳米颗粒的沉积速率较慢。该发现表明，Au纳米颗粒为CuS纳米颗粒的沉积提供了成核位点，促进了CuS纳米颗粒的沉积 [18]。

仿裳凤蝶前翅Au-CuS功能薄膜微纳形貌及材料结构进一步表征如图5.9（a）～（d）所示，Au-CuS复合纳米颗粒均匀沉积于裳凤蝶蝶翅微纳准周期性三角屋顶型减反射功能结构表面。Au-CuS（金属-半导体）复合纳米颗粒系统是由CuS纳米棒和Au纳米颗粒组成的，Au纳米颗粒附着于CuS纳米棒之上 [图5.9（b）～（d）]。图5.9（e）为仿

裳凤蝶前翅Au-CuS功能薄膜材料的X射线衍射（XRD）图谱，图中衍射峰的2θ值为
28.26°、32.03°、32.83°、47.96°和59.26°，分别对应六边形结构CuS的（102）、（103）、
（006）、（110）和（116）面（JCPDS卡号06-0464）。Au纳米晶的主衍射峰出现在
38.27°、44.52°和77.46°处，分别指向Au立方相的（111）、（200）和（311）面（JCPDS
卡号04-0784）。选区电子衍射（SAED）测定分析也进一步证实材料中已生成了Au-CuS

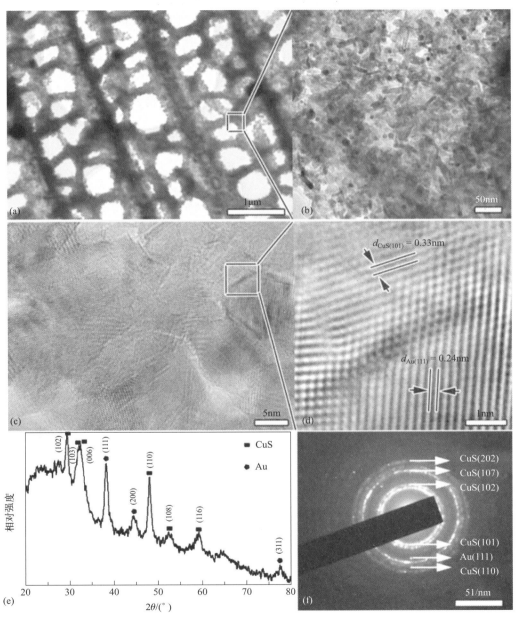

图5.9　仿裳凤蝶前翅CuS功能薄膜TEM照片（a）、（b），仿裳凤蝶前翅Au-CuS功能薄膜高分
辨率透射电子显微镜（HRTEM）照片（c）、（d），仿裳凤蝶前翅Au-CuS功能薄膜的X射线衍射
（XRD）结果（e），仿裳凤蝶前翅Au-CuS功能薄膜的选区电子衍射（SAED）图（f）

经Tian等人许可引用，2015 [18]；Elsevier版权所有（2015）

（金属-半导体）复合纳米颗粒。从图5.9（f）的SAED图中可以看出，Au-CuS复合纳米颗粒系统具有多晶的特点，其衍射环分别指向CuS的（101）、（102）、（107）、（110）、（202）面（JCPDS卡号06-0464）和Au的（111）面（JCPDS卡号04-0784）。从高分辨率透射电子显微镜（HRTEM）图［图5.9（d）］中可以看出，晶格条纹的晶面间距为$d_{CuS(101)}$=0.33nm、$d_{Au(111)}$=0.24nm。

利用X射线光电子能谱（XPS）技术，进一步探讨了仿裳凤蝶前翅CuS功能薄膜和仿裳凤蝶前翅Au-CuS功能薄膜的表面组成特点，见图5.10和图5.11。XPS分析表明，仿裳凤蝶前翅CuS功能薄膜和仿裳凤蝶前翅Au-CuS功能薄膜中Cu元素与S元素的原子比分别为1.07∶1和1.02∶1，与CuS的1∶1的化学计量数接近。相比于仿裳凤蝶前翅CuS功能薄膜的XPS图谱，仿裳凤蝶前翅Au-CuS功能薄膜在Cu 2p区和S 2p区的XPS谱线出现右移（图5.12）。同时，相比文献［43］中Au纳米颗粒的XPS图谱，仿裳凤蝶前翅Au-CuS功能薄膜在Au 4f区的谱线出现左移（图5.13）。因此，仿裳凤蝶前翅Au-CuS功能薄膜的XPS结果表明，Au-CuS复合材料内部可能发生了从CuS纳米颗粒向Au纳米颗粒的电子转移反应[43]。

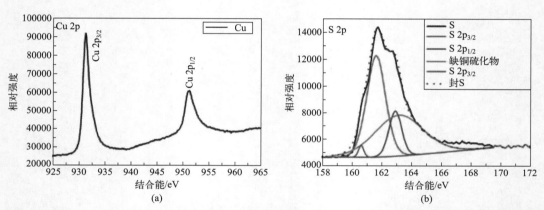

图5.10　Cu 2p（a）和S 2p（b）区域的仿裳凤蝶前翅CuS功能薄膜XPS图谱［经Tian等人许可引用，2015[18]；Elsevier版权所有（2015）］

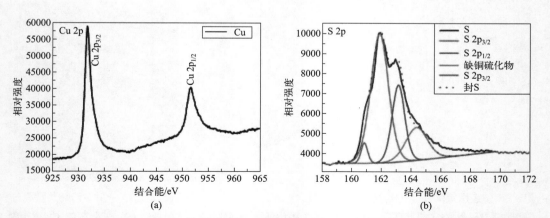

图5.11　Cu 2p（a）和S 2p（b）区域的仿裳凤蝶前翅Au-CuS功能薄膜XPS图谱［经Tian等人许可引用，2015[18]；Elsevier版权所有（2015）］

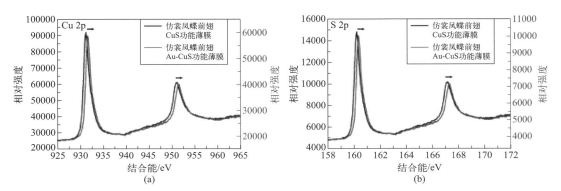

图5.12　仿裳凤蝶前翅CuS功能薄膜和仿裳凤蝶前翅Au-CuS功能薄膜各自Cu 2p区域的XPS图谱（a），仿裳凤蝶前翅CuS功能薄膜和仿裳凤蝶前翅Au-CuS功能薄膜各自S 2p区域的XPS图谱（b）

经Tian等人许可引用，2015[18]；Elsevier版权所有（2015）

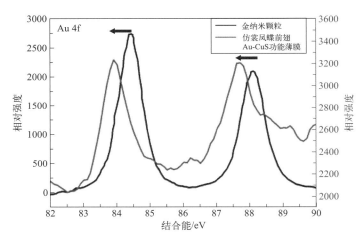

图5.13　Au 4f区域的金纳米颗粒和仿裳凤蝶前翅Au-CuS功能薄膜XPS图谱［经Ding等人许可引用，2014[43]；美国化学学会版权所有（2014）；经Tian等人许可引用，2015[18]；Elsevier版权所有（2015）］

为研究仿裳凤蝶前翅Au-CuS功能薄膜太阳光吸收的强化机制，尤其是在宽红外波长区间的光吸收强化机制，本节对比分析了仿裳凤蝶前翅Au-CuS功能薄膜与仿裳凤蝶前翅CuS功能薄膜、仿裳凤蝶前翅Au功能薄膜、裳凤蝶前翅和BlueTec eta plus_Cu在300～2500nm［图5.14（a）］和2.5～15μm［图5.14（b）］两个波长区间的光学特性。BlueTec eta plus_Cu是一种充当太阳热能集热器的商用吸收剂（BlueTec GmbH & Co KG，德国黑斯），具有极强的太阳光吸收性能，能将太阳能有效转化为热能。如图5.12（a）及插图所示，仿裳凤蝶前翅CuS功能薄膜在一定程度上增强了近红外区的吸收量，并在759nm处出现了明显的吸收峰。吸收峰的出现是CuS纳米颗粒薄膜吸收的结果，与之前报道的结果一致[60]。

与此同时，仿裳凤蝶前翅Au-CuS功能薄膜在宽波段表现出了高光吸收性能。具体而言，相比于图5.14（a）中的其他吸收谱线，仿裳凤蝶前翅Au-CuS功能薄膜在红外光和紫外光区间的吸收效率最大。仿裳凤蝶前翅Au-CuS功能薄膜的吸收谱上出现了两个吸收峰和一处宽波段近红外（NIR）吸收。其中735nm处的吸收峰及宽波段近红外（NIR）吸收，是CuS纳米颗粒激子跃迁和载流子表面等离子体共振（SPR）反应的结果[38, 61, 62]；而512nm处的吸收峰则是Au纳米颗粒表面等离子体共振反应的结果，与之前报道的结果[61]一致。相比仿裳凤蝶前翅CuS功能薄膜，仿裳凤蝶前翅Au-CuS功能薄膜的CuS纳米颗粒（NP）吸收峰则表现出明显的蓝移，这是Au纳米颗粒表面等离子体共振（SPR）、CuS纳米颗粒激子跃迁和CuS内部游移载流子表面等离子体共振（SPR）相互作用的结果。为此，仿裳凤蝶前翅Au-CuS功能薄膜的吸收率更高，因为Au纳米颗粒发生表面等离子体共振反应后，产生了强烈的局部光场，光场透入周围的电介质中，加大了振子强度。等离子体-激子/等离子体之间的耦合效应，增强了CuS纳米颗粒的激子跃迁[61]和CuS纳米颗粒中游移载流子的表面等离子体共振反应[38, 62]。相比于仿裳凤蝶前翅CuS功能薄膜，仿裳凤蝶前翅Au-CuS功能薄膜的平均吸收强度在300～2500nm波长区间增加了45.61%。不过，仿裳凤蝶前翅Au-CuS功能薄膜的吸收谱并不是仿裳凤蝶前翅Au和仿裳凤蝶前翅CuS二者吸收谱的简单相加。而且，相比于仿裳凤蝶前翅（Au+CuS）功能薄膜的吸收强度，仿裳凤蝶前翅Au-CuS功能薄膜在300～2500nm的光波段范围内综合吸收强度表现出了33.03%的吸收增强（通过将仿裳凤蝶前翅CuS功能薄膜的光吸收量与仿裳凤蝶前翅Au功能薄膜相对裳凤蝶前翅光吸收增强量相加）。以上结果进一步反映了Au纳米颗粒与CuS纳米颗粒之间的等离子体-激子/等离子体耦合效应[61, 63]。为此，相比于图5.14（a）中的其他光吸收谱线，仿裳凤蝶前翅Au-CuS功能薄膜在一定宽波段范围内的吸收强度最大，尤其是红外光和紫外光区间更加显著。分析原因如下：其一，Au纳米颗粒与CuS纳米颗粒之间的等离子体-激子/等离子体耦合效应，增强了光吸收效率；其二，等离子体-激子/等离子体耦合效应及相邻共振系统之间的相干耦合，与融合裳凤蝶前翅的SPTAS结构发生融合反应，进一步增强了宽波段的光吸收效率[64-67]。另外，2.5～15μm波长区间的吸收强度也出现显著增强［图5.14（b）］。相比于BlueTec eta plus_Cu，仿裳凤蝶前翅Au-CuS功能薄膜的平均吸收强度，在300～2500nm波长区间提高了102.63%，在2.5～15μm波长区间提高了24.9倍。

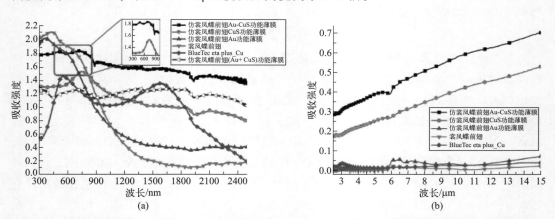

图5.14　300～2500 nm波长范围的仿裳凤蝶前翅Au-CuS功能薄膜、仿裳凤蝶前翅CuS功能薄膜、仿裳凤蝶前翅Au功能薄膜、裳凤蝶前翅、BlueTec eta plus_Cu以及仿裳凤蝶前翅（Au+CuS）功能薄膜光吸收谱，插图为高倍放大时红色矩形选区的吸收光谱（a）［经Tian等人许可引用，2015[18]；Elsevier版权所有（2015）］，2.5～15μm波长范围的仿裳凤蝶前翅Au-CuS功能薄膜、仿裳凤蝶前翅CuS功能薄膜、仿裳凤蝶前翅Au功能薄膜、裳凤蝶前翅以及BlueTec eta plus_Cu光吸收谱（b）

为研究仿裳凤蝶前翅Au-CuS材料的红外光热转换特性，采用光热转换实验常用的波长为980nm的近红外激光作为光源。在功率密度为0.439W/cm²的980nm近红外激光的照射下，测定了系统水、杯底和光热转换材料（仿裳凤蝶前翅Au-CuS功能薄膜、仿裳凤蝶前翅CuS功能薄膜、裳凤蝶前翅和BlueTec eta plus_Cu，各材料规格分别为10mm×10mm）的温升情况[37-39,68,69]。如图5.15（a）所示，在光热转换前期温度迅速提升。随着温度的进一步升高，热损失加快，加热速率变缓，然后达到与周围环境的热平衡。通过观察图5.15（a），发现仿裳凤蝶前翅Au-CuS和仿裳凤蝶前翅CuS都能将980nm激光能快速转换为热能。这是因为仿裳凤蝶前翅Au-CuS和仿裳凤蝶前翅CuS都复合了具有良好吸光SPTAS结构的高效红外光热转换材料（Au纳米颗粒、CuS纳米颗粒）[68,69]。相比于仿裳凤蝶前翅CuS，仿裳凤蝶前翅Au-CuS的温升更大。负载Au纳米颗粒后，Au纳米颗粒等离子体共振加强光场聚集促进光吸收，并促进CuS纳米颗粒的激子跃迁，增强半导体CuS纳米颗粒中自由载流子产生的表面等离子体共振，从而进一步提升光吸收，加强光热转化。等离子体-激子/等离子体及相邻共振系统之间的耦合效应与SPTAS共同作用，显著增强了仿裳凤蝶前翅Au-CuS功能薄膜SPTAS表面的电磁场。由此增加了强电磁场能量通量密度区对应光子分布区的数量。热功率的产生量与吸收的光子数量成正比[70]，因此促进了光子吸收，推动了更多热功率的产生。另外，相比Roper等得出的BlueTec eta plus_Cu的温升结果[71]，仿裳凤蝶前翅Au-CuS功能薄膜的温升更大。根据能量平衡法，利用式（5.1）计算光热转换效率：

$$\eta = \frac{hS\,(T_{max}-T_{surr})-Q_{dis}}{I\,(1-10^{-A_{980}})} \tag{5.1}$$

式中，h为传热系数；S为容器的表面积；hS根据图5.15（b）取值；T_{max}和T_{surr}分别为平衡温度和环境温度；I为入射激光的功率（0.439W/cm²）；A_{980}为仿裳凤蝶前翅Au-CuS功能薄膜在980nm时的吸收率[1.65，见图5.14（a）]；Q_{dis}为烧杯和水吸收激光所产生的热量。此研究将980nm红外激光垂直向下照射到仿裳凤蝶前翅Au-CuS功能薄膜表面[图5.15（b）中插图]。相比于BlueTec eta plus_Cu[图5.14（a）]，仿裳凤蝶前翅Au-CuS功能薄膜的吸收性能更好，其透射光非常微小，可忽略不计。因此，可以不考虑激光与水之间、激光与烧杯之间的相互作用，即可删除Q_{dis}项。故η值可通过下式确定：

$$\eta = \frac{hS\,(T_{max}-T_{surr})}{I\,(1-10^{-A_{980}})} \tag{5.2}$$

据此计算，可得仿裳凤蝶前翅Au-CuS功能薄膜、仿裳凤蝶前翅CuS功能薄膜、仿裳凤蝶前翅Au功能薄膜、裳凤蝶前翅和BlueTec eta plus_Cu在980nm激光照射下的η值分别为30.56%、24.46%、19.64%、15.23%和22.73%。为此，仿裳凤蝶前翅Au-CuS功能薄膜的光热转换效率是高效光吸收SAPS（结构因素）与优良红外光吸收和光热转换材料（材料因素）耦合作用的结果。

与此同时，本小节以平板式太阳能集热器为对象，探讨了仿裳凤蝶前翅Au-CuS功能薄膜的太阳能光热转换特性，如图5.16所示。模拟实验中，以1000W/m²的太阳照射度（AM 1.5），将太阳光垂直向下发射到平板太阳能集热器的表面，测量了平板太阳能集热器随太阳能模拟器开关而发生温度升降的时间曲线（图5.16）。相比于加热过程，

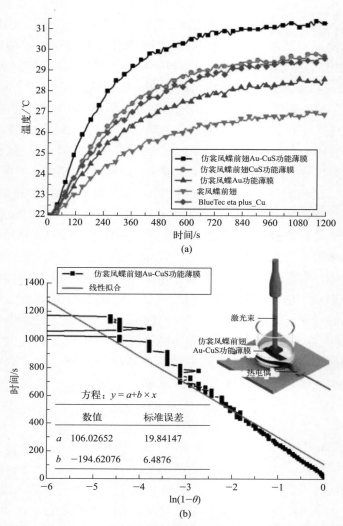

图5.15 用980nm激光（0.439W/cm²）照射的系统（分别为仿裳凤蝶前翅Au-CuS功能薄膜、仿裳凤蝶前翅CuS功能薄膜、仿裳凤蝶前翅Au功能薄膜、裳凤蝶前翅和BlueTec eta plus_Cu）产生的温升（a），对比从驱动力温度中减去1得出的自然对数负值，通过应用加热期（20min）得出的线性时间数据，系统（仿裳凤蝶前翅Au-CuS功能薄膜）热传递的时间常量确定为τ_s=195s；其中插图为光热转换特性的测量装置示意图（b）

经Tian等人许可引用，2015[18]；Elsevier版权所有（2015）

在冷却过程中关闭太阳能模拟器时，取出了隔热层中的铜板。从图5.16中可以看出，开始照射时，仿裳凤蝶前翅Au-CuS功能薄膜_APCF平板太阳能集热器和BlueTec eta plus_Cu平板太阳能集热器的温升曲线重合，二者无明显差异。即使是到了0.9min时，仿裳凤蝶前翅Au-CuS功能薄膜_APCF平板太阳能集热器也只表现出稍强的光热转换性能（图5.16中插图）。照射时间增加到10min时，仿裳凤蝶前翅Au-CuS功能薄膜_APCF平板太阳能集热器和BlueTec eta plus_Cu平板太阳能集热器的温度分别上升到45.6℃和46.4℃。可以看出，在较低的工作温度区间（<45℃），仿裳凤蝶前翅Au-CuS功能薄膜_APCF与BlueTec eta plus_Cu一样具有良好的太阳能光热转换特性，只是仿裳凤蝶前翅

Au-CuS功能薄膜_APCF的照射率相对较高。照射时间增加到30min时，仿裳凤蝶前翅Au-CuS功能薄膜_APCF平板太阳能集热器和BlueTec eta plus_Cu平板太阳能集热器的温度分别上升到66.5℃和69.0℃。两个平板太阳能集热器之间的温差仅为2.5℃。以上结果表明，仿裳凤蝶前翅Au-CuS功能薄膜_APCF在低温（$T<60℃$）环境下能有效实现光热转换[72]。随后，在模拟太阳光照射源关闭的状态下，观测了仿裳凤蝶前翅Au-CuS功能薄膜_APCF平板太阳能集热器和BlueTec eta plus_Cu平板太阳能集热器的温降情况，发现仿裳凤蝶前翅Au-CuS功能薄膜_APCF平板太阳能集热器的自我冷却性能更强。结合红外光热转换（图5.15）和太阳能光热（图5.16）研究可知，仿裳凤蝶前翅Au-CuS不仅具有优越的红外光热转换性能，而且在低温（$<60℃$）环境下还能有效实现太阳能的光热转换。

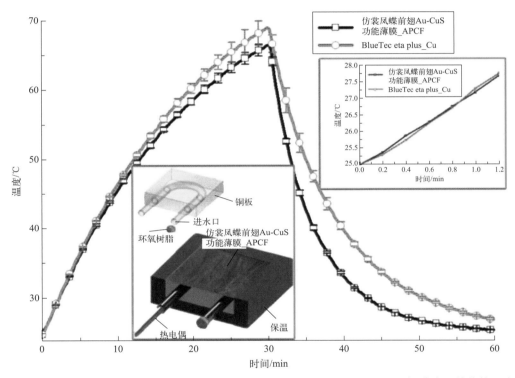

图5.16　仿裳凤蝶前翅Au-CuS功能薄膜_APCF和BlueTec eta plus_Cu平板式太阳能集热器光热转换曲线［经Tian等人许可引用，2015[18]；Elsevier版权所有（2015）］
采用模拟太阳光（AM 1.5, 1000W/m²）分别照射仿裳凤蝶前翅Au-CuS功能薄膜_APCF平板式太阳能集热器和BlueTec eta plus_Cu平板式太阳能集热器产生温升，照射持续30min后，太阳能模拟装置停止运行；其中插图分别为单一平板式太阳能集热器和高放大倍率时第一个1.2min采用模拟太阳光照射产生的温升

本研究成功制备出一种具有SPTAS的宏观厘米级金属-半导体（Au-CuS）复合纳米颗粒系统。仿裳凤蝶前翅Au-CuS功能薄膜加大了宽波段太阳光吸收增强效应，降低了反射率，尤其在红光和近红外区间更为显著。同时，中红外区间的吸收强度也有所增强。高效光吸收SPTAS结构（结构因素）与良好红外光吸收和光热转换材料（材料因素）的耦合效应，使得仿裳凤蝶前翅Au-CuS功能薄膜不仅具有优越的吸收和光热转换性能（30.56%），而且在低温（$T<60℃$）环境下还能实现太阳能的有效转换。

5.2.3　仿生碳基磁性金属等离子体功能性材料

磁性金属纳米材料由于兼具磁性和等离子体的双重特性，近年来引起了广泛关注 [73-78]。这类材料的磁性与等离子体特征相互交织，表现出各种不同的物理现象，为新功能应用、新系统开发提供了材料基础 [79-84]。例如，磁性/等离子体一体化微纳材料，其等离子体效应增强光场聚集，使电磁场有效集中在磁光活性材料中，增强磁光效应 [85,86]。这种磁光等离子体材料可用于电信、磁场传感和全光磁数据存储等领域 [87, 88]。

迄今为止，有关电磁等离子体材料磁光效应的研究，大多集中在法拉第（Faraday）效应（透射光偏振旋转）和科尔（Kerr）效应（反射光偏振旋转）[80, 86]。此外，实验中用于诱导磁光效应的入射光源，也大多限于紫外光和可见光范围，以对应波长区间内发生的等离子体共振反应 [80]。资料显示，前人很少有关于红外磁光效应的文献著作，关于红外光热效应导致的磁性变化也少有涉及。

本文创造性地设计了磁性/等离子体一体化微纳材料，实现金属微纳等离子体光吸收和光热转换与磁性相结合，制成一种具有三维 SPTAS 系统的红外光热诱导型磁变等离子体薄膜（CNMF）。

利用 SEM 技术，对比研究了裳凤蝶前翅、甲壳素基 Ni wing_6h（通过 Ni 纳米颗粒沉积 6h）、CNMF_6h（通过 Ni 纳米颗粒沉积 6h）的形态差异［图 5.17（a）～（e）］。相比于裳凤蝶前翅的形态［图 5.17（a）］，甲壳素基 Ni wing_6h 的 SEM 图像反映 Ni 已沉积在材料表面并组装成一层薄膜，完美继承了裳凤蝶前翅鳞片的 SPTAS 结构［图 5.17（b）］。在之前的研究中 [56]，曾分别按 5～25min 的不同时长沉积 Cu 纳米颗粒，制成了一系列仿蝶翅 Cu 功能薄膜。研究发现，随着沉积时间增加，Cu 纳米颗粒的集聚程度呈逐渐加大的趋势。该发现证明，可利用沉积时间控制仿生制品的形态 [54,56]。Ni 的沉积厚度随沉积时间的变化而变化，也证明可通过调整沉积时间来控制材料的沉积厚度 [89]。根据这一结论，本文分别按 1h（甲壳素基 Ni wing_1h）、6h（甲壳素基 Ni wing_6h）和 10h（甲壳素基 Ni wing_10h）的沉积时间，制备了不同的样本，实现了利用沉积时间控制裳凤蝶前翅上 Ni 纳米颗粒层的沉积厚度，进而控制 Ni 蝶翼的形态。当沉积时间增加到 10h 时，Ni 纳米颗粒开始变粗，并聚合成更厚的一层，其中的窗口缩小，脊状物变大，微观结构几乎完全被 Ni 纳米颗粒充填 [90]。而沉积时间为 1h 时，在 SPTAS 的表面形成了一层不连续的 Ni 纳米颗粒 [90]。为此，脊状物上 Ni 纳米颗粒层的沉积厚度和 Ni 翼的形态均由化学镀时间控制。经过碳化处理后，裳凤蝶前翅的 SPTAS 结构同样完美地传递到碳基结构中［图 5.17（c）］。如图 5.17（b）、（c）所示，相比甲壳素基 Ni wing_6h，CNMF_6h 的外形基本不变，证明 Ni 纳米颗粒已成功沉积在裳凤蝶前翅鳞片的碳基 SPTAS 表面。图 5.17（d）为 CNMF_6h 的 XRD 谱图。在 21.12° 处出现的峰值表明 CNMF_6h 内的碳为非晶态，而 44.52°、51.70° 和 76.37° 处出现的峰值则分别指向 Ni（JCPDS 卡号 04-0850）立方相的（111）、（200）和（220）面。

为研究 CNMF 的光热转换机制，将 CNMF（10mm×10mm）粘贴在规格为 10mm×10mm 的银片上，利用 980nm 近红外激光在 1.56W/cm^2 的功率密度下照射，测定 CNMF 的温度升高情况。相比于 CNMF_1h、CNMF_10h、Electroplate_Ni（将 Ni 纳米颗粒电镀到银片上）和银片，CNMF_6h 的红外光热转换程度最高，平均温升最大，高

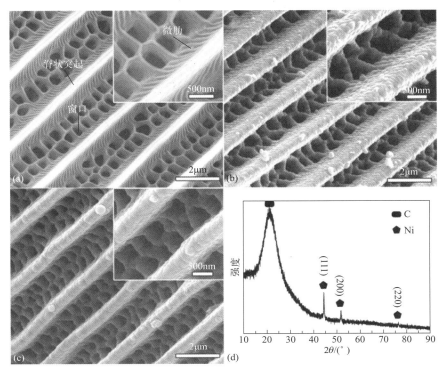

图5.17　裳凤蝶前翅（a），甲壳素基Ni Wing_6h（b），CNMF_6h（c）以及CNMF_6h XRD
图像（d）

其中插图展示高放大倍率时的生物形态［经Tian等人许可引用，2015[90]；Nature版权所有（2015）］

达43.9℃（图5.18）。CNMF_6h高光热性能的原因，是这种材料不仅保留了裳凤蝶前翅的SPTAS结构，而且还在碳基SPTAS的表面沉积了大量的等离子体光吸收、光热金属Ni纳米颗粒。研究表明，金属Ni纳米颗粒同时具有铁磁性、金属等离子特性[78, 91]。为此，Ni纳米颗粒等离子体效应与碳基SPTAS有效耦合，CNMF_6h显著增强了红外光热转换效率。CNMF_1h和CNMF_10h的温升曲线几乎重合，只是CNMF_10h的光吸收能力相对较弱。出现重合原因是CNMF_10h虽然未能很好地传承SPTAS致使其光吸收能力相对较弱，但相比CNMF_1h，仍然拥有更多的光热转换材料。因此，光热转换量不仅取决于光吸收的强弱，而且也取决于光热转换材料的多少。如图5.18（a）中插图所示，CNMF_1h产生的温升大于CNMF_10h。为此，为获得最好的光热转换性能，材料不仅要具有良好的光吸收结构，而且还要具有足量的光热转换材料。CNMF_6h既有足量的光热转换材料（Ni纳米颗粒层），又有从裳凤蝶前翅中继承的碳基SPTAS，形成了良好的光吸收特性。从图5.18（b）可以看出，随着CNMF_6h的温度升高，磁化强度也呈逐渐下降的趋势。由图5.18（a）、（b）所示，对CNMF_6h表面进行980nm红外照射后，产生光热效应，进而引起温升并最终导致磁变。这是因为随着温度升高，原子之间的距离逐渐加大，减弱了原子之间的交换作用。与此同时，热运动破坏了原子磁矩的规则取向，降低了自磁强度。CNMF_6h在温度为25℃、40℃和60℃时的磁滞回线见图5.18（c）。从磁滞回线中可以看出，随着温度升高，饱和磁化量出现明显的下降趋势［图5.18（c）］，其下降系数与磁化强度-温度图［图5.18（b）］中的磁化下降一致，而矫顽力则基本上保持不变。简言之，980nm红外激发引起了温升，导致CNMF_6h的饱和磁化度下降。为此，CNMF_6h实现了最佳的磁等离子体融合效果。

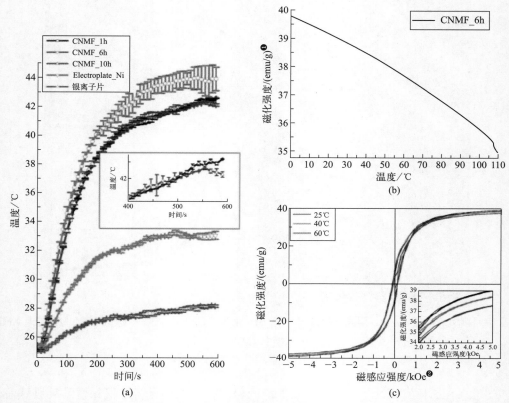

(a)

(b)

(c)

图5.18 CNMF_1h［通过Ni纳米颗粒（NP）1h沉积］、CNMF_6h［通过Ni纳米颗粒（NP）6h沉积］、CNMF_10h［通过Ni纳米颗粒（NP）10h沉积］、将Ni纳米颗粒电镀到银片（Electroplate_Ni）以及银离子片上，计量值按三份样本的中间±变量计算，插图展示高倍率放大时，CNMF_1h和CNMF_10h超出时间范围400～600s的温升情况（a）；经过CNMF_6h磁化场（H=5000 Oe）时不同温度水平下所产生的磁化强度（b）；CNMF_6h在温度分别达到25℃、40℃和60℃时所形成的磁滞回线，插图展示采用高倍率放大时，大于2～5kOe磁场范围形成的磁滞回线（c）

经Tian等人许可引用，2015[90]；Nature版权所有（2015）

　　如图5.19所示，分别利用原子力显微镜（AFM）和磁力显微镜（MFM）技术分析了CNMF_6h的结构和磁性特点。利用磁探针探测了样品在AFM和MFM模式下的表面形态，扫描时提高了探针位置，以便从样本上方的固定高度（500nm）对样本进行扫描。图5.19（a）、（c）为裳凤蝶前翅脊状物的典型扫描结果。MFM图［图5.19（b）、（d）］中，扫描区域的磁性结构也非常明显，区域亮度越高，磁性越大。裳凤蝶前翅的脊状物上明显出现磁化区或磁渗区。图5.19（b）、（d）为裳凤蝶前翅脊状物的MFM扫描结果。MFM图像的形貌与AFM成像记录的形态一致。这是因为磁偶极子集中在磁性Ni纳米颗

---

❶ 1emu/g=1A·m²/kg。

❷ 1kOe=79.5775×10³A/m。

粒上，形成的脊状谱图可能是裳凤蝶前翅鳞片上SPTAS表面Ni纳米颗粒覆层固有的磁性所致[92-94]。AFM图像［图5.19（a）、（c）］与MFM图像［图5.19（b）、（d）］之间表现出良好的相关性。磁性样本与磁尖交互作用的部位出现了明亮的磁性区[95, 96]。而SPTAS窗口区域的亮度则弱于脊状物区域SPTAS窗口的亮度，表明窗口区与磁尖的交互作用较小，这是因为SPTAS窗口的磁尖与磁面相隔距离过大，无法有效产生交互影响。图5.19中的结果说明，CNMF_6h的SPTAS表面具有强磁性[97]，这是由Ni纳米颗粒的磁偶极子，以及Ni纳米颗粒之间及相邻脊状物之间磁偶极子的交互作用引起的[98]。相比图5.19（b），图5.19（d）的颜色较深，表明随着温度从25℃增加到40℃，磁性发生了由强到弱的变化。

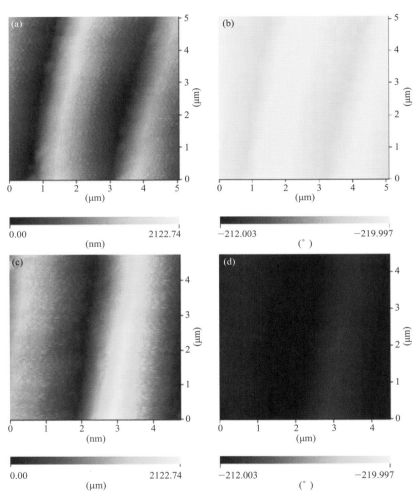

图5.19　AFM-MFM下采用磁探针获得的CNMF_6h图像［经Tian等人许可引用，2015[90]；Nature版权所有（2015）］

（a）、（c）CNMF_6h在温度分别为25℃和40℃时，原子力显微镜（AFM）下的图像；（b）、（d）CNMF_6h在温度分别为25℃和40℃时，磁力显微镜（MFM）下的图像

综上所述，本节探讨了一种简单易用、经济实用的方法，制备具有宏观厘米级SPTAS的碳基镍磁性/等离子体一体化薄膜（CNMF）。通过调整化学镀的沉积时间，控制镍纳米颗粒在裳凤蝶前翅上的沉积厚度和碳基镍翼的形态。利用980nm红外激光

照射CNMF_6h表面时，产生的红外光热效应导致温度升高。同时，红外照射期间的温度上升，引起磁化强度降低，饱和磁化减弱。AFM和MFM图像表现出良好的相关性，表明CNMF_6h的SPTAS具有强磁性。此研究对于未来设计新型磁性/等离子体一体化功能薄膜具有一定的参考价值，可应用于红外信息记录和红外热辅助磁记录等领域。

参考文献

1 Yu, K., Fan, T., Lou, S., and Zhang, D. (2013) Biomimetic optical materials: integration of nature's design for manipulation of light. *Progress in Materials Science*, **58** (6), 825–873.

2 Vukusic, P. (2010) An introduction to bio-inspired design. *Contact Lens Spectrum*, **25** (4B), 6–13.

3 Yang, W., Zhang, G., Liu, H., and Li, X. (2011) Microstructural characterization and hardness behavior of a biological Saxidomus Purpuratus shell. *Journal of Materials Science and Technology*, **27** (2), 139–146.

4 Tao, P., Shang, W., Song, C., Shen, Q., Zhang, F., Luo, Z., Yi, N., Zhang, D., and Deng, T. (2015) Bioinspired engineering of thermal materials. *Advanced Materials*, **27** (3), 428–463.

5 Johnels, A.G. (1956) On the origin of the electric organ in Malapterurus Electricus. *Quarterly Journal of Microscopical Science*, **3** (97), 455–463.

6 Yan, L., Zhang, S., Chen, P., Liu, H., and Yin, H. (2012) Magnetotactic bacteria, magnetosomes and their application. *Microbiological Research*, **167** (9), 507–519.

7 Berthier, S. (2005) Thermoregulation and spectral selectivity of the tropical butterfly Prepona meander: a remarkable example of temperature auto-regulation. *Applied Physics A*, **80** (7), 1397–1400.

8 Heinrich, B. (1974) Thermoregulation in endothermic insects. *Science*, **185** (4153), 747–756.

9 Kingsolver, J.G. (1983) Thermoregulation and flight in Colias butterflies: elevational patterns and mechanistic limitations. *Ecology*, **64** (3), 534–545.

10 Heinrich, B. (1995) Insect thermoregulation. *Endeavour*, **19** (1), 28–33.

11 Spinner, M., Kovalev, A., Gorb, S.N., and Westhoff, G. (2013) Snake velvet black: hierarchical micro-and nanostructure enhances dark colouration in Bitis Rhinoceros. *Scientific Reports*, **3**. doi: 10.1038/srep01846.

12 Herman, A., Vandenbem, C., Deparis, O., Simonis, P., and Vigneron, J.P. (2011) Nanoarchitecture in the black wings of Troides magellanus: a natural case of absorption enhancement in photonic materials. *Proceedings of SPIE*, 8094, 80940H1-12.

13 Chattopadhyay, S., Huang, Y., Jen, Y., Ganguly, A., Chen, K., and Chen, L. (2010) Anti-reflecting and photonic nanostructures. *Materials Science and Engineering Reports*, **69** (1–3), 1–35.

14 Dobrowolski, J.A. (1995) Optical properties of films and coatings. *Handbook of Optics*, **1** (42), 43–130.

15 Dobrowolski, J., Poitras, D., Ma, P., Vakil, H., and Acree, M. (2002) Toward perfect antireflection coatings: numerical investigation. *Applied Optics*, **41** (16), 3075–3083.

16 Stavenga, D.G., Foletti, S., Palasantzas, G., and Arikawa, K. (2006) Light on the moth-eye corneal nipple array of butterflies. *Proceedings of the Royal Society of London B: Biological Sciences*, **273** (1587), 661–667.

17 Zada, I., Zhang, W., Li, Y., Sun, P., Cai, N., Gu, J., Liu, Q., Huilan Su, H., and Di, Z. (2016) Angle dependent antireflection property of TiO_2 inspired by cicada wings. *Applied Physics Letters*, **109** (15), 153701.

18 Tian, J., Zhang, W., Gu, J., Deng, T., and Zhang, D. (2015) Bioinspired Au−CuS coupled photothermal materials: enhanced infrared absorption and photothermal conversion from butterfly wings. *Nano Energy*, **17**, 52–62.

19 Huang, Y., Jen, Y., Chen, L., Chen, K., and Chattopadhyay, S. (2015) Design for approaching cicada-wing reflectance in low-and high-index biomimetic nanostructures. *ACS Nano*, **9** (1), 301–311.

20 Zhao, Q., Guo, X., Fan, T., Ding, J., Zhang, D., and Guo, Q. (2011) Art of blackness in butterfly wings as natural solar collector. *Soft Matter*, **7** (24), 11433–11439.

21 Zhao, Q., Fan, T., Ding, J., Zhang, D., Guo, Q., and Kamadab, M. (2011) Super black and ultrathin amorphous carbon film inspired by anti-reflection architecture in butterfly wing. *Carbon*, **49** (3), 877–883.

22 Ogata, S., Ishida, J., and Sasano, T. (1994) Optical sensor array in an artificial compound eye. *Optical Engineering*, **33** (11), 3649–3655.

23 Bernhard, C. and Miller, W.H. (1962) A corneal nipple pattern in insect compound eyes. *Acta Physiologica Scandinavica*, **56** (3–4), 385–386.

24 Parker, A.R., Hegedus, Z., and Watts, R.A. (1998) Solar−absorber antireflector on the eye of an Eocene fly (45 ma). *Proceedings of the Royal Society of London B: Biological Sciences*, **265** (1398), 811–815.

25 Chen, Y., Huang, Z., and Yang, H. (2015) Cicada-wing-inspired self-cleaning antireflection coatings on polymer substrates. *ACS Applied Materials & Interfaces*, **7** (45), 25495–25505.

26 Tian, J. (2015) Research on fabrication and property of antireflection quasi-periodic micro/nano structures functional materials mimicking butterfly wing. PhD thesis. Shanghai Jiao Tong University.

27 Tian, J., Zhang, W., Fang, X., Liu, Q., Gu, J., Deng, T., Wang, Y., and Zhang, D. (2015) Coupling of plasmon and 3D antireflection quasi-photonic crystal structure for enhancement infrared absorption. *Journal of Materials Chemistry C*, **3** (8), 1672–1679.

28 Zhang, W., Zhang, D., Fan, T., Gu, J., Ding, J., Wang, H., Guo, Q., and Ogawa, H. (2008) Novel photoanode structure templated from butterfly wing scales. *Chemistry of Materials*, **21** (1), 33–40.

29 Heo, S.Y., Koh, J.K., Kang, G., Ahn, S.H., Chi, W.S., Kim, K., and Kim, J.H. (2014) Bifunctional moth-eye nanopatterned dye-sensitized solar cells: light-harvesting and self-cleaning effects. *Advanced Energy Materials*, **4** (3), 1300632.

30 Odobel, F., Pellegrin, Y., and Warnan, J. (2013) Bio-inspired artificial light-harvesting antennas for enhancement of solar energy capture in dye-sensitized solar cells. *Energy & Environmental Science*, **6** (7), 2041–2052.

31 Boden, S.A. and Bagnall, D.M. (2010) Optimization of moth-eye antireflection schemes for silicon solar cells. *Progress in Photovoltaics: Research and Applications*, **18** (3), 195–203.

32 Stegmaier, T., Linke, M., and Planck, H. (2009) Bionics in textiles: flexible and translucent thermal insulations for solar thermal applications. *Philosophical*

Transactions of the Royal Society A: Mathematical, Physical and Engineering Sciences, **367**, 1749–1758.

33 Wang, Q., Li, J., Bai, Y., Lian, J., Huang, H., Li, Z., Lei, Z., and Shangguan, W. (2014) Photochemical preparation of cd/CdS photocatalysts and their efficient photocatalytic hydrogen production under visible light irradiation. *Green Chemistry*, **16** (5), 2728–2735.

34 Zhou, H., Li, X., Fan, T., Osterloh, F.E., Ding, J., Sabio, E.M., Zhang, D., and Guo, Q. (2010) Artificial inorganic leafs for efficient photochemical hydrogen production inspired by natural photosynthesis. *Advanced Materials*, **22** (9), 951–956.

35 Li, Y., Zhang, J., and Yang, B. (2010) Antireflective surfaces based on biomimetic nanopillared arrays. *Nano Today*, **5** (2), 117–127.

36 Kasugai, H. (2005) High-efficiency nitride-based light-emitting diodes with moth-eye structure. *Japanese Journal of Applied Physics*, **44**, 7414–7417.

37 Hessel, C.M., Pattani, V.P., Rasch, M., Panthani, M.G., Koo, B., Tunnell, J.W., and Korgel, B.A. (2011) Copper selenide nanocrystals for photothermal therapy. *Nano Letters*, **11** (6), 2560–2566.

38 Tian, Q., Jiang, F., Zou, R., Liu, Q., Chen, Z., Zhu, M., Yang, S., Wang, J., Wang, J., and Hu, J. (2011) Hydrophilic Cu9S5 nanocrystals: a photothermal agent with a 25.7% heat conversion efficiency for photothermal ablation of cancer cells *in vivo*. *ACS Nano*, **5** (12), 9761–9771.

39 Huang, X., Tang, S., Liu, B., Ren, B., and Zheng, N. (2011) Enhancing the photothermal stability of plasmonic metal nanoplates by a core-shell architecture. *Advanced Materials*, **23** (30), 3420–3425.

40 Teng, X., Han, W., Wang, Q., Li, L., Frenkel, A.I., and Yang, J.C. (2008) Hybrid Pt/au nanowires: synthesis and electronic structure. *Journal of Physical Chemistry C*, **112** (38), 14696–14701.

41 Costi, R., Saunders, A.E., and Banin, U. (2010) Colloidal hybrid nanostructures: a new type of functional materials. *Angewandte Chemie, International Edition*, **49** (29), 4878–4897.

42 Yen, Y., Chen, C., Fang, M., Chen, Y., Lai, C., Hsu, C., Wang, Y., Lin, H., Shen, C., Shieh, J., Ho, J.C., and Chueha, Y. (2015) Thermoplasmonics-assisted nanoheterostructured au-decorated CuInS$_2$ nanoparticles: matching solar spectrum absorption and its application on selective distillation of non-polar solvent systems by thermal solar energy. *Nano Energy*, **15**, 470–478.

43 Ding, X., Liow, C., Zhang, M., Huang, R., Li, C., Shen, H., Liu, M., Zou, Y., Gao, N., Zhang, Z., Li, Y., Wang, Q., Li, S., and Jiang, J. (2014) Surface plasmon resonance enhanced light absorption and photothermal therapy in the second near-infrared window. *Journal of the American Chemical Society*, **136** (44), 15684–15693.

44 Lakshmanan, S.B., Zou, X., Hossu, M., Ma, L., Yang, C., and Chen, W. (2012) Local field enhanced au/CuS nanocomposites as efficient photothermal transducer agents for cancer treatment. *Journal of Biomedical Nanotechnology*, **8**, 883–890.

45 Kim, S., Fisher, B., Eisler, H., and Bawendi, M. (2003) Type-II quantum dots: CdTe/CdSe (core/shell) and CdSe/ZnTe (core/shell) heterostructures. *Journal of the American Chemical Society*, **125** (38), 11466–11467.

46 Chen, Z., Moore, J., Radtke, G., Sirringhaus, H., and O'Brien, S. (2007) Binary nanoparticle superlattices in the semiconductor-semiconductor system: CdTe and CdSe. *Journal of the American Chemical Society*, **129** (50), 15702–15709.

47 Carbone, L. and Cozzoli, P.D. (2010) Colloidal heterostructured nanocrystals: synthesis and growth mechanisms. *Nano Today*, **5** (5), 449–493.

48 Shi, W., Zeng, H., Sahoo, Y., Ohulchanskyy, T.Y., Ding, Y., Wang, Z., Swihart, M., and Prasad, P.N. (2006) A general approach to binary and ternary hybrid nanocrystals. *Nano Letters*, **6** (4), 875–881.

49 Yang, C., Ma, L., Zou, X., Xiang, G., and Chen, W. (2013) Surface plasmon-enhanced Ag/CuS nanocomposites for cancer treatment. *Cancer Nanotechnology*, **4** (39), 81–89.

50 Parker, A.R. (2009) Natural photonics for industrial inspiration. *Philosophical Transactions. Series A, Mathematical, Physical, and Engineering Sciences*, **367** (1894), 1759–1782.

51 Yao, H., Fang, H., Wang, X., and Yu, S. (2011) Hierarchical assembly of micro−/nano-building blocks: bio-inspired rigid structural functional materials. *Chemical Society Reviews*, **40** (7), 3764–3785.

52 Vukusic, P. and Sambles, J.R. (2003) Photonic structures in biology. *Nature*, **424**, 852–855.

53 Biró, L.P. and Vigneron, J. (2010) Photonic nanoarchitectures in butterflies and beetles: valuable sources for bioinspiration. *Laser & Photonics Reviews*, **5** (1), 27–51.

54 Tan, Y., Gu, J., Zang, X., Xu, W., Shi, K., Xu, L., and Zhang, D. (2011) Versatile fabrication of intact three-dimensional metallic butterfly wing scales with hierarchical sub-micrometer structures. *Angewandte Chemie, International Edition*, **50** (36), 8457–8461.

55 Han, J., Su, H., Zhang, D., Chen, J., and Chen, Z. (2009) Butterfly wings as natural photonic crystal scaffolds for controllable assembly of CdS nanoparticles. *Journal of Materials Chemistry*, **19** (46), 8741–8746.

56 Tan, Y., Gu, J., Xu, L., Zang, X., Liu, D., Zhang, W., Liu, Q., Zhu, S., Su, H., Feng, C., Fan, G., and Zhang, D. (2012) High-density hotspots engineered by naturally piled-up subwavelength structures in three-dimensional copper butterfly wing scales for surface-enhanced Raman scattering detection. *Advanced Functional Materials*, **22** (8), 1578–1585.

57 Mille, C., Tyrode, E.C., and Corkery, R.W. (2011) Inorganic chiral 3-D photonic crystals with bicontinuous gyroid structure replicated from butterfly wing scales. *Chemical Communications*, **47** (35), 9873–9875.

58 Wang, Z., Liu, Y., Tao, P., Shen, Q., Yi, N., Zhang, F., Liu, Q., Song, C., Zhang, D., Shang, W., and Deng, T. (2014) Bio-inspired evaporation through plasmonic film of nanoparticles at the air-water interface. *Small*, **10** (16), 3234–3239.

59 Liu, Y., Yu, S., Feng, R., Bernard, A., Liu, Y., Zhang, Y., Duan, H., Shang, W., Tao, P., Song, C., and Deng, T. (2015) A bioinspired, reusable, paper-based system for high-performance large-scale evaporation. *Advanced Materials*, **27** (17), 2768–2774.

60 Ezema, F.I., Nnabuchi, M.N., and Osuji, R.U. (2006) Optical properties of CuS thin films deposited by chemical bath deposition technique and their applications. *Trends in Applied Sciences Research*, **1** (5), 467–476.

61 Lee, J.-S., Shevchenko, E.V., and Talapin, D.V. (2008) Au− PbS core− shell nanocrystals: plasmonic absorption enhancement and electrical doping via intra-particle charge transfer. *Journal of the American Chemical Society*, **130** (30), 9673–9675.

62 Luther, J.M., Jain, P.K., Ewers, T., and Alivisatos, A.P. (2011) Localized surface plasmon resonances arising from free carriers in doped quantum dots. *Nature Materials*, **10**, 361–366.

63 Li, M., Yu, X., Liang, S., Peng, X., Yang, Z., Wang, Y., and Wang, Q. (2011)

Synthesis of au-CdS core-shell hetero-nanorods with efficient exciton-plasmon interactions. *Advanced Functional Materials*, **21** (10), 1788–1794.

64 Le, F., Brandl, D.W., Urzhumov, Y.A., Wang, H., Kundu, J., Halas, N.J., Aizpurua, J., and Nordlander, P. (2008) Metallic nanoparticle arrays: a common substrate for both surface-enhanced Raman scattering and surface-enhanced infrared absorption. *ACS Nano*, **2** (4), 707–718.

65 Ye, Z., Chaudhary, S., Kuang, P., and Ho, K.-M. (2012) Broadband light absorption enhancement in polymer photovoltaics using metal nanowall gratings as transparent electrodes. *Optics Express*, **20** (11), 12213–12221.

66 Li, X., Choy, W.C.H., Huo, L., Xie, F., Sha, W.E.I., Ding, B., Guo, X., Li, Y., Hou, J., You, j., and Yang, Y. (2012) Dual plasmonic nanostructures for high performance inverted organic solar cells. *Advanced Materials*, **24** (22), 3046–3052.

67 Wang, W., Wu, S., Reinhardt, K., Lu, Y., and Chen, S. (2010) Broadband light absorption enhancement in thin-film silicon solar cells. *Nano Letters*, **10** (6), 2012–2018.

68 Tian, Q., Tang, M., Sun, Y., Zou, R., Chen, Z., Zhu, M., Yang, S., Wang, J., Wang, J., and Hu, J. (2011) Hydrophilic flower-like CuS superstructures as an efficient 980 nm laser-driven photothermal agent for ablation of cancer cells. *Advanced Materials*, **23** (31), 3542–3547.

69 Li, Y., Lu, W., Huang, Q., Li, C., and Chen, W. (2010) Copper sulfide nanoparticles for photothermal ablation of tumor cells. *Nanomedicine*, **5**, 1161–1171.

70 Ross, R.T. and Nozik, A.J. (1982) Efficiency of hot-carrier solar energy converters. *Journal of Applied Physics*, **53** (5), 3813–3818.

71 Roper, D.K., Ahn, W., and Hoepfner, M. (2007) Microscale heat transfer transduced by surface plasmon resonant gold nanoparticles. *Journal of Physical Chemistry C*, **111** (9), 3636–3641.

72 Nejati, M. (2008) Cermet based solar selective absorbers: further selectivity improvement and developing new fabrication technique. SciDok, PhD thesis. Universitat des Saarlandes.

73 Temnov, V.V., Armelles, G., Woggon, U., Guzatov, D., Cebollada, A., Garcia-Martin, A., Garcia-Martin, J., Thomay, T., Leitenstorfer, A., and Bratschitsch, R. (2010) Active magneto-plasmonics in hybrid metal–ferromagnet structures. *Nature Photonics*, **4**, 107–111.

74 Levin, C.S., Hofmann, C., Ali, T.A., Kelly, A.T., Morosan, E., Nordlander, P., Whitmire, K.H., and Halas, N.J. (2009) Magnetic–plasmonic core–shell nanoparticles. *ACS Nano*, **3** (6), 1379–1388.

75 González-Díaz, J.B., García-Martín, A., García-Martín, J.M., Cebollada, A., Armelles, G., Sepúlveda, B., Alaverdyan, Y., and Käll, M. (2008) Plasmonic au/co/au nanosandwiches with enhanced magneto-optical activity. *Small*, **4** (2), 202–205.

76 Banthí, J.C., Carlos, J., Meneses-Rodríguez, D., García, F., González, M., García-Martín, A., Cebollada, A., and Armelles, G. (2012) High magneto-optical activity and low optical losses in metal-dielectric au/co/au-SiO$_2$ magnetoplasmonic nanodisks. *Advanced Materials*, **24** (10), 36–41.

77 Bonanni, V., Bonetti, S., Pakizeh, T., Pirzadeh, Z., Chen, J., Nogués, J., Vavassori, P., Hillenbrand, R., Åkerman, J., and Dmitriev, A. (2011) Designer magnetoplasmonics with nickel nanoferromagnets. *Nano Letters*, **11** (12), 5333–5338.

78 Maccaferri, N., Berger, A., Bonetti, S., Bonanni, V., Kataja, M., Qin, Q., Dijken, S., Pirzadeh, Z., Dmitriev, A., Nogués, J., Åkerman, J., and

Vavassori, P. (2013) Tuning the magneto-optical response of nanosize ferromagnetic Ni disks using the phase of localized plasmons. *Physical Review Letters*, **111** (16). doi: 10.1103/physrevlett.111.167401.

79 Temnov, V.V. (2012) Ultrafast acousto-magneto-plasmonics. *Nature Photonics*, **6**, 728–736.

80 Armelles, G., Cebollada, A., García-Martín, A., and González, M.U. (2013) Magnetoplasmonics: combining magnetic and plasmonic functionalities. *Advanced Optical Materials*, **1** (1), 10–35.

81 Armelles, G., Cebollada, A., García-Martín, A., González, M.U., García, F., Meneses-Rodríguez, D., de Sousa, N., and Froufe-Pérez, L.S. (2013) Mimicking electromagnetically induced transparency in the magneto-optical activity of magnetoplasmonic nanoresonators. *Optics Express*, **21** (22), 27356–27370.

82 Ferreiro-Vila, E., García-Martín, J., Cebollada, A., Armelles, G., and González, M. (2013) Magnetic modulation of surface plasmon modes in magnetoplasmonic metal-insulator-metal cavities. *Optics Express*, **21** (4), 4917–4930.

83 Pineider, F., Campo, G., Bonanni, V., de Julián Fernández, C., Mattei, G., Caneschi, A., Gatteschi, D., and Sangregorio, C. (2013) Circular magnetoplasmonic modes in gold nanoparticles. *Nano Letters*, **13** (10), 4785–4789.

84 Zhou, H., Kim, J.P., Bahng, J.H., Kotov, N.A., and Lee, J. (2014) Self-assembly mechanism of spiky magnetoplasmonic supraparticles. *Advanced Functional Materials*, **24** (10), 1439–1448.

85 Du, G.X., Mori, T., Suzuki, M., Saito, S., and Fukuda, H. (2010) Evidence of localized surface plasmon enhanced magneto-optical effect in nanodisk array. *Applied Physics Letters*, **96** (8), 081915.

86 Belotelov, V., Akimov, I.A., Pohl, M., Kotov, V.A., Kasture, S., Vengurlekar, A.S., Gopal, A.V., Yakovlev, D.R., Zvezdin, A.K., and Bayer, M. (2011) Enhanced magneto-optical effects in magnetoplasmonic crystals. *Nature Nanotechnology*, **6**, 370–376.

87 Liu, J.P., Fullerton, E., Gutfleisch, O., and Sellmyer, D.J. (2009) Nanoscale magnetic materials and applications. *Springer US*, **36** (13), 591–626.

88 Krutyanskiy, V., Kolmychek, I.A., Gan'shina, E.A., Murzina, T.V., Evans, P., Pollard, R., Stashkevich, A.A., Wurtz, G.A., and Zayats, A.V. (2013) Plasmonic enhancement of nonlinear magneto-optical response in nickel nanorod metamaterials. *Physical Review B*, **87** (3). doi: 10.1103/physrevb.87.035116.

89 Mallory, G.O. and Hajdu, J.B. (1990) *Electroless Plating: Fundamentals and Applications*, vol. **2**, William Andrew.

90 Tian, J., Zhang, W., Huang, Y., Liu, Q., Wang, Y., Zhang, Z., and Zhang, D. (2015) Infrared-induced variation of the magnetic properties of a magnetoplasmonic film with a 3D sub-micron periodic triangular roof-type antireflection structure. *Scientific Reports*, **5** (1). doi: 10.1038/srep08025.

91 Chen, J., Albella, P., Pirzadeh, Z., Alonso-González, P., Huth, F., Bonetti, S., Bonanni, V., Åkerman, J., Nogués, J., Vavassori, P., Dmitriev, A., Aizpurua, J., and Hillenbrand, R. (2011) Plasmonic nickel nanoantennas. *Small*, **7** (16), 2341–2347.

92 Puntes, V.F., Gorostiza, P., Aruguete, D.M., Bastus, N.G., and Alivisatos, A.P. (2004) Collective behaviour in two-dimensional cobalt nanoparticle assemblies observed by magnetic force microscopy. *Nature Materials*, **3**, 263–268.

93 Lin, M., Hsu, H.S., Lai, J.Y., Guo, M.C., Lin, C.Y., Li, G.Y., Chen, F.Y., Huang, J.J., Chen, S.F., Liu, C.P., and Huang, J.C.A. (2011) Enhanced ferromagnetism in grain boundary of co-doped ZnO films: a magnetic force microscopy study. *Applied Physics Letters*, **98** (21), 212509.

94 Block, S., Glöckl, G., Weitschies, W., and Helm, C.A. (2011) Direct visualization and identification of biofunctionalized nanoparticles using a magnetic atomic force microscope. *Nano Letters*, **11** (9), 3587–3592.

95 Galloway, J.M., Bramble, J.P., Rawlings, A.E., Burnell, G., Evans, S.D., and Staniland, S.S. (2012) Biotemplated magnetic nanoparticle arrays. *Small*, **8** (2), 204–208.

96 Siqueira, J.R., Gabriel, R.C., Zucolotto, V., Silva, A.C.A., Dantas, N.O., and Gasparotto, L.H.S. (2012) Electrodeposition of catalytic and magnetic gold nanoparticles on dendrimer–carbon nanotube layer-by-layer films. *Physical Chemistry Chemical Physics*, **14** (41), 14340–14343.

97 Lewandowska-Łańcucka, J., Staszewskaa, M., Szuwarzyński, M., Kępczyński, M., Romek, M., Tokarz, W., Szpak, A., and Kania, G. (2014) Synthesis and characterization of the superparamagnetic iron oxide nanoparticles modified with cationic chitosan and coated with silica shell. *Journal of Alloys and Compounds*, **586**, 45–51.

98 Duong, B., Khurshid, H., Gangopadhyay, P., Devkota, J., Stojak, K., Srikanth, H., Tetard, L., Norwood, R.A., Peyghambarian, N., Phan, M., and Thomas, J. (2014) Enhanced magnetism in highly ordered magnetite nanoparticle-filled nanohole arrays. *Small*, **10** (14), 2840–2848.

6

仿生微流控冷却

Charlie Wasyl Katrycz, Benjamin D.Hatton

多伦多大学材料科学与工程系，加拿大多伦多市学院街184号140，邮编M5S3E4

6.1 引言

    自然界的许多生物体使用流体流动机制进行热管理，这种流体传导系统通常是多功能的。例如控制体内热管理，用于氧合或水合作用、废物清除和免疫反应的血管血液以及淋巴系统。动脉依次分支成直径更小的毛细血管床（直径约$10\mu m$），进行高表面积的热量和质量输送，然后通过汇合静脉将血流返回心脏［图6.1（a）］。动物血管网络的一个重要特征是它们是动态的，能够对环境做出反应，通过血管平滑肌细胞收缩和舒张使

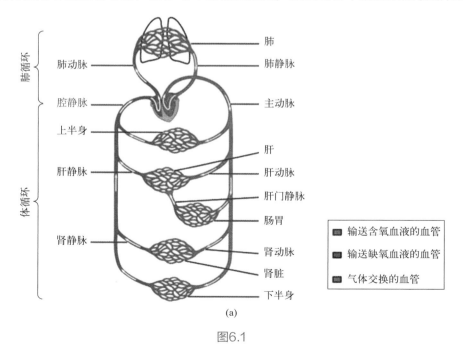

肺循环   肺

肺动脉   肺静脉

腔静脉   主动脉

上半身

肝

肝静脉   肝动脉

肝门静脉

肠胃

肾静脉   肾动脉

肾脏

体循环

下半身

    ■ 输送含氧血液的血管
    ■ 输送缺氧血液的血管
    ■ 气体交换的血管

(a)

图6.1

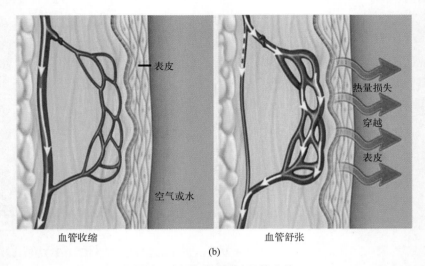

血管收缩   血管舒张

(b)

图6.1   人体血液流动及热交换

（a）血液通过高度分支的血管网络运输，以维持我们体内的组织和器官（来源：https://cnx.Org/contents/ FPtK1zmh@8.24:WNsszrPZ@4/Structure-and-Function-of-Bloo；根据CC BY 4.0获得许可）；（b）人体核心体温变化部分是由体温调节的血管收缩和舒张控制的，当人体必须保持热量时，表面毛细血管大部分被深静脉绕过，相反，散热时血液被迫流向人体表面

血管收缩和舒张以改变血管的直径，用来控制表面积和血流速度[1]。当血管收缩限制血流时，血管阻力增加，到达皮肤表面的血液减少，从而减少热量损失。

动物进化出了许多物理性结构与周围环境进行热交换。这些热窗通常是高表面积、高度血管化的身体附属器官，能够有效地控制热传递速率。温血（恒温）生物的核心温度是由流向皮肤、羽毛和动物皮毛的血液量（以及它们的隔热性[2]）决定的。

本章对现有研究中有关可穿戴流体技术和建筑流体网络的各种仿生方法进行了综述，这些方法与生物热管理的流体机制有共同点。此外还介绍了大面积可穿戴流体技术和建筑流体设计的常见制造方法，考虑规模、成本、所含流量、可穿戴性和机械灵活性的不同要求。总的来说，研究人员积极创新，将流体网络应用于热管理中，我们应该期待将来有越来越多的仿生设计，进一步发展流体网络的动态响应特性。

6.2   生物热交换

众所周知，人类皮肤表面的温度由我们核心部位的温度决定[3]。当我们的体温过高时，血液会从身体核心循环到皮肤，皮肤表面温度升高将热量释放到环境中；在寒冷环境中，血液通过血管分流流经皮肤和四肢，绕过毛细血管，将动脉与身体下方的静脉直接连接［图6.1（b）］。通过这种方式，热量得以保存在人体重要器官中使人类可以在寒冷环境中存活更长时间。

生活在炎热沙漠气候中的大型动物，需要有效的方法来保持凉爽。它们的体重决定了需要释放的热量，这对于体型较大的动物来说是个棘手的问题。固体的散热表面积与长度呈平方关系，而产热质量则以三次方变化，所以，大象为了散热进化出了夸张的大耳朵，从而增强了表面的散热能力。大象耳朵的外耳廓被认为是动物界中最大的体温调节器官[4]。据估算，包含两只象耳的外侧表面积在内，耳廓的表面积占大象总表面积的20%以上［图6.2（b）］[5]。

耳廓组织高度血管化的性质表明，这种结构在体温调节中起着重要作用[4]。象耳的静脉清晰可见，并且这些静脉附近的皮肤温度最高[6]。大象通过控制耳朵血液流量并间歇性拍打耳朵，利用对流气流来冷却流经耳朵的血液，这就形成了一个有效的热交换结构[4]。

生活在沙漠环境中的野兔想要避免脱水死亡，就必须在保持凉爽的同时存储水分，它们会用抑制出汗和喘气这样的蒸发冷却方式，把它们宽阔、扁平的长耳朵当作散热器。野兔可以通过血管收缩和舒张来控制流经耳朵的血流。白天炎热的时候，野兔在阴凉处一动不动，它的皮毛具有反射性和隔热性，能够通过辐射，与热空气的传导和对流来减少从环境中获得热量。到了下午三点左右，野兔就利用耳朵把热量辐射到凉爽的空气中[7]。生活在中非干燥平原的蝙蝠耳狐的耳朵也有类似的功能[1]。正是这些扩展的表面区域为大大小小的沙漠动物提供了灵活的热管理方式。

能与大象和野兔耳朵相对大小媲美的是鞭笞巨嘴鸟的喙。鞭笞巨嘴鸟（ramphastos toco）喙的大小与自身体型大小的比值几乎是所有鸟类中最大的，研究表明鞭笞巨嘴鸟有一种特殊的能力来调节流向它喙部的血液[8]，这种热调节特性来源于附肢内的嵌入式血管系统。当处于高温状态时，血管增加流向无保温措施的喙的血液，用于降低鸟的身体温度，在寒冷条件下，血管将血液从附属器官分流出去，用于保存热量[8]。

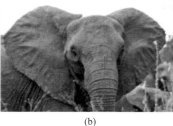

(a)　　　　　　　　　　　(b)　　　　　　　　　　　(c)

图6.2　血管化的体温调节附属器官

（a）北美驯鹿的鹿角每年生长和脱落，在整个夏季，这些附属器官是柔软的，血管高度发达，用作热交换器（由Jacob W.Frank提供；https://www.flickr.com/photos/denalinps/7956336958，根据CC BY2.0获得许可）；（b）大象耳朵是动物界已知的最大体温调节附属器官之一（由Chris Eason提供；https://www.flickr.com/photos/mister-e/2247141772/in/photostream，根据CC BY2.0获得许可）；（c）动物以外，由温度驱动液体循环的例子，当温度降低时会从表面暴露组织排出液体，从而引起叶子色素沉着变化（KaiserstuM-Herbst-RebblattimGegenlicht提供；https://www.flickr.com/photos/kvd/5766328/in/ photostream，根据CC BY2.0获得许可）

北极的动物也进化出了巨大的附属器官来进行热管理。北美驯鹿的鹿角每年都会生长和脱落，有人认为所有鹿科动物的鹿角都具有散热的功能[9]，但是北美驯鹿的独特之处在于雄性和雌性都长有鹿角[9]。北美驯鹿厚厚的脂肪和浓密的皮毛对于它们如何度过炎热的夏季是个棘手的问题，此时北美驯鹿的鹿角开始生长［图6.2（a）］，嵌入鹿角绒毛中的血管，可以使血液中的大量热量辐射到空气中。等到秋天时，夏天生长出的茸毛和血管会脱落，鹿角的功能则过渡到工具和武器，变得像骨头一样坚硬。这种类似的热交换功能也存在于其他动物中[10]。

6.3 可穿戴流体控制技术

6.3.1 液体冷却服

20世纪60年代初，为应对太空中的极端环境，首次研发出了可穿戴的热流体调节服。当宇航员在太空行走中时，航天服生命维持系统外的温度在−150℃～120℃之间波动。人们很快发现，航天服周围近乎完美的真空形成了绝缘层，加上太阳的直接辐射使航天服迅速升温。为了解决这个问题，科研人员为执行舱外活动的宇航员研制了液体冷却服（LCG）[11]。

穿戴式LCG大约在1962年被引入航空航天和工业用途，因在阿波罗任务中应用而声名大噪[12]。穿梭式LCG由外径为3mm的柔性乙烯-醋酸乙烯管组成。该设计利用带有多个出口的分支歧管，更均匀、更大面积地覆盖身体，由48个独立的部分连接而成，总长度约为90m[图6.3（a）][13]。管材被一针一针地编织进可穿戴的尼龙织物中[图6.3（c）、（d）]，并以蛇形在躯干和四肢的部分来回缠绕，使用时将冷水泵入覆盖全身的管材带走多余的热量。

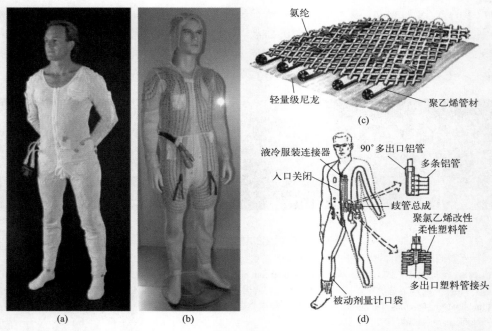

图6.3 穿戴式LCG（a）（来源：https://en.wikipedia.org/wiki/Liquid_Cooling_and_Ventilation_Garment#/media/File:Lcvg.jpg.），OrlanLCG（b）（由Claus Ableiter提供；https://commons.wik- imedia.0rg/wiki/File:Orlan_cooling_suit.JPG，根据CC BY-SA3.0获得许可），将管材融入分层服装制造的编织技术（c）（NASA提供），穿戴式LCG设计示意图（d）（NASA提供）

航天服载有冷却剂时的质量为2.09kg，可以在30～160kPa的压力范围内活动以适应不同宇航员对热量的输出[14]。通过水流将热量引出体外至外部冷却装置中再次冷却[13]。

俄罗斯设计的OrlanLCG[图6.3（b）]，将一根外径5mm、长度65m的PVC管编织在弹性针织聚己内酰胺纤维（卡普纶）织物中。实验证明，OrlanLCG增加的冷却罩可以使Orlan的传热能力比穿梭式略高。同时这两个系统都面临一系列因素的影响，包括优化热传递和舒适度所需的定制配给、系统重量以及外部冷却包的能量消耗[13-15]。

实际应用中，全身液体冷却服在生理层面上也存在一定的问题。在生物实例中，人体皮肤表面向环境释放热量的过程是动态变化的。如果全身均匀地被软管覆盖，部分皮肤会变得过冷，引发血管收缩和不必要的热量积聚在体内[16]，较长的管路也会造成冷却剂在流动时冷却不均匀的问题。面对此项挑战，研发者选择采用更高的流速和连接歧管来应对。

美国国家航空航天局（NASA）在对LCG的研发中，首要目标是提高人体的传热效率。对此他们计划在整个躯干外表面覆盖塑性水管以增加接触面积，此次项目将完全移除手臂和腿部的管道，使其具有更高的灵活性，降低冷却服的总体重量和功耗[17]。

面对1972年为飞行员和宇航员头部设计的降温设备存在的问题，NASA艾姆斯研究中心的生物技术部门提出的改进目标是提高舒适性、耐磨性和便携性，增加传热和管道的表面接触[18]。与NASA此次对LCG的设计思路类似，他们开发了由模制塑料管道制成的适合于头盔的液体传导冷却贴片，这在冷却效率上有了很大的进步。管道壁只有0.1524mm厚，却可以更高效地处理热交换。此时流体温度不需要很低就可以将身体冷却到舒适的温度，减少了需要冷却的温度差和泵送功率。

由于在舒适性和便携性方面，蛇形管连体服的设计指标并不理想，航天项目开发的LCG在其他领域通常不实用[15]。尽管如此，这种通过服装输送冷却剂的流体导管的基本概念已得到了许多应用。

在金属、玻璃和陶瓷工业生产等危险的工作环境中，需要使用液体冷却和取暖服装保护工作者[12]。当Pilkington Brothers首次将其引入熔炉维修使用时，在环境温度接近204℃时将工作时间从4min延长至25min[18]。这种防护服已被用于矿井、建筑工地、锅炉厂[15]等高温危险环境中，或作为应急防护服[19]为赛车手[20]、飞行员和外科医生提供保护，也可在冷水水肺潜水中为穿戴者提供热量[18]。许多人还使用可穿戴式身体冷却系统来治疗高温高热对多发性硬化症患者的衰弱化效应[21,22]。图6.5（b）显示了在炎热或潮湿条件下用于增加穿戴者舒适度的消费者级多用途LCG系统的示例。

6.3.2 头部冷却装置

头部冷却已被证明是预防乳腺癌化疗患者脱发的有效方法[23]。在化疗期间冷却头皮，头皮组织的血管收缩、毛囊细胞膜的渗透性以及毛囊细胞代谢率的降低，可防止药物破坏这些细胞，从而最大限度地减少脱发[24]。

用于这种处理的主动液体冷却系统如图6.4所示。帽子由模制硅橡胶制成，具有更大的灵活性，能更好地适应不同的头部形状。

在新生儿和脑震荡病人中，头部冷却装置也被用来预防发热对人体产生的破坏性影响[25]。已经有结果表明，佩戴液体冷却帽保持脑部低温对新生儿脑病患儿有很大好处[26,27]。除硅胶外，射频（RF）塑料焊接技术也常用于制造冷却帽（见6.5.2小节）。射频焊接技术可使用多种极性和非极性热塑性塑料，包括PVC、聚氨酯、聚乙烯和聚丙烯［图6.5（c）］[28]。

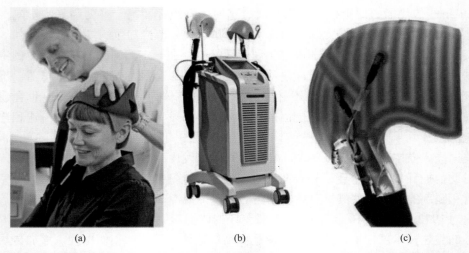

图6.4 用于减少化疗诱导脱发的DigniCap®头皮冷却技术（由DigniCap®提供，这是唯一经FDA批准的头皮冷却产品）

（a）佩戴冷却帽；（b）冷却控制装置；（c）硅树脂冷却帽

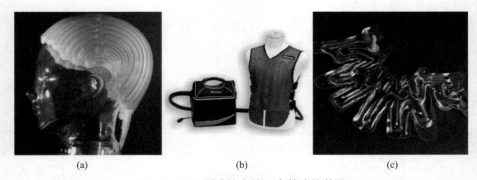

图6.5 不同制造技术的可穿戴流体装置

（a）硅树脂模制 Paxman™ 冷却帽；（b）集成管 Veskimo™ 个人微气候身体冷却背心 [29]；（c）射频焊接塑料 Genesis 新生儿冷却帽

6.3.3 可穿戴微流体控制技术

流体装置除了调节人的体温之外还可以提供许多其他益处和用途。可穿戴流体设备可以作为一种实用的方法来分析体液以达到诊断的目的 [30]，其可调用少量药物（如胰岛素）来治疗疾病 [31]，并将动态运动传感器嵌入人造皮肤 [32]。

微流体诊断设备是通过微观诊断传感机制对体液进行分析，已纳入可穿戴式微流体技术。最新研究显示这种实验室芯片技术可以直接黏附在皮肤上，通过比色生化分析检测乳酸、葡萄糖、pH和氯离子浓度，监测生化标志物变化（图6.6）。随着各种指标颜色的变化，用户可以使用智能手机摄像头收集和分析数据。利用嵌入在生物传感器中的近场通信接口，当使用者的手机足够靠近设备位置时，就会启动摄像头和分析软件。图像处理技术被用来确定由颜色表示的各种生化标记物的浓度 [28]。

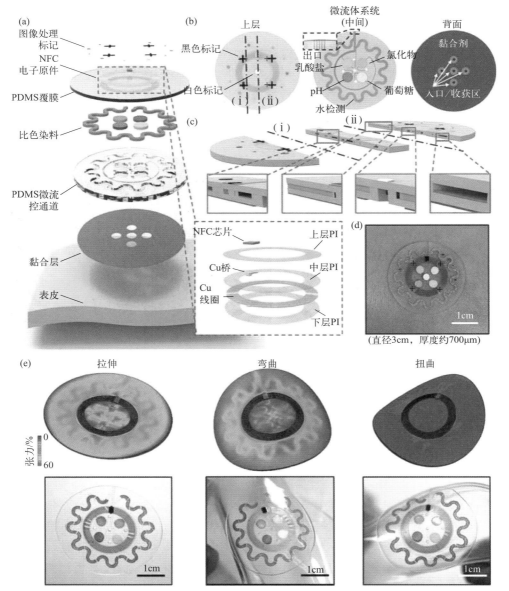

图6.6 用于监测汗液生化指标的可穿戴微流体设备［经许可改编自Koh等人，2016[28]；美国科学促进协会版权所有（2016）］

（a）装置示意图；（b）装置顶部、中间和背面图示，顶部的黑白标记用于校准成像软件，中间的微流体通道为比色分析试剂（水、乳酸盐、氯化物、葡萄糖和pH），底部是用于收集汗水和黏合剂的入口；（c）截面由（b）中顶部侧面插图中的虚线定义；（d）皮肤上的装置照片；（e）有限元分析（FEA）应力分析结果和各种机械变形的相应照片，分别为30%应变拉伸、5cm半径弯曲和扭转

与传统的大型流体处理设备相比，微流体具有反应时间少、试剂和样品消耗少、便携性高和设备成本低等许多优势[33,34]。研究人员甚至开发了完全由微流体气泡逻辑控制的流体网络，以及基于物理的无须外部输入即可控制流量的可编程流体网络[35]。

流经大象耳朵的血液不仅仅是一种冷却剂，更是一种在细胞水平上维持动物生命的重要液体。有没有一种办法将流体的更高功能结合到我们自己的可穿戴式液体冷却系统中？现代微流体具有非凡的化学性能，因此将复杂的化学特性融入这些通道是可穿戴式LCG的自然延伸。

　　未来的宇航员有可能会穿着更复杂的流体系统在星际旅行中维持自己的生命体征。麻省理工学院的媒介物质小组开发了一系列可穿戴的"反应器"流体设备（图6.7）。这些可穿戴微流体系统是由注入生物工程微生物的3D打印毛细管通道构建的，以满足假想的"行星朝圣者"的各种需求[36]。从生产食物的光合细菌，到在完全黑暗中提供光线的发光微生物，这些关于可穿戴设备的想象和新颖的原型让我们得以一窥未来外星服装的可能组成部分。

(a)　　　　　　　　　　　　　　　　　(b)

图6.7　Mushtari，来自Wanderers收藏，由NeriOxman设计，Christoph Bader和Dominik Kolb合作，由Stratasys在Objet500Connex33D生产系统上生产［照片来源：Paula Aguilera和Jonathan Williams（a）；Yoram Reshef（b）（由NeriOxman提供）］

6.4　基于射流控制的建筑外窗和外立面

　　射流热控制在"自适应建筑"方面具有巨大的潜力——能够设计对环境做出反应的智能建筑物，通过热管控调节以提高能源效率和居住舒适度[37-41]。对于生物组织，建筑物材料（正面、窗户、墙壁、内部分隔）内的流体网络可通过强制对流调节表面温度、影响有效热导率、热容量和光学特性（图6.8）[42]。与可穿戴技术相比，建筑物的射流设计有一些优势，因为这些设计通常并不限于轻薄、灵活或移动性，但是成本、规模和寿命是需要着重考虑的因素。

　　由于大多数人90%的时间是在室内度过的[43]，而且建筑物及其能耗占全球温室气体排放量的三分之一[44]，因此，适应性建筑的发展受到了普遍推动。国际气候变化专门委员会（IPCC）将建筑物列为最有可能以经济有效的方式减少能源使用和温室气体排放的领域[44]。因此，使建筑能够适应其能源消耗、当地气候（照明、供暖、制冷等）和材料特性具有很大优势。

　　对于建筑物而言，无论是在夏季（热量增加）还是冬季（热量损失），窗户通常是热能损失和整体建筑能源效率低下的最主要原因。据估计，窗户损失的能量平均约占建筑总能耗的40%[45]。这些能量损失主要是由于窗户相对较高的有效热导率（即使是双层或三层玻璃）和阳光吸收的影响（从紫外线到近红外线）。然而，近年来的建筑趋势

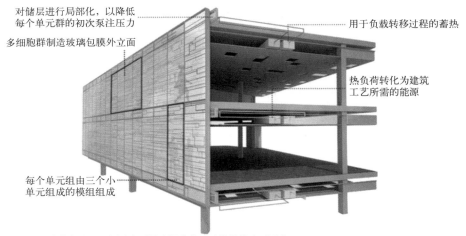

对储层进行局部化，以降低
每个单元群的初次泵注压力

用于负载转移过程的蓄热

多细胞群制造玻璃包膜外立面

热负荷转化为建筑
工艺所需的能源

每个单元组由三个小
单元组成的模组组成

建筑部分——用于表面温度调节的玻璃模块化立面系统

图6.8 楼层和建筑物内的集成流体网络示例（Alston，2015[42]，http://usir.salfor- d.ac.
uk/37160/，根据CC BY 4.0获得许可）

显示，例如高层公寓等建筑，玻璃在外立面中的使用日益增加，这进一步加剧了能量损失的问题。面对此类问题，目前已经开发出各种先进的窗户制造技术用以提高建筑能源效率、热舒适性和成本效益，包括多窗格窗户、反光玻璃、低辐射涂层和可变色窗户[46-51]。除了建筑窗户外，由于吸收加热问题，还需要对半导体光伏（PV）太阳能板的透明外层进行温度控制。光伏加热会降低其发电效率，工作温度超过50℃时，每增加1℃效率就会降低5%[52-54]。事实上，混合光伏-热（PV/T）太阳能收集器的设计可以通过使用光伏板后部流动水的管道组[55,56]的对流冷却收集热能。因此，建筑窗户的流体冷却机制也有利于太阳能电池板的设计。

近年来，人们一直在努力将流体元素融入窗户和建筑材料中，作为一种开发建筑材料自适应性的手段。这方面的研究团队包括有关于大面积射流窗[57]的欧盟项目组LaWin，以及哈佛大学设计研究生院的ALivE小组[38]。

用于建筑物热管理的流体设计通常可分为三种主要类型：①流体层中的蓄热；②热控制的强制对流；③自适应外窗的射流网络。

6.4.1 流体层蓄热

热能可以以显热（通过材料的热容而产生的被动热）或潜热（与相变有关的主动热）的形式存储在建筑物内。相变材料（PCM）是指利用潜热（通过相变）吸收或释放热能的材料、胶体悬浮液或溶液[58-60]。采用PCM的墙体可以大大增加现代建筑材料的蓄热能力。多年来，因为许多凝固/熔化机制（200kJ/kg范围内）具有极高的潜热[61]，此类材料（通常以某种方式封装）作为太阳能储存手段一直受到关注。

图6.9展示了一种将PCM悬浮液封装在连接的聚乙烯薄膜"袋"中并将其注入墙体的方法。微胶囊是指在水溶性或非水性溶剂中含有PCM的球形胶囊（微米到毫米的尺寸范围）[58]。

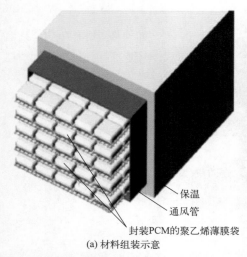

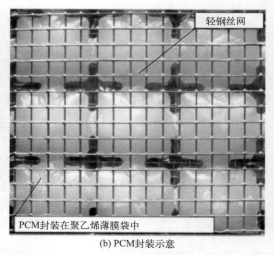

轻钢丝网

保温

通风管

封装PCM的聚乙烯薄膜袋

(a) 材料组装示意

PCM封装在聚乙烯薄膜袋中

(b) PCM封装示意

图6.9　作为悬浮液包含在支撑聚乙烯流体层中的相变材料［经许可改编自Tyagi等人，2011[58]；Elsevier版权所有（2011）］

6.4.2　强制对流热控制

研究人员正在努力将主动流动的空气或水与墙壁或窗玻璃的强制对流作为一种加热或冷却机制。近年来在建筑设计中出现了一种新的热控制工具，即在透明层内用微米到毫米尺度的通道组成人工血管网络，并在窗户表面上延伸，为建筑窗户提供了一种额外的、新颖的冷却机制。在宏观上，有一些现代建筑设计将复杂的气流或水力加热层融入到外立面结构中，这超出了本节的讨论范围。本节将重点介绍用于建筑物的热控制中尺寸为10^{-2}m或更小的通道网络。这些管道主要应用于外窗，以防止外部热量传导到建筑内部。

Chow等人使用"水流窗"研究了热控窗空气或水流的多种变化，其中包括水在两个玻璃层之间的空腔内的封闭流动[62-64]。由于浮力（密度变化）或向上泵送空气/水以达到更高的速度，与空气冷却设计相比，水显示出更高的导热效率[63,65]。

在Hatton课题组之前的研究中，通过实验测试了微流控硅胶层的热交换，该层中含有用于冷却的连续流动水[66]。采用微流体工程技术制造光学透明、柔性的弹性体片材，其中包含矩形通道并将其连接到玻璃窗上。虽然在实验中使用了单层玻璃窗作为概念证明，但在多层玻璃窗的一个或多个窗格上添加类似的脉管层，或者用脉管工程薄膜非结构中心层达成的效果明显可见。

弹性体片材是聚二甲基硅氧烷（PDMS），孔道呈矩形截面（宽1～2mm，高0.10mm）。如果灌注与PDMS折射率（1.43）接近的液体，则通道几乎完全不可见。

热红外（IR）成像使得微脉管系统网络的热分布可视化为通道尺寸、流速和初始水温的函数。PDMS玻璃复合窗的初始温度为35～40℃，并且以0.20mL/min、2.0mL/min和10mL/min的流速将水（室温或0℃）泵入通道。使用红外照相机观察表面温度随流速的变化（图6.10）。除了入口周围，最低流速（0.20mL/min）对整体窗户温度几乎没有影响，而高流速（10mL/min）对整个通道区域有均匀的冷却作用，无论从入口流出的水保持在室温还是0℃。此外，从最初可见的单个通道开始，在所有流速下冷却区域扩展到覆盖整个微通道网络，3min内都可达到稳定状态。

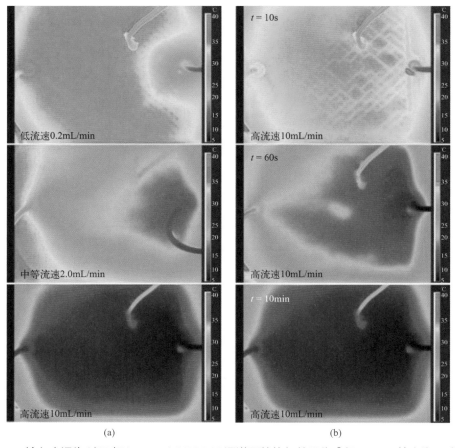

图6.10　输入水温为0℃时Diamond 1 PDMS通道层的热红外图像［经Hatton等人许可改编，2013[66]；Elsevier版权所有（2013）］

（a）稳态时的流速效应；（b）高流速（10mL/min）下的时间效应，在所有图像中，入口位于右侧，出口位于左侧，流动从右到左

　　为了量化冷却效果，沿入口和出口之间的延伸线计算窗户温度的平均值。在不同的流速（0.2mL/min、2.0mL/min和10mL/min）下，对Diamond 1号和2号模型窗进行测量，分析可知平均窗温是时间的函数。当水流过0℃或室温下的通道，流速高于0.20mL/min时，平均窗温显著下降。与预期结果相同，10mL/min的0℃水流量可达到最大冷却效果（从最初的35℃冷却至8℃），但即使是2.0mL/min的适度室温水流量也能够分别使1mm宽和2mm宽的Diamond 1号和2号通道的平均温度从37℃和39℃冷却至约30℃。

6.4.3　一维稳态传热模型

　　通过评估微流体热控窗户的性能及其对尺寸、流速、水温和材料特性的依赖性，开发了一维（1D）稳态传热模型（图6.11）。照射在玻璃上的阳光包括透射可见光，但玻璃对红外线（IR）是不透明的，因此辐射加热增加了玻璃温度。热量通过玻璃层、充满水的通道和PDMS层扩散，部分能量通过辐射或空气对流释放回外部和内部环境。当外窗表面暴露在阳光（或热量）下时，通过管道的冷水会吸收一部分能量，使其无法进入室内。

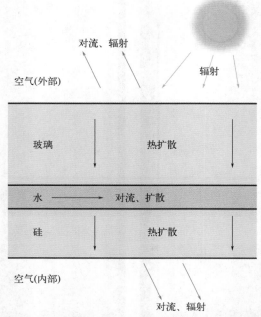

图6.11　Hatton等人开发的一维稳态传热模型[66]基础［经许可改编自Hatton等人，2013[66]；
Elsevier版权所有（2013）］

在此模型[66]中，我们旨在估算整体冷却效率。首先假设有N个平行通道，每个通道以$\delta=W/N$分开，并分布在长度为L和宽度为W的窗户上。如果向窗户输送总流量Q_w，那么每个通道的单个流量为$Q=Q_w/N$。通过窗户内侧的温度变化［从$T_{IN}(0)$到$T_{IN}(L)$］的总流量Q_w可计算为：

$$Q_w = AWL \left| \ln \frac{T_{IN\infty}-T_{IN}(L)}{T_{IN\infty}-T_{IN}(0)} \right|^{-1} \tag{6.1}$$

式（6.1）预测冷却窗户的总流量与窗户面积LW成比例，并且流量与通道的宽度、高度和间距无关，即使这些尺寸确实影响流体运动所需的压力。式（6.1）可用于估计给定稳态温度曲线所需的流体流速。例如，温差为10℃（室外38℃，室内28℃），窗户尺寸为$L=W=1.5m$，那么我们估计需要$Q_w=151mL/min$的流速。

如果气流是重力输送的，通过N个垂直平行的微通道，则通过每个通道的流量$Q=Q_w/N$的流动阻力取决于沿着通道的静水压力梯度$\Delta p=\rho gL$，并且由通道阻力$R=12\mu L/(wh^3)$（宽通道近似，h/w较小）给出，即$\Delta p=RQ$。求解Q[67,68]可以得到

$$Q = \frac{\rho gwh^3}{12\mu} \tag{6.2}$$

使窗户冷却所需的水流速由整个窗户所需的温度范围、窗户尺寸和热特性决定。特

别是，所需的流速与窗户面积成比例，不受通道几何形状的影响。但所需的流速决定了重力输送冷却流体所需的通道几何形状。

在这种连续流动循环中，泵水需要一定能量，根据估算，相对于这种流体流动所要吸收的热能，所需的能量输入实际上相当小[66]。水的高热容量意味着水由于热"作用"而吸收的能量比泵水所需的能量要多得多，这与空调系统冷却建筑物所节省的电力直接相关。

6.4.4　自适应外窗的射流网络

对于许多建筑应用，可以通过控制窗口透明度或颜色实现自适应阴影。过去已经开发出用于建筑物的电致变色层，但其价格过于昂贵。有实验小组最近已经证明了透明射流网络如何通过改变所含液体的染料或胶体悬浮液来改变颜色或透明度[66,69]。Hatton团队在加入光吸收染料或浑浊（散射）颗粒悬浮液（例如TiO_2）之后测试了微流体窗户的光吸收。图6.12展示了玻璃（在600nm处约为0.9）、充满水的通道（0.9）、扩散散射产生的TiO_2纳米颗粒浑浊悬浮液（0.7～0.8）以及强吸收产生的炭黑悬浮液（约0.5）的光学透射光谱（400～800nm范围，相对于空气值为1.0），用水冲洗即可恢复原始透明度值。因此，通过控制经过仿生微血管系统的流速，可以在一定范围内主动调节或调整窗户透明度。

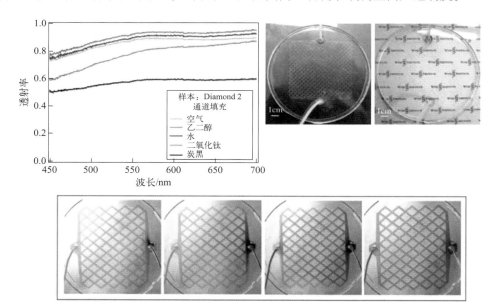

图6.12　自适应流体网络的光学特性［经许可改编自Hatton等人，2013[66]；Elsevier版权所有（2013）］

利用光学吸收的这一变化来增加太阳能收集应用的整体热能吸收，在为现有的热水系统或蓄热系统提供热水方面，具有很强的潜力。因此，可以用这种方式重新设计各种太阳能加热（或混合光伏-热）系统，只需将窗口的光学特性调整到特定的波长范围，以匹配太阳光谱。我们设想未来可以实现内外窗表面形成一系列平行的热交换层，这些热交换层由中央绝缘层中流向相反方向的流体通道连接，这样热量就可以在整个窗户上交换，从而提高整个窗户的隔热效率。这种效率来自于逆流热交换器设计的使用，该设计借鉴了生物体内类似热稳定效果的构造。

6.5 大面积流体网络的制备方法

近年来，小型微流体网络的制造技术取得了长足的进步，这使得复杂的诊断可以在微观层面上进行[35]。诸如光刻、压印和软光刻成型等技术已经实现了一系列复杂的微流控设计[70,71]。动态仿生控制也已经实现，如模拟生物静脉阀的微流体阀能够响应局部流体环境进行定向流动控制[72]。但在可穿戴设备或建筑应用中用于热管理的流体网络的大面积、大规模开发在许多方面还没有得到充分的发展。在此，本节将总结一些大型流体网络的制备方法。

6.5.1 3D打印

3D打印因其拥有快速且经济高效地制造定制对象的能力而被称为"第三次工业革命"[73]。该印刷工艺能够快速制作成型，并且可以在同一天设计和制造单个印刷反应装置[74]。在微流体技术中，通道可以直接打印到系统中[74,75]。然而，更常见的方法是用添加法建立微通道图案的底片母版，然后将其浇铸在弹性体中[32,76,77]。印刷和铸造过程可以大范围地复制，以制造集成流体网络。打印的母版可立即使用，并且足够耐用，可重复铸造（图6.16，6.5.4小节）。

有些3D打印机专门为生物医学和牙科行业打印小型高分辨率部件而设计。这些打印机通常使用数字光处理（DLP）立体光刻（SLA）方法，将紫外线的数字图像投影到曝光固化的光聚合物树脂层上。该过程能够分辨z轴上$10\mu m$和xy平面上$50\mu m$的细节。该精度水平与我们自身毛细血管$5 \sim 10\mu m$[78]的内径尺寸相似。

虽然高分辨率打印机提供的细节级别非常高，但构建量通常非常小。虽然这可能用于生产可穿戴流体装置，但在建筑规模下使用此类机器制造仍然需要额外的铸造母模和组装模块化流体网络的工艺。

3D打印可以利用适合熔模铸造的树脂和塑料，从而可以将复杂的高分辨率打印件加工成金属复制品。印刷品首先用陶瓷铸造，然后被熔融金属烧掉。冷却后，打印件用实心金属以近乎完美的细节替换。这使得制造坚固的主模具比树脂和塑料更能承受反复铸造。

利用进步的打印技术，通道被直接打印到材料本身中。该过程可在如NeriOxman的Wanderers系列[36]这种大容量打印机中实施。这种印刷的挑战在于能否为通道的水平部分创造足够的支撑，使其在打印过程中不至于倒塌，并且在打印过程结束后仍然保持空心。Oxman的团队与Stratasys合作开发了一种液体支撑材料，该材料可轻易地从印刷品内的集成中空通道中移除。这一步使得打印时可以直接生成中空通道，摒弃了二次模制工艺。

嵌入式3D打印（e-3DP）使用数字控制的针筒状打印头，在固化前将不混溶、中性浮力液体通道注入整体式弹性体中（图6.13）。e-3DP技术可以使用高度可拉伸的软弹性体材料，通过针状打印头将墨水注入液体弹性体中进行3D设计。选择油墨和弹性体以使扩散最小化，从而实现高保真通道生产。打印喷嘴由计算机控制，可在弹性体为液体时完成通道的任何排列。在图6.13中，导电碳润滑脂用作注射油墨，改性硅酮弹性体

Ecoflex00-30被用作填充物[75]。具体的改进项为增稠剂和稀释剂，其在弹性体中产生剪切稀化行为，使印刷喷嘴在填充流体中移动造成的缺陷迅速恢复均匀性。该方法已用于创建嵌入式可穿戴电子设备[77,79]，但可以扩展到更大规模的可穿戴流体技术，用于热交换。

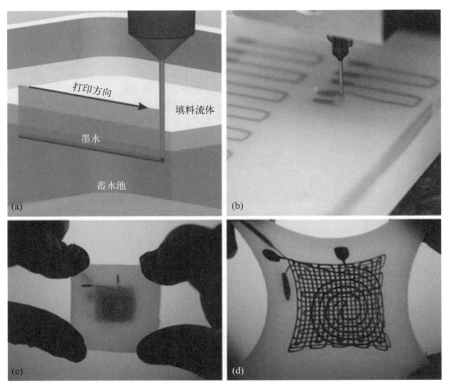

图6.13　嵌入式3D打印技术［经许可改编自Muth等人，2014[75]；John Wiley和Sons版权所有（2014）］

（a）弹性微流体拉伸传感器的制造工艺示意图；（b）计算机数控挤压喷嘴将不混溶的中性浮力导电油墨直接注入整体液体弹性体中；（c）打印样品与手指尺寸对比；（d）拉伸时，通道的横截面减小，其长度增加，减少油墨通道的导电性

6.5.2　射频焊接

　　射频焊接（也称为高频焊接或电介质密封）使用高强度无线电信号激发彼此接触且处于压力下的两种塑料的分子（图6.14）。此过程的生产设备完全依靠电力和压缩气源[28]。塑料通过分子激发引起内部加热熔化，聚合物链缠结在一起，塑料快速连接，无须使用溶剂或黏合剂，这是医疗设备制造的一个主要考虑因素，因为添加的化学物质会污染医疗设备[80]。
　　该工艺使用导电模具作为塑料通道接缝所需形状的上电极，下基板电极将模具压在下面支撑的材料上，产生一个强大的、快速变化的电场来使分子间摩擦产生热量[81]。该技术的局限性在于，只能在短距离（0.03～1.27mm）上产生所需强度的场，因此它几乎专用于连接薄板或薄膜。此外，接合面的电气特性也限制了所使用的材料[81]。该工艺目前广泛用于医疗器械的生产，包括静脉滴注袋和新生儿冷却帽［图6.5（c）］。

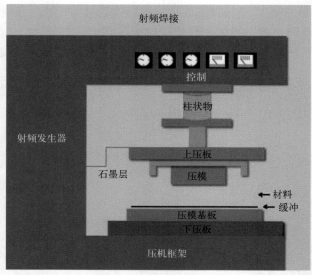

图6.14 射频焊接系统示意图（照片由Genesis Plastics Welding提供）

6.5.3 计算机数控铣削

计算机数控（CNC）铣削使用计算机引导旋转刀具去除材料。通过这种削减工艺在材料表面上刻出不同大小的形状。在微流体装置的生产中，CNC铣削可将坚硬的基底切割成50～100μm的零件[82]。例如，通道被直接雕刻到亚克力基板上，然后再铣出第二块亚克力板，使其具有与蛇形通道两端一致的入口和出口孔（图6.15），将两个基板热

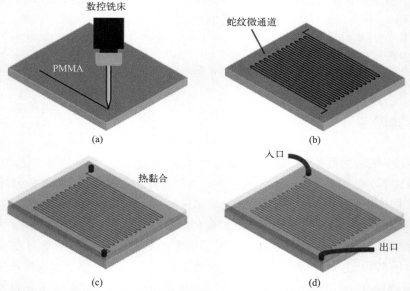

图6.15 微通道的CNC加工［经许可改编自Wu等人，2015[83]；皇家化学学会版权所有（2015）］
（a）立铣刀切割聚甲基丙烯酸甲酯（PMMA）基底形成通道；（b）蛇形图案将流体分布在表面上；（c）热黏合二级PMMA片与对齐的端孔；（d）入口和出口软管的连接

黏合在一起形成密封通道[83]。CNC铣削可在用于刚性应用的大型流体系统中直接雕刻通道。在可穿戴应用中，也可使用CNC铣削来制作通道的模具，这样通道本身可以在一个与坚硬的亚克力有别的柔软、柔顺的弹性体上浇铸生成（见6.5.4小节）。

6.5.4　微成型

微成型是指在正母模周围浇铸可固化的聚合物或弹性体。光刻是传统用于微尺寸通道的技术，但是对于诸如SU8光电阻厚度超过100μm，面积大于一般硅片尺寸的要求，技术上比较有难度。因此，可以通过3D打印、CNC铣削、激光切割或乙烯切割聚合物薄板来制造大型模塑母板[66,84]。

一旦将正母模加工成适用于模压的材料，就可以使用弹性体浇铸出多个通道副本。如图6.16所示，填充导电液体的微通道用于创建力传感器。当施加力时，通道拉伸，其横截面积减小，因此电阻增加，可对其进行校准以测量所施加的力[85]。

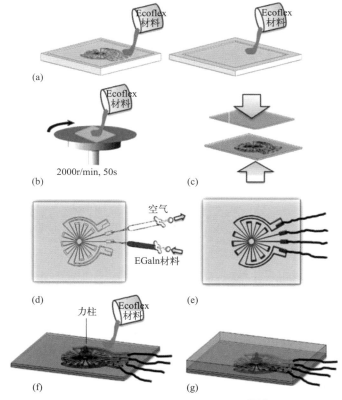

图6.16　通道主件的微成型［经许可改编自Vogt等人，2012[85]；IEEE版权所有（2012）］
（a）使用柔顺弹性体模制主件；（b）通过旋涂平板形成薄板；（c）将两个部分黏合在一起；（d）EGaln填充通道；（e）连接导线以测量电阻变化；（f）连接力柱；（g）压力传感器

当通道内附着一层PDMS成型后，通过旋转涂抹材料形成的薄层来密封通道。通常选用柔软、高弹性的专业级液态硅铸造材料以提高通道耐磨性能[32,76]。该液体可以在室温下固化，高温和紫外线可加速固化进程[33,76]。

流体通道的最佳尺寸和设计必须根据应用情况确定。实际上需要考虑在诸如人体的大表面区域上微流体作为分布流体系统的合理性。在以前的条件下由堵塞和微型结构固有的高压降导致的断层作用，加上大型微通道系统的制造耗时，使得它们不适合此类应用[74]。那么，生物学如何应对规模达到几个数量级的血管系统呢？影响通过这些通道的血流速度的根本因素是与心脏等距的所有血管的总横截面积。众所周知，该区域在毛细血管处横截面积越大，那么血流速度越慢。这表明，如果建立具有不断增大的横截面积的高度分支管道系统用来传导流体可使系统运作更高效。为了实现这一点，可以利用流体组织成大型分支通道网络的自然趋势。

6.5.5 黏性指进

在生物学中，分支血管沿代谢梯度生长以满足周围组织的需要，平行分支直达细胞[86,87]。相比之下，我们迄今所看到的制造系统的技术是精准复制的、自上而下控制并使用机械组装方法制造的。可以将这两种方式有机结合起来。

Charlie Katrycz开发了一种方法，以一系列形状生长分支流体传导通道，来实现高度的控制和定制。这种方法产生的分支通道的宽度从微米到厘米不等，通过加压注入空气来操作液体硅胶。液态硅胶被夹在两个形状和大小相同的平行表面之间。两个表面之间距离非常小［式（6.3）］，并用双面闭孔胶带密封所有边缘。用注射器将空气通过表面上的舷窗注入准二维空间，以树形分支穿过液体（图6.17）。将材料放置在稳定压力下，直到硅胶完全固化，此时通道被冻结并嵌入膜中，除了来自注射源的一个入口外，其余通道都被密封。与之前所述系统不同，这些通道使用单个端口进行充气和放气，很像一个扁平的肺。可穿戴设备可连接至泵，并将热量传输至身体表面或从身体表面传输热量（图6.18）。

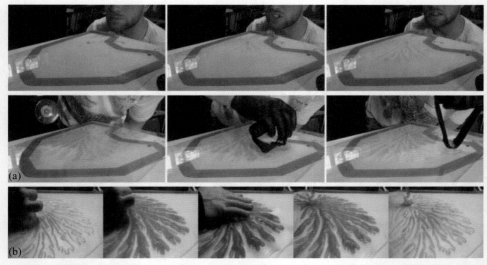

图6.17　空气取代液体硅胶时的中空通道生长阶段，实验人员使用200cm³注射器将空气注入充满液体硅胶的Hele-Shaw细胞中，使用吸盘拉动上表面引导通道生长（a）；固化后，中空通道仍是单块硅胶的封闭和集成部分，然后用染红的水对它们进行充气和放气以便观察（b）（由Charlie Katrycz提供）

图6.18　Charlie Katrycz发明的可穿戴液体冷暖服

萨夫曼-泰勒不稳定性或黏性指进等流体现象是形成这种模式的基础。当两种材料被限制在两个紧密间隔的板之间，较低黏性的流体（如空气）被压入黏度较大的流体（如甘油或硅胶）时，就会产生黏性指进现象[88]。

控制流体相互作用的约束条件和参数，可以极大地控制通道的最终形态。通道的特征宽度λ_c由以下公式确定：

$$\lambda_c = \pi b \sqrt{\frac{\sigma}{\mu v}} \tag{6.3}$$

式中，b是分隔两块板的间隙高度；σ是两种液体之间的界面张力；μ是相对黏度；v是界面速度[89]。这表明通道宽度与材料种类和尺寸相关。通过该工艺实现的尺度范围可应用于可穿戴流体和建筑流体（图6.19）。

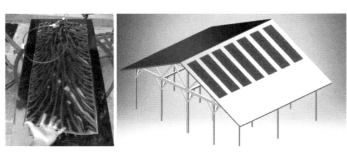

图6.19　采用黏性指进技术生产的硅胶膜，可用于太阳能水消毒和屋顶太阳能热缓解（由Charlie Katrycz和Graham Mclaughlin提供）

通道的分支角度是可控的。Eschel-Jacob和Peter推出的平板可以在网格上蚀刻出细槽。这些凹槽为流体通过提供了更深的空间。这些通道流动阻力较低，因此分支主要沿网格栅槽延伸。这在式（6.3）中是隐含的，其中界面速度v与间隙厚度b的平方成正比。流体流过更深沟槽的通道移动得更快，因此管道被制作成槽形。通过对初始条件的控制，可以预先确定中空分支网络的整体形态。如图6.20所示，三角形网格产生类似雪花的六重对称分支[90]。虽然每个结果的形式都是独特的，但具有相同参数的两种形式会产生可预测的、统计上等效的结果。

黏性指进可用于快速、自组织的材料过程，可在多种尺寸和材料上构建结构。生产这些膜的时间和成本主要受限于固化时间和弹性体的价格。通道的形成在一瞬间发生。该技术无须加工或印刷母模，也无须在铸造后对通道进行层压和密封，潜在的应用范围从个人到住宅热交换器和热边界，并且软硅胶的依从性使其成为可穿戴和医疗应用的理想选择。

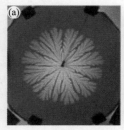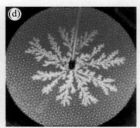

图6.20　Hele-Shaw单元上方的视图［经许可改编自Praud和Swinney，2005[89]；自然出版集团版权所有（2005）］

（a）无凹槽；（b）矩形网格；（c）三角形网格；（d）随机蚀刻网格

顶部的圆形玻璃板直径为5cm，间隔紧密（约0.4mm），中间是染色甘油。在中心注入空气，压力约为150mbar（1bar=10^5Pa），分支角度取决于底层蚀刻的凹槽图案，顶板和底板之间无间距

6.6　总结

自然界提供了许多关于热管理的大面积、分层结构、多功能流体网络的示例。本章对可穿戴和建筑应用中流体网络设计的各种生物启发方法进行了综述。大面积微流控技术面临着巨大的工程挑战，然而，近年基于数字CNC铣削、3D打印和光刻技术的制造方法极大地提高了微流控技术的分辨率和可靠性。此外，一种利用黏性流体生成的分支图案进行设计的方法有望在生产仿生流体输送网络中发挥作用。随着这种制造方法在大面积微流体设计中的实现，我们预计可穿戴和建筑流体的应用将重新引起人们的兴趣。在将流体网络的动态控制应用于热管理方面，还有很大的创新空间，我们希望看到越来越多的仿生设计，进一步发展动态的、响应性强的微流体网络。

参考文献

1 Purves, W.K., Orians, G.H., Sadava, D., and Heller, H.C. (2003) *Life: The Science of Biology: Plants and Animals*, vol. **3**, Macmillan.

2 Moritz, G. and Dominy, N. (2012) Thermal imaging of aye-ayes (*Daubentonia madagascariensis*) reveals a dynamic vascular supply during haptic sensation. *International Journal of Primatology*, **33** (3), 588–597. doi: 10.1007/s10764-011-9575-y.

3 Lim, C.L., Byrne, C., and Lee, J.K.W. (2008) Human thermoregulation and measurement of body temperature in exercise and clinical settings. *Annals Academy of Medicine Singapore*, **37**, 347–353.

4 Phillips, P.K. and Heath, J.E. (1992) Heat exchange by the pinna of the african elephant (*Loxodonta africana*). *Comparative Biochemistry and Physiology Part A: Physiology*, **101**, 693–699. doi: 10.1016/0300-9629(92)90345-Q.

5 Wright, P.G. (1984) Why do elephants flap their ears? *South African Journal of Zoology*, **19**, 266–269. doi: 10.1080/02541858.1984.11447891.

6 Benedit, F.G., Fox, E.L., and Baker, M.L. (1921) The skin temperature of pachyderms. *Proceedings of the National Academy of Sciences*, **7** (5), 154–156.

7 Schmidt-Nielsen, K., Dawson, T.J., Hammel, H.T., Hinds, D., and Jackson, D.C. (1965) The Jack rabbit – a study in desert survival. *Hvalradets Skrifter*, **48**, 125–142.

8 Tattersall, G.J., Andrade, D.V., and Abe, A.S. (2009) Heat exchange from the toucan bill reveals a controllable vascular thermal radiator. *Science*, **325**, 468–470. doi: 10.1126/science.1175553.

9 Stonehouse, B. (1968) Thermoregulatory function of growing antlers. *Nature Publishing Group*, **218**, 870–872.

10 Taylor, C.R. (2015) The vascularity and possible thermoregulatory function of the horns in goats. *Chicago Jourals: Division of Comparative Physiology and Biochemistry, Society for Integrative and Comparative Biology University of Chicago Press*, **39**, 127–139.

11 Cadogan, D. and The, P. (2015) Past and Future Space Suit. *American Scientist*, **103** (338), 340–347.

12 Nunneley, S.A. (1970) Water cooled garments: a review. *Space Life Sciences*, **2**, 335–360. doi: 10.1007/BF00929293.

13 Rugh, J., Charlie, K., Paul, H., Trevino, L., and Bue, G. (2006) Phase II testing of liquid cooling garments using a sweating manikin, controlled by a human physiological model. SAE Technical Paper Series.

14 Carson, M.A., Rouen, M.N., and Lutz, C.C.a (1975) SP-368 Biomedical Results of Apollo (Chapter 6), Extravehicular Mobility Unit

15 Guo, T., Shang, B., Duan, B., and Luo, X. (2015) Design and testing of a liquid cooled garment for hot environments. *Journal of Thermal Biology*, **49–50**, 47–54. doi: 10.1016/j.jtherbio.2015.01.003.

16 Kim, D.-E. and LaBat, K. (2010) Design process for developing a liquid cooling garment hood. *Ergonomics*, **53**, 818–828. doi: 10.1080/00140131003734229.

17 Terrier, D., Clayton, R., Whitlock, D., and Conger, B. (2015) High Performance Mars Liquid Cooling and Ventilation Garment Project, pp. 1–5.

18 Midwest Research Institute (Kansas City, Mo.) and United States. National Aeronautics and Space Administration. Technology Utilization Office (1975) *Liquid Cooled Garments*, National Aeronautics and Space Administration.

19 Dionne, J.P., Semeniuk, K., Makris, A., Teal, W., and Laprise, B. (2003) Thermal manikin evaluation of liquid cooling garments intended for use in hazardous waste management, pp. 1-6.

20 Morriesen, A. *et al.* (2012) Personal Cooling System based on Vapor Compression Cycle for Stock Car Racing Drivers * Corresponding Author, pp. 1–10.

21 Meyer-Heim, A. *et al.* (2007) Advanced lightweight cooling-garment technology: functional improvements in thermosensitive patients with multiple sclerosis. *Multiple Sclerosis*, **13**, 232–237. doi: 10.1177/1352458506070648.

22 Skok, C.J. (2012) The effects of cooling on multiple sclerosis. *Stress*, **11**.

23 Kato, M., Sakuyama, A., Imai, R., and Kobayashi, T. (2011) Evaluation of dignicap system for the prevention of chemotherapy-induced hair loss in breast cancer patient. *Breast*, **20** (Suppl. 1), S80.

24 Ridderheim, M., Bjurberg, M., and Gustavsson, A. (2003) Scalp hypothermia to prevent chemotherapy-induced alopecia is effective and safe: a pilot study of a new digitized scalp-cooling system used in 74 patients. *Supportive Care in Cancer*, **11**, 371–377. doi: 10.1007/s00520-003-0451-y.

25 Oxman, N., Patrick, W., Keating, S., and Sharma, S. (2014) Wanderers: Wearables for Interplanetary Pilgrims.

26 Gluckman, P.D. *et al.* (2005) Selective head cooling with mild systemic hypothermia after neonatal encephalopathy: multicentre randomised trial. *Lancet*, **365**, 663–670. doi: 10.1016/S0140-6736(05)17946-X.

27 Shankaran, S. (2009) Neonatal encephalopathy: treatment with hypothermia. *Journal of Neurotrauma*, **26**, 437–443. doi: 10.1089/neu.2008.0678.

28 Koh, A., Kang, D., Xue, Y. *et al.* (2016) A soft, wearable microfluidic device for the capture, storage, and colorimetric sensing of sweat. *Science Translational Medicine*, **8** (366), 366ra165.

29 Veskimo Personal Cooling Systems, http://www.veskimo.com/body-cooling-vest-products.php.

30 Nugent, C.D. (2005) *Personalised Health Management Systems: The Integration of Innovative Sensing, Textile, Information and Communication Technologies*, IOS Press.

31 Huang, C.-J., Chen, Y.-H., Wang, C.-H., Chou, T.-C., and Lee, G.-B. (2007) Integrated microfluidic systems for automatic glucose sensing and insulin injection. *Sensors and Actuators B: Chemical*, **122**, 461–468. doi: 10.1016/j.snb.2006.06.015.

32 Chossat, J.-B., Tao, Y., Duchaine, V., and Park, Y.-L. (2015) Wearable soft artificial skin for hand motion detection with embedded microfluidic strain sensing. 2015 IEEE International Conference on Robotics and Automation (ICRA), pp. 2568–2573.

33 Sharma, H., Nguyen, D., Chen, A., Lew, V., and Khine, M. (2011) Unconventional low-cost fabrication and patterning techniques for point of care diagnostics. *Annals of Biomedical Engineering*, **39**, 1313–1327. doi: 10.1007/s10439-010-0213-1.

34 Mark, D., Haeberle, S., Roth, G., von Stetten, F., and Zengerle, R. (2010) Microfluidic lab-on-a-chip platforms: requirements, characteristics and applications. *Chemical Society Reviews*, **39**, 1153–1182. doi: 10.1039/b820557b.

35 Prakash, M. and Gershenfeld, N. (2007) Microfluidic bubble logic. *Science*, **315**, 832–835.

36 Oxman, N., Patrick, W., Keating, S., and Sharma, S. (2014) Wanderers: wearables for interplanetary pilgrims.

37 Clements-Croome, D. (2004) *Intelligent Buildings: Design, Management and Operation*, Thomas Telford.

38 Bechthold, M. and Sayegh, A. (2015) Hacking science: the ALivE group's material design methods for interdisciplinary environments. *Architectural Design*, **85**, 108–113.

39 GhaffarianHoseini, A., Dahlan, N.D., Berardi, U., GhaffarianHoseini, A., and Makaremi, N. (2013) The essence of future smart houses: from embedding ICT to adapting to sustainability principles. *Renewable and Sustainable Energy Reviews*, **24**, 593–607.

40 Loonen, R. (2015) *Biotechnologies and Biomimetics for Civil Engineering*, Springer, pp. 115–134.

41 Loonen, R., Trčka, M., Cóstola, D., and Hensen, J. (2013) Climate adaptive building shells: state-of-the-art and future challenges. *Renewable and Sustainable Energy Reviews*, **25**, 483–493.

42 Alston, M. and Natures, E. (2015) Buildings as trees: biologically inspired glass as an energy system. *Optics and Photonics Journal*, **5**, 136.

43 Bougdah, H. and Sharples, S. (2009) *Environment, Technology and Sustainability*, Taylor & Francis.

44 Sustainable Buildings & Climate Initiative (2009) Buildings and Climate Change.

45 D&R International Ltd. (2009) Buildings Energy Data Book (Ed. U.S. Department of Energy).

46 Clarke, J.A., Janak, M., and Ruyssevelt, P. (1998) Assessing the overall performance of advanced glazing systems. *Solar Energy*, **63**, 231–241.

47 Baetens, R., Jelle, B.P., and Gustavsen, A. (2010) Properties, requirements and possibilities of smart windows for dynamic daylight and solar energy control in buildings: a state-of-the-art review. *Solar Energy Materials and Solar Cells*, **94**, 87–105.

48 Corgnati, S.P., Perino, M., and Serra, V. (2007) Experimental assessment of the performance of an active transparent façade during actual operating conditions. *Solar Energy*, **81**, 993–1013.

49 Warner, J.L. (1995) Selecting windows for energy efficiency. *Home Energy*, **12**, 11–16.

50 Rosseinsky, D.R. and Mortimer, R.J. (2001) Electrochromic systems and the prospects for devices. *Advanced Materials*, **13**, 783–793.

51 Gardiner, D.J., Morris, S.M., and Coles, H.J. (2009) High-efficiency multistable switchable glazing using smectic A liquid crystals. *Solar Energy Materials and Solar Cells*, **93**, 301–306.

52 Radziemska, E. (2003) The effect of temperature on the power drop in crystalline silicon solar cells. *Renewable Energy*, **28**, 1–12.

53 Wysocki, J.J. and Rappaport, P. (1960) Effect of temperature on photovoltaic solar energy conversion. *Journal of Applied Physics*, **31**, 571–578.

54 Skoplaki, E. and Palyvos, J.A. (2009) On the temperature dependence of photovoltaic module electrical performance: a review of efficiency/power correlations. *Solar Energy*, **83**, 614–624.

55 Zondag, H.A., de Vries, D.W., van Helden, W.G.J., van Zolingen, R.J.C., and van Steenhoven, A.A. (2002) The thermal and electrical yield of a PV-thermal collector. *Solar Energy*, **72**, 113–128.

56 Coventry, J.S. (2005) Performance of a concentrating photovoltaic/thermal solar collector. *Solar Energy*, **78**, 211–222.

57 Cordis Large Area Fluidic Windows, http://cordis.europa.eu/project/rcn/193466_en.html (accessed 1 November 2017).

58 Tyagi, V., Kaushik, S., Tyagi, S., and Akiyama, T. (2011) Development of phase change materials based microencapsulated technology for buildings: a review. *Renewable and Sustainable Energy Reviews*, **15**, 1373–1391.

59 Farid, M.M., Khudhair, A.M., Razack, S.A.K., and Al-Hallaj, S. (2004) A review on phase change energy storage: materials and applications. *Energy Conversion and Management*, **45**, 1597–1615.

60 Baetens, R., Jelle, B.P., and Gustavsen, A. (2010) Phase change materials for building applications: a state-of-the-art review. *Energy and Buildings*, **42**, 1361–1368.

61 Kenisarin, M. and Mahkamov, K. (2007) Solar energy storage using phase change materials. *Renewable and Sustainable Energy Reviews*, **11**, 1913–1965.

62 Chow, T.-T. and Li, C. (2013) Liquid-filled solar glazing design for buoyant water-flow. *Building and Environment*, **60**, 45–55.

63 Chow, T.-T., Li, C., and Lin, Z. (2011) Thermal characteristics of water-flow double-pane window. *International Journal of Thermal Sciences*, **50**, 140–148.

64 Chow, T.-T., Li, C., and Lin, Z. (2011) The function of solar absorbing window as water-heating device. *Building and Environment*, **46**, 955–960.

65 Chow, T.-T., Li, C., and Lin, Z. (2010) Innovative solar windows for cooling-demand climate. *Solar Energy Materials and Solar Cells*, **94**, 212–220.

66 Hatton, B.D. *et al.* (2013) An artificial vasculature for adaptive thermal control of windows. *Solar Energy Materials and Solar Cells*, **117**, 429–436.

67 Ajdari, A. (2004) Steady flows in networks of microfluidic channels: building on the analogy with electrical circuits. *Comptes Rendus Physique*, **5**, 539–546.

68 Oh, K.W., Lee, K., Ahn, B., and Furlani, E.P. (2012) Design of pressure-driven microfluidic networks using electric circuit analogy. *Lab on a Chip*, **12**, 515–545.

69 Morin, S.A. *et al.* (2012) Camouflage and display for soft machines. *Science*, **337**, 828–832.

70 Beebe, D.J., Mensing, G.A., and Walker, G.M. (2002) Physics and applications of microfluidics in biology. *Annual Review of Biomedical Engineering*, **4**, 261–286.

71 Whitesides, G.M., Ostuni, E., Takayama, S., Jiang, X., and Ingber, D.E. (2001) Soft lithography in biology and biochemistry. *Annual Review of Biomedical Engineering*, **3**, 335–373.

72 Yu, Q., Bauer, J.M., Moore, J.S., and Beebe, D.J. (2001) Responsive biomimetic hydrogel valve for microfluidics. *Applied Physics Letters*, **78**, 2589–2591. doi: 10.106.1/1.1367010.

73 Berman, B. (2012) 3-D printing: the new industrial revolution. *Business Horizons*, **55**, 155–162. doi: 10.1016/j.bushor.2011.11.003.

74 Kitson, P.J., Rosnes, M.H., Sans, V., Dragone, V., and Cronin, L. (2012) Configurable 3D-Printed millifluidic and microfluidic 'lab on a chip' reactionware devices. *Lab on a Chip*, **12**, 3267. doi: 10.1039/c2lc40761b.

75 Muth, J.T., Vogt, D.M., Truby, R.L., and Mengüç, Y. (2014) Embedded 3D printing of strain sensors within highly stretchable elastomers. *Advanced Materials*, **26**, 6307–6312. doi: 10.1002/adma.201400334.

76 Park, Y.-L., Chen, B.-R., and Wood, R.J. (2012) Design and fabrication of soft artificial skin using embedded microchannels and liquid conductors. *IEEE Sensors Journal*, **12**, 2711–2718. doi: 10.1109/JSEN.2012.2200790.

77 Hammond, F.L., Menguc, Y., and Wood, R.J. (2014) Toward a modular soft sensor-embedded glove for human hand motion and tactile pressure measurement. 2014 IEEE/RSJ International Conference on Intelligent Robots and Systems, pp. 4000–4007, doi: 10.1109/IROS.2014.6943125.

78 Ohno, K.-I. (2008) Microfluidics: applications for analytical purposes in chemistry and biochemistry. *Electrophoresis*, **29**, 4443–4453.

79 Fassler, A. and Majidi, C. (2013) Soft-matter capacitors and inductors for hyperelastic strain sensing and stretchable electronics. *Smart Materials and Structures*, **22**, 055023. doi: 10.1088/0964-1726/22/5/055023.

80 Leighton, J., Brantley, T., and Szabo, E. (1993) RF welding of PVC and other thermoplastic compounds. *Journal of Vinyl Technology*, **15**, 188–192.

81 Grewell, D. and Benatar, A. (2007) Welding of plastics: fundamentals and new developments. *International Polymer Processing*, **22**, 43–60. doi: 10.3139/217.0051.

82 Abgrall, P. and Gué, A.-M. (2007) Lab-on-chip technologies: making a microfluidic network and coupling it into a complete microsystem—a review. *Journal of Micromechanics and Microengineering*, **17**, R15–R49. doi: 10.1088/0960-1317/17/5/R01.

83 Wu, W., Trinh, K.T.L., and Zhang, Y.A. (2015) Portable plastic syringe as a self-actuated pump for long-distance uniform delivery of liquid inside a microchannel and its application for flow-through polymerase chain reaction on chip. *RSC Advances*, **5**, 12071–12077. doi: 10.1039/C4RA15473H.

84 Yuen, P.K. and Goral, V.N. (2010) Low-cost rapid prototyping of flexible microfluidic devices using a desktop digital craft cutter. *Lab on a Chip*, **10**, 384–387.

85 Vogt, D., Park, Y.-L., and Wood, R.J. (2012) A soft multi-axis force sensor, Sensors, 2012 IEEE, pp. 1–4.

86 Iber, D. and Menshykau, D. (2013) The control of branching morphogenesis. *Open Biology*, **3**, 130088. doi: 10.1098/rsob.130088.

87 Arnold, F. and West, D.C. (1991) Angiogenesis in wound healing. *Pharmacology & Therapeutics*, **52**, 407–422. doi: 10.1016/0163-7258(91)90034-J.

88 Saffman, P.G. and Taylor, G. (1958) The penetration of a fluid into a porous medium or Hele-Shaw cell containing a more viscous liquid. *Proceedings of the Royal Society A: Mathematical, Physical and Engineering Sciences*, **245**, 312–329. doi: 10.1098/rspa.1958.0085.

89 Praud, O. and Swinney, H.L. (2005) Fractal dimension and unscreened angles measured for radial viscous fingering. *Physical Review E*, **72**. doi: 10.1103/PhysRevE.72.011406.

90 Ben-Jacob, E. and Garik, P. (1990) The formation of patterns in non-equilibrium growth. *Nature*, **343**, 523–530. doi: 10.1038/343523a0.

7

热发射率：基本要素、测量和生物学实例

Lars Olof Björn[1,2], Annica M. Nilsson[3]

1 华南师范大学生命科学院，中国广州，邮编 510631

2 隆德大学生物学系，瑞典隆德索尔维家坦 35 号，邮编 22362

3 乌普萨拉大学工程科学与固体物理系奥恩斯特伦实验室，瑞典乌普萨拉，邮编 75121

7.1　术语

发射率（ε）：某个物体或面源发射的总辐射能与全辐射体（普朗克辐射定律中的"黑体"）在相同温度下发射的能量之比。

方向发射率（$\varepsilon_{\theta,\phi}$）：某个物体或面源在特定方向上的热发射率与全辐射体在相同温度下的热发射率之比。下文中除另有说明外，均指 ε_{o}，即垂直于发射表面方向的发射率。沿垂直于表面方向的发射率可称为法向发射率。

半球发射率（ε_{h}）：某个面源发射到半球内的总辐射能与全辐射体表面上类似面源的能量之比。该面源构成半球赤道面的中心，但无须定义其半径。

光谱发射率（ε_{λ}）：某个表面的面源每单位波长间隔发射的辐射通量与全辐射体在相同温度和相同波段下发射的通量之比。

窗口发射率（ε_{w}）：在相同温度和相同波段下，表面元素发射的辐射能与全辐射体发射的通量在波长 λ_{1} 和 λ_{2} 之间的比率。该量是一种特殊类型的光谱发射率，之所以使用该量，是因为某些生物材料在部分红外或可见光谱中的发射率较低。这些部分被称为窗口。

反射率：表面或介质反射的辐射通量与入射通量之比。方向反射和半球反射的推导方法与发射率的推导方法相同。

7.2 基本辐射定律

普朗克辐射定律（Planck's radiation law）有不同的表达式：

$$每频率间隔的能量密度 = (8\pi h/c^3)\,\nu^3/(e^{h\nu/kT}-1)$$

$$每频率间隔的光子密度 = (8\pi h/c^3)\,\nu^2/(e^{h\nu/kT}-1)$$

$$每波长间隔的能量密度 = (8\pi hc/\lambda^5)/(e^{h\nu/kT}-1)$$

$$每波长间隔的光子密度 = (8\pi h/\lambda^4)/(e^{h\nu/kT}-1)$$

式中，h 为普朗克常数；c 为光速；ν 为频率；λ 为波长；k 为玻尔兹曼常数；T 为热力学温度。

通过全光谱积分，即可由普朗克辐射定律得出单位面积辐射总功率的斯特藩 - 玻尔兹曼定律（Stefan-Boltzmann's law）：$P=\sigma T^4$，其中 $\sigma=2\pi^5 k^4/(15c^2h^3)$ 为斯特藩 - 玻尔兹曼常数。

如本节所述，该定律适用于发射率为 1 的情形。一般情况下，这些数值应乘以光谱发射率（普朗克定律）或发射率（斯特藩 - 玻尔兹曼定律）。为得到辐射的总能量，这些值还应该乘以辐射面积。

要获取某个物体损失的功率，还必须考虑从环境中接收到的辐射量。因此，净功率辐射量采用以下形式：

$$P_{\text{net}} = A\sigma\varepsilon_{\text{b}}\,(T_{\text{b}}^4 - \varepsilon_{\text{e}}T_{\text{e}}^4)$$

式中，A 为辐射面积；ε_{b} 为球面（4π）发射率；T_{b} 为物体温度；ε_{e} 为发射率；T_{e} 为环境温度。

从环境接收的辐射量 $\varepsilon_{\text{e}}T_{\text{e}}^4$ 要乘以物体的发射率 ε_{b}，这是因为从环境吸收的功率与物体的吸收率（吸收入射辐射的比例）成正比，而吸收率又等于发射率。吸收率和发射率之间的这种相等关系称作基尔霍夫定律（Kirchhoff's law），将在后文（7.4 节）中具体阐述。

7.3 发射率的直接测量法

测定热发射率的方法主要有两种：直接测量法和基于反射率实测值的计算法。在直接法中，将样品的热发射量与某个具有相同温度和已知发射率的物体的辐射量进行比较。辐射物体的温度必须与辐射传感器的温度不同。通常情况下，样品和对比物体的温度较高，因此该方法适用于可加热而不会劣化或以其他方式改变发射率的物体，但不适用于生物体。对于最精确的测量，标准体是黑体空腔。

该方法有一种等效法，即不使用对比物体，而是将物体的辐射量与使用热电偶或其他传感器计算的辐射量进行比较，以确定样品的表面温度。如果不要求高精度，还可使用红外测温仪代替真实辐射计，并调整红外测温仪的发射率设置，直至其给出的温度与表面传感器测得的温度一致。有学者建议在表面贴上一片遮蔽胶带，假设其发射率为 0.95，并以此作为参照标准。该方法对成像温度仪（热像仪）特别适用。

人们已经发明了较为简单的方法，用于实地测量地面和植被的方向发射率，无须加热样品，而使用内部高反射的"发射率盒"。自1965年以来，这种方法已形成多种版本，其中最新的版本是由Rubio等[1]提出的。他们设计了一种三盖装置，将三个读数（图7.1）转换成辐射量L_1至L_3后，利用红外测温仪读取。测量时将样本密闭在一只盒子内。盒上设有两个可互换的盖板，盖板上留有孔洞，测温仪可通过孔洞"看见"样品。其中有一个黑色的"热盖"，通过电加热系统保持其温度高于样品温度至少30K，还有一个反射性"冷盖"。

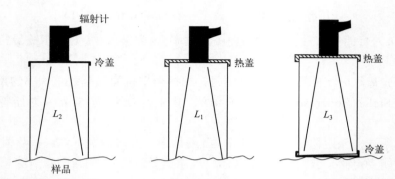

图7.1　确定发射率的三盖法[2]［经Rubio等人授权引用，1997[2]；Elsevier版权所有（1997）］

首先，以冷盖为盒顶、样品为盒底，测量L_2值，使系统的盒-样品相当于样品温度下的一个黑体。其次，以热盖替换冷盖，再测量L_1值，使传感器显示的辐射量对应于样品和环境辐照发出的辐射量（即反射在样品上向传感器方向的热盖辐照量）。最后，改用热盖在上、冷盖在下且无孔洞的盒子，测量L_3值，使盒子在热盖温度下相当于一个黑体。该简化版中的发射率按$\varepsilon=(L_3-L_1)/(L_3-L_2)$估值。

上式只有在热盖的发射率为1，而设备其他部分的发射率均为0（即完全反射）时才能成立。现实中不可出现这种情形，但可通过在顶部和底部均设置冷盖的方式，增加第四个读数，对这种非同一性进行补偿[1,2]。Mira等[3]给出了这种情况下的公式，但请注意，他们互换了L_1和L_2的定义。所获得的发射率值仍然是近似值，其准确性受到辐射温度计有限光谱覆盖范围等因素的限制。还应注意的是，该值为方向发射率，而不是半球发射率。而后者往往更为重要。

本章介绍了几种可在野外使用的更先进的方法。

7.4　基尔霍夫定律

设想一个表面积为A、热力学温度为T、发射率为ε_0、吸收率为α_0的物体悬浮在一个空腔中，空腔壁具有相同的热力学温度T，但发射率为1。根据斯特藩-玻尔兹曼定律，该物体的辐射功率为$A\sigma\varepsilon_0 T^4$，同时从空腔壁上接收的功率为$A\sigma\alpha_0 T^4$。

由于该装置的所有部分温度相同，根据热力学第二定律，物体的温度将保持不变（T）。因此，其热含量既不能增加也不能减少，且$A\sigma\varepsilon_0 T^4=A\sigma\alpha_0 T^4$，或$\varepsilon_0=\alpha_0$。由于物体的特性在任何方面均非特殊，因此任何物体的发射率与其吸收率相同。这种关系被称作基尔霍夫定律（Kirchhoff's law），既适用于总发射率和吸收率，也适用于光谱的每个分量。如下文所述，在使用这种关系式时，必须仔细考虑几何形状的问题。例如，半球发射率就不等于定向吸收率。

7.5 基尔霍夫定律测量法

目前，多数无法加热物体的发射率都是通过反射率测量和基于基尔霍夫定律的计算进行测定的。通常会首选光谱测量法，利用傅里叶变换红外（FTIR）分光光度计进行测量。光度计设有积分球，可收集整个半球上反射的辐射量（图7.2）。如果入射辐射的角度很小，例如10°，即使反射的辐射量是在一个半球上收集的，发射率计算值（1−反射分数）也会接近法线（定向）。总方向发射率的计算可将光谱方向发射率值乘以普朗克辐射函数，在整个光谱上求和，再将和除以以同样方式求和的普朗克辐射函数。分光光度计通常以均等的波数（波长倒数）间隔采集数值，因此应使用普朗克函数的形式，给出每个频率区间的能量密度（$8\pi h/c^3$）$v^3/$（$e^{hv/kT}-1$）。傅里叶变换红外分光光度计有一个缺点，即这种仪器往往不便携带，也不能覆盖整个热谱（室温下）。

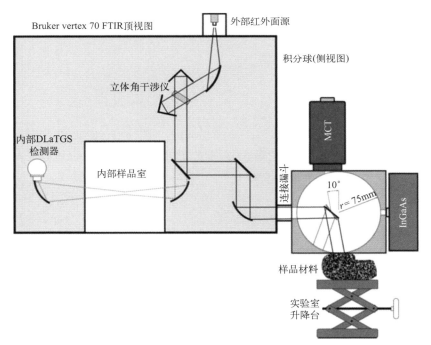

图7.2　Bruker Vertex 70 FTIR 分光光度计，配置积分球和采用液态氮进行冷却的MCT检测仪[4]
[经Hecker 等人授权引用，2011[4]；MDPI版权所有2011，Http://www.mdpi.com/1424−
8220/11/11/10981/htm. Licensed under CC BY 3.0.]

ET-100型辐射仪是一种便携式仪器，可替代实际光谱测量，见图7.3。该仪器分别以20°和60°两个入射角测量热红外光谱区中六个波段的定向反射率。根据得出的值，可计算出方向发射率和总半球发射率。

Pandya 等[5] 提出了一种带冷却探测器的光谱仪器。该仪器可以在野外使用，但仅覆盖热光谱中最重要的部分（8～12μm）。这些学者使用的测量方案是在 Horton 等人[6] 和 Ribeiro da Luz 与 Crowley[7] 的成果上进行改进的，Ribeiro da Luz 和 Crowley 还利用该仪器测量植物叶片的方向发射率。将普朗克函数与测得的植物光谱辐射量拟合，同时变化函数公式中的温度，直至因大气发射或吸收引起特征消失，以此估算出样品温度。另外还测量下行辐射量，再据此针对叶片反射量进行校正。该仪器使用两个不同温度下的黑体进行校准。

图7.3　Surface Optics公司的ET-100型便携式热辐射仪

Salisbury 等人[8] 对定向光谱热发射率的直接测量值和基于光谱反射率计算的热发射率计算值进行了有趣的比较，发现两种方法得出的值高度一致（图7.4）。

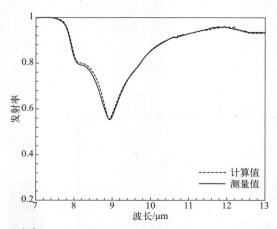

图7.4　熔融二氧化硅样品[8] 平均发射率与发射率光谱均值对比图［经Salisbury等人授权引用，1994[8]；John Wiley & Sons, Inc.版权所有（1997）］

7.6　衰减全反射法

通过该方法，可获得光谱信息（折射率分量n和k），由此可计算发射率（见下文）。此方法特别适用于测量液体或软质材料，而多数生物材料都属于液体或软质材料。该方法的历史由来已久[9,10]，但至今仍在广泛使用。在此我们不作进一步描述，只是参考了 Woods 和 Bain[11] 的评述。

7.7　测定半球发射率的方法

7.3节和7.5节中描述的方法涉及方向发射率。除一些特殊情况外，半球发射率的测定相对比较困难，尤其是在无法加热样品的情况下。

对于低发射率值，Rubin等[12]推导出方向发射率（ε_o）与半球发射率（ε_h）之间的关系如下：

$$\varepsilon_h/\varepsilon_o = 1.3217 - 1.8766\varepsilon_o + 4.6586\varepsilon_o^2 - 5.8349\varepsilon_o^3 + 2.7406\varepsilon_o^4$$

有关该关系式的局限性，可参考Rubin等人[12]的文章。

有时，折射率的实部（n）和虚部（k或κ）是根据材料的已知电子结构[13]或衰减全反射法（ATR）[14]的测量值理论推导的。对于完美电介质（即当折射率的虚部为0时），下式适用于半球发射率的计算[15,16]：

$$\varepsilon_h = 1/2 - (3n+1)(n-1)/[6(n+1)^2] - n^2(n^2-1)^2(n^2+1)^{-3}\ln[(n-1)/(n+1)]$$
$$+ 2n^2(n^2+2n-1)/[(n^2+1)(n^4-1)] - 8n^4(n^4+1)\ln(n)/[(n^2+1)(n^4-1)^2]$$

如果虚部k不为0，且表达式$n^2(1+k^2)$远大于1，则以下近似值成立[15,16]：

$$\varepsilon_h = 4n + 4/[n(1+k^2)] - 4n^2\ln^{12}n$$
$$- 4[n(1+k^2)]^{-2}\ln[n^2(1+k^2) + 2n + 1] + 4n^2(1-k^2)k^{-1}\tan^{-1}n$$
$$+ 4(1-k^2)n^{-2}k^{-1}(1+k^2)^{-2}\tan^{-1}[nk/(n+1)]$$

由于n和k均随波长变化，因此给出的是光谱发射率，而不是直接由波长积分的半球发射率。

半球发射率可通过测量多个方向的方向发射率从而更直接地确定，例如，使用前文所示的ET-100型便携式热辐射仪。需要光谱值时，也可使用FTIR分光光度计。Hameury等人[17]就给出了如何实现该法的实例（图7.5）。

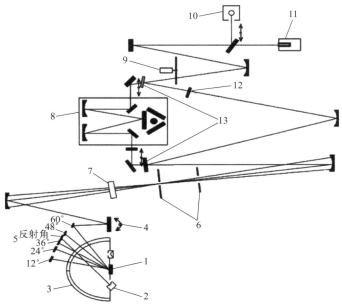

图7.5 Hameury等人描述的仪器[17]［经Hameury等人授权引用，2005[17]；Springer版权所有（2005）］

1—样品；2—检测仪；3—四面球面镜；4—旋转式平面镜；5—固定式平面镜，用于选择入射角；6—场光阑和孔径限制光阑；7—偏光镜；8—光栅单色仪；9—机械式斩波器；10—光源；11—黑体源；12—干扰滤光器；13—水平移动镜，用于选择光栅单色仪或者干扰滤光器

半球发射率 ε_h 可近似计算为

$$\varepsilon_h = \frac{\int_0^{\pi/2} \varepsilon(\theta)\sin(\theta)\cos(\theta)\mathrm{d}\theta}{\int_0^{\pi/2}\sin(\theta)\cos(\theta)} = \frac{\int_0^{\pi/2}\varepsilon(\theta)\sin(\theta)\cos(\theta)\mathrm{d}\theta}{2}$$

如果样品可以加热，则可根据样本真空悬浮时经辐射散失的热损失率确定半球发射率。金属物体有时可用电热方式便利加热[18]，也可通过激光实现加热（图7.6）[19]。

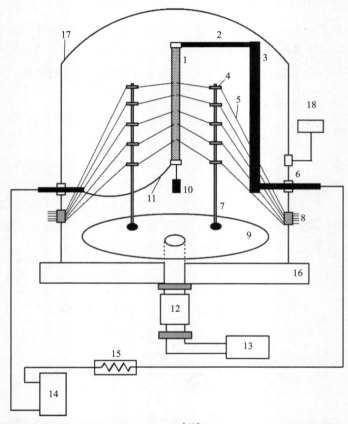

图7.6　Maynard的发射率测量设置原理示意图[18]［经Maynard等人授权引用，2010[18]；
Taylor & Francis集团版权所有（2010）］

1—采样带；2—可调节样品支架顶端；3—固定式样品支架支撑；4—热偶连接器；5—K型热偶金属丝；
6—电导孔；7—热偶连接器陶瓷安装支架；8—K型热偶导孔；9—钟形容器底座；10—保持试验样本高温
下挠曲的静载荷；11—柔性低阻抗电缆；12—涡轮分子泵；13—机械式低真空泵；14—电源；15—电阻器；
16—钟形容器基坑，带8处真空导孔和涡轮分子泵连接线路；17—真空钟形容器；18—压力读数器

7.8　镜面反射和漫反射

对于辐射无法通过的极光滑表面，例如光滑的金属表面，或玻璃等透明材料的光滑
表面，可见光和相邻光谱区域（UV和IR）均属于镜面反射。如果表面粗糙不平，或者

材料为半透明并具有光散射性时，则这种反射通常属于部分漫反射。

表面要有多光滑才能形成镜面反射？这取决于波长（λ）和入射角（θ），目前有几个不同的标准。根据瑞利（Rayleigh）准则，平整度的垂直偏差（h）应小于波长除以入射角余弦的8倍，即$h<\lambda/（8\cos\theta）$。如果表面平整度偏差是有规律的，则可能会出现极低反射率等特殊效应[20,21]。在生物材料中，可见光的这种效应十分常见[22,23]，但红外辐射至今仍未发现存在这种效应。不过，可将首次发现的可见光效应人为放大到更长的波长[20]后再加以利用，以获取红外波段或雷达波长（应用于军事用途的）上的热发射率或反射率高值或低值等数据。

7.9 样品形状对发射率的影响

在前面的章节中，假设发射率测量的表面平坦，而发射率测量所用的仪器设备也通常是针对平坦表面建造的。有一个众所周知的例子说明了样品形状对发射率的影响，即白炽灯的螺旋灯丝，其发射率比平滑的钨表面高得多[24]。前文所示的Broker Vertex 70 FTIR分光光度计等仪器需要5～10mm半径的入口，以提供足够好的信噪比。在曲率半径接近入口半径的球面上进行测量时，曲率将产生显著影响（发射率越低，曲率半径越小）。这种影响在比较不同曲率的样品时应加以考虑。

7.10 飞机或卫星遥感

从表面远程感知的辐射量是热辐射量和反射辐射量之和，取决于表面的温度和发射率大小。此外，还要考虑表面和传感器之间的大气影响。因此，必须使用额外的信息和一些假设，分离出发射率和温度的影响。为此已开发了多个程序。一种常用的算法是TES算法[25]。图7.7为两个具有不同光谱通道的星载传感器（MODIS和ASTER）从加利福尼亚州测试点获得的结果与实验室使用分光光度计对地面材料测量结果的对比。

Abrams等人[26]发布了整个地球陆地表面的发射率图，虽未显示发射率值，但所有植被区域均为高发射率区域，而沙漠地带的发射率则相对较低。

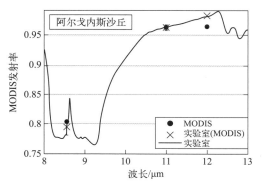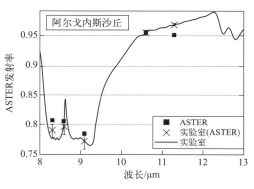

图7.7

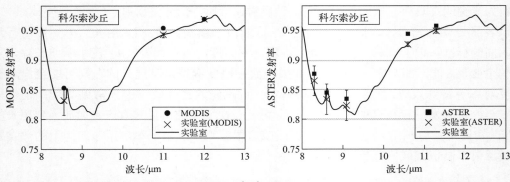

图7.7　加利福尼亚的两处试验场和实验室[25]测量对比结果［经Hulley和Hook授权引用，
2011[25]；IEEE版权所有（2011）］
从太空采用中分辨率成像光谱仪（MODIS）和星载热量散发和反辐射仪（ASTER）测得

7.11　生物样品发射率测定示例

目前科学家们仅测定了定向（法向）热发射率，并没有测定半球热发射率。只有少数几项研究对生物体的生理学或生态学进行了探讨。其中大多数都是针对植物叶片或冠层，目的是更好地开展气候模拟，或出于其他原因解释遥感（通过卫星或飞行器）数据。

（1）植物

Arp和Phinney[27]使用光谱范围限于10.5 ～ 12.5μm的仪器，读取了多种植物的叶片数据，得到的法向发射率值为0.958 ～ 0.997。Ribeiro da Luz和Crowley[7,28]发现，植物叶片的谱值在8 ～ 14μm之间和2.5 ～ 14μm之间（部分数值属于方向 - 半球反射率，可据此通过假设无辐射传输计算方向发射率）。该光谱范围内的所有光谱发射率均高于0.92，光谱因不同物种而各不相同。14μm以下的光谱范围不足以计算完整的热发射率，但可以通过卫星进行地表温度遥感测试，而且由于大气吸收的波长相对更长，它也足以建立气候模型。Ullah等[29]的数据显示，在某些光谱区域，叶片发射率与含水量密切相关。可利用该事实，通过卫星遥感估算含水量。

Pandya等人[5]使用了一种光谱范围为5.5 ～ 12μm的便携式仪器。对于某些物种，他们发现某些数值要明显低于之前学者得出的值。如在大约6.1μm和6.7μm处，象草叶片的发射率光谱最小值低于0.6。

植物冠层的发射率与相应植物叶片的发射率不同。Dong和Li[30]试图为植物冠层和植物叶片之间的关系进行建模。Ribeiro da Luz和Crowley[28]研究了通过飞机红外光谱感知和识别植物物种的相关问题。

（2）动物

动物的发射率数据更少。撒哈拉银蚁[31]是一个有名的例子。这些动物的生存环境很难保持足够的凉爽。它们的身体内侧没有毛发，在热红外中有很强的反射能力，可以保护它们免受炎热沙漠地面的影响。它们的身体外侧长满了毛发，可反射太阳辐射，但在热红外中又具有高发射率（低反射率）。这种现象归功于毛发的特殊结构。这是一种罕见的情况，证明纳米结构给生物进化带来高热发射率。

Bowker[32] 研究表明，两个蜥蜴物种的皮肤在2.5～18μm处"反射"光谱，但他们似乎是通过衰减全反射法测量的反射率，而且他们的光谱也不容易转换为发射率。Guadarrama-Cetina等[33] 发现，沙漠甲虫（physasternacribripes）在8～14μm之间的总法向发射率为0.95±0.07，但作者可能低估了其不确定性。Hunt等[34] 对沙漠蝗虫（schistocerca gregaria）的测量结果表明，发射率接近1，但尚未确定具体的值。Hammel[35] 列出了一些有毛哺乳动物和有羽鸟类的发射率，范围都在0.98～1之间，在有了更先进的测量手段后，这些值如今被认定为过时数据。研究发现，在8～14μm的窗口内，鹅的发射率在0.957～0.966之间[36]。Soerensen等[37] 发现猪的不同部位皮肤的热发射率为0.946～0.978。已有多位学者确定了人体皮肤的发射率。例如，Togawa[38] 发现不同身体部位的值（传感器灵敏度超过8～14μm）在0.968～0.973之间。与其他生物结构相比，一些鸟蛋的发射率较低，最低约为0.92[39]。

总之，大多数动物表面的定向热发射率似乎都高于0.94，银蚁身体内侧和一些鸟蛋属例外情况。

（3）微生物

对微生物的主要关注点在于它们对地面发射率的影响（主要为间接影响）。Rozenstein等[40,41] 论证了沙子表面的结皮（大部分由蓝藻组成）是如何改变地面吸收率和发射率的。他们在埃及西奈（Sinai）沙漠（几乎没有蓝藻结皮）和以色列内盖夫（Negev）沙漠（由于鲜有草皮扰动而形成较多结皮）进行了有趣的比较。这两个地区的热发射率都具有较大差异，正午过后降至最低。而且，多数情况下内盖夫地区的热发射率要高于西奈沙漠地区（图7.8）。

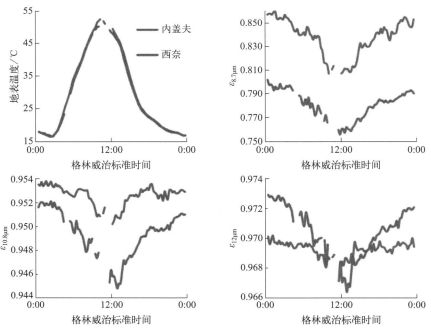

图7.8　2013年6月1日的温度和发射率昼夜动态图形［经Rozenstein等人授权引用，2015[41]；Elsevier版权所有（2015）］

图中空隙为云层干扰导致的数据缺失。注意：8.7μm通道的变化范围大于10.8μm和12μm通道[41] 一个量级

Abbott 等人 [42] 在没有提供任何数据的情况下指出，热红外谱段的地衣在光谱上与其他植被相似。Feng 等人 [43] 展示了岩壳地衣在 3 ～ 14μm 谱段的反射光谱。根据这些光谱，可估算出总发射率在 0.98 以上。

参考文献

1 Rubio, E., Caselles, V., Coll, C., Valor, E., and Sospedra, F. (2003) Thermal-infrared emissivities of natural surfaces: improvements on the experimental set-up and new measurements. *International Journal of Remote Sensing*, **24** (24), 5379–5390.

2 Rubio, E., Caselles, V., and Badenas, C. (1997) Emissivity measurements of several soils and vegetation types in the 8–14 μm wave band: analysis of two field methods. *Remote Sensing of Environment*, **59** (3), 490–521.

3 Mira, M., Schmugge, T.J., Valor, E., Caselles, V., and Coll, C. (2009) Comparison of thermal infrared emissivities retrieved with the two-lid box and the TES methods with laboratory spectra. *IEEE Transactions on Geoscience and Remote Sensing*, **47** (4), 1012–1021.

4 Hecker, C., Hook, S., van der Meijde, M., Bakker, W., van der Werff, H., Wilbrink, H., van Ruitenbeek, F., de Smeth, B., and van der Meer, F. (2011) Thermal infrared spectrometer for earth science remote sensing applications—instrument modifications and measurement procedures. *Sensors-Basel*, **11** (12), 10981–10999.

5 Pandya, M.R., Shah, D.B., Trivedi, H.J., Lunagaria, M.M., Pandey, V., Panigrahy, S., and Parihar, J.S. (2013) Field measurements of plant emissivity spectra: an experimental study on remote sensing of vegetation in the thermal infrared region. *Journal of the Indian Society of Remote Sensing*, **41** (4), 787–796.

6 Horton, K.A., Johnson, J.R., and Lucey, P.G. (1998) Infrared measurements of pristine and disturbed soils 2. Environmental effects and field data reduction. *Remote Sensing of Environment*, **64** (1), 47–52.

7 da Luz, B.R. and Crowley, J.K. (2007) Spectral reflectance and emissivity features of broad leaf plants: prospects for remote sensing in the thermal infrared (8.0–14.0 μm). *Remote Sensing of Environment*, **109** (4), 393–405.

8 Salisbury, J.W., Wald, A., and D'Aria, D.M. (1994) Thermal-infrared remote sensing and Kirchhoff's law: 1. Laboratory measurements. *Journal of Geophysical Research - Solid Earth*, **99** (B6), 11897–11911.

9 Harrick, N.J. (1960) Study of physics and chemistry of surfaces from frustrated Total internal reflections. *Physical Review Letters*, **4** (5), 224–226.

10 Fahrenfort, J. (1961) Attenuated Total reflection – a new principle for the production of useful infra-red reflection spectra of organic compounds. *Spectrochimica Acta*, **17** (7), 698.

11 Woods, D.A. and Bain, C.D. (2014) Total internal reflection spectroscopy for studying soft matter. *Soft Matter*, **10** (8), 1071–1096.

12 Rubin, M., Arasteh, D., and Hartmann, J. (1987) A correlation between normal and hemispherical emissivity for coated window materials. *International Communications of Heat and Mass Transfer*, **14**, 561–569.

13 Khan, S.A., Azam, S., Shah, F.A., and Amin, B. (2015) Electronic structure and optical properties of CdO from bulk to nanosheet: DFT approach. *Optical Materials*, **47**, 372–378.

14 Stas, kov, N. and Ivashkevich, I. (2008) IR spectra of the optical constants of an industrial high-pressure polyethylene film. *Optics and Spectroscopy*, **104** (6), 846–850.

15 Dunkle, R. (1965) Emissivity and inter-reflection relationships for infinite parallel specular surfaces. *NASA Special Publication*, **55**, 39.

16 Hering, R.G. and Smith, T.F. (1968) Surface radiation properties from electromagnetic theory. *International Journal of Heat and Mass Transfer*, **11** (10), 1567.

17 Hameury, J., Hay, B., and Filtz, J.R. (2005) Measurement of infrared spectral directional hemispherical reflectance and emissivity at BNM-LNE. *International Journal of Thermophysics*, **26** (6), 1973–1983.

18 Maynard, R.K., Ghosh, T.K., Tompson, R.V., Viswanath, D.S., and Loyalka, S.K. (2010) Total hemispherical emissivity of potential structural materials for very high temperature reactor systems: Hastelloy X. *Nuclear Technology*, **172** (1), 88–100.

19 Honnerova, P., Martan, J., Kucera, M., Honner, M., and Hameury, J. (2014) New experimental device for high-temperature normal spectral emissivity measurements of coatings. *Measurement Science and Technology*, **25** (9).

20 Bernhard, C.G., Miller, W., and Moller, A. (1964) The insect corneal nipple array. A biologica, broad-band impedance transformer that acts as an antireflection coating. *Acta Physiologica Scandinavica. Supplementum*, **243**, 1–79.

21 Meyer-Rochow, V. and Stringer, I. (1993) A system of regular ridges instead of nipples on a compound eye that has to operate near the diffraction limit. *Vision Research*, **33** (18), 2645–2647.

22 Kinoshita, S., Yoshioka, S., and Miyazaki, J. (2008) Physics of structural colors. *Reports on Progress in Physics*, **71** (7).

23 Kinoshita, S., Ghiradella, H., and Björn, L.O. (2015) Spectral tuning in biology II: structural color, in *Photobiology*, Springer, pp. 119–137.

24 Fu, L., Leutz, R., and Ries, H. (2006) Physical modeling of filament light sources. *Journal of Applied Physics*, **100** (10).

25 Hulley, G.C. and Hook, S.J. (2011) Generating consistent land surface temperature and emissivity products between ASTER and MODIS data for earth science research. *IEEE Transactions on Geoscience and Remote Sensing*, **49** (4), 1304–1315.

26 Abrams, M., Tsu, H., Hulley, G., Iwao, K., Pieri, D., Cudahy, T., and Kargel, J. (2015) The advanced spaceborne thermal emission and reflection radiometer (ASTER) after fifteen years: review of global products. *International Journal of Applied Earth Observation and Geoinformation*, **38**, 292–301.

27 Arp, G.K. and Phinney, D.E. (1980) Ecological variations in thermal infrared emissivity of vegetation. *Environmental and Experimental Botany*, **20** (2), 135–148.

28 da Luz, B.R. and Crowley, J.K. (2010) Identification of plant species by using high spatial and spectral resolution thermal infrared (8.0–13.5 µm) imagery. *Remote Sensing of Environment*, **114** (2), 404–413.

29 Ullah, S., Skidmore, A.K., Ramoelo, A., Groen, T.A., Naeem, M., and Ali, A. (2014) Retrieval of leaf water content spanning the visible to thermal infrared spectra. *ISPRS Journal of Photogrammetry and Remote Sensing*, **93**, 56–64.

30 Guoquan, D. and Zhengzhi, L. (1993) The apparent emissivity of vegetation canopies. *International Journal of Remote Sensing*, **14** (1), 183–188.

31 Shi, N.N., Tsai, C.C., Camino, F., Bernard, G.D., Yu, N.F., and Wehner, R. (2015) Keeping cool: enhanced optical reflection and radiative heat dissipation

in Saharan silver ants. *Science*, **349** (6245), 298–301.

32 Bowker, R.G. (1985) The infrared reflectivity of the desert lizards Cnemidophorus-Velox and Sceloporus-Undulatus. *Journal of Thermal Biology*, **10** (3), 183–185.

33 Guadarrama-Cetina, J., Mongruel, A., Medici, M.G., Baquero, E., Parker, A.R., Milimouk-Melnytchuk, I., Gonzalez-Vinas, W., and Beysens, D. (2014) Dew condensation on desert beetle skin. *European Physical Journal E: Soft Matter and Biological Physics*, **37** (11).

34 Hunt, V.L., Lock, G.D., Pickering, S.G., and Charnley, A.K. (2011) Application of infrared thermography to the study of behavioural fever in the desert locust. *Journal of Thermal Biology*, **36** (7), 443–451.

35 Hammel, H. (1956) Infrared emissivities of some arctic fauna. *Journal of Mammalogy*, **37** (3), 375–378.

36 Best, R. and Fowler, R. (1981) Infrared emissivity and radiant surface temperatures of Canada and snow geese. *The Journal of Wildlife Management*, **45** (4), 1026–1029.

37 Soerensen, D.D., Clausen, S., Mercer, J.B., and Pedersen, L.J. (2014) Determining the emissivity of pig skin for accurate infrared thermography. *Computers and Electronics in Agriculture*, **109**, 52–58.

38 Togawa, T. (1989) Non-contact skin emissivity: measurement from reflectance using step change in ambient radiation temperature. *Clinical Physics and Physiological Measurement*, **10** (1), 39.

39 Bjorn, L.O., Bengtson, S.A., Li, S.S., Hecker, C., Ullah, S., Roos, A., and Nilsson, A.M. (2016) Thermal emissivity of avian eggshells. *Journal of Thermal Biology*, **57** (1–5).

40 Rozenstein, O. and Karnieli, A. (2015) Identification and characterization of biological soil crusts in a sand dune desert environment across Israel–Egypt border using LWIR emittance spectroscopy. *Journal of Arid Environments*, **112**, 75–86.

41 Rozenstein, O., Agam, N., Serio, C., Masiello, G., Venafra, S., Achal, S., Puckrin, E., and Karnieli, A. (2015) Diurnal emissivity dynamics in bare versus biocrusted sand dunes. *Science of the Total Environment*, **506**, 422–429.

42 Abbott, E.A., Gillespie, A.R., and Kahle, A.B. (2013) Thermal-infrared imaging of weathering and alteration changes on the surfaces of basalt flows, Hawai, USA. *International Journal of Remote Sensing*, **34** (9–10), 3332–3355.

43 Feng, J., Rivard, B., Rogge, D., and Sánchez-Azofeifa, A. (2013) The long-wave infrared (3–14 μm) spectral properties of rock encrusting lichens based on laboratory spectra and airborne SEBASS imagery. *Remote Sensing of Environment*, **131**, 173–181.

8

仿生热检测

罗珍，尚文

上海交通大学材料科学与工程学院金属基复合材料国家重点实验室，中国上海市闵行区东川路800号，邮编200240

8.1 引言

本章旨在简要总结仿生热检测技术，包括热检测材料的介绍、热检测的方法及其应用。热检测的代表性参数包括温度和热能。热检测器将目标的热信号转换为其他物理信号，然后通过检测器给出结果。热检测一般可分为侵入式热检测和非侵入式热检测。传统的热检测技术利用一系列现象来检测温度，例如气体[1]、液体[2]和固体[3]的热膨胀，热致电势变化[4]和电导体的热致电阻变化[5-7]。除了上述现象外，利用电子或分子激发的光谱特性技术[8,9]，例如热色性[10]和荧光[11-13]，以及与温度直接相关的物理性质，例如黏度[14]、密度[15-17]、折射率[10]，在热检测技术领域中也占据了重要位置。

近年来，科学家对生物物种复杂的结构-属性关系表现出越来越多的兴趣。仿生工程已成为材料研究的一个新兴领域。在热检测方面，动物需要检测热信号以防止自身过热，或保持自身温暖，以及通过冬眠度过寒冷的冬天。人体需要检测热信号来平衡和稳定内部环境，以保持器官的正常工作，并精确调节热循环。经历了数十亿年进化，生物物种已经进化出了高效的热检测系统。向自然界学习可以为我们提供丰富的信息和灵感，从而发明人造检测系统。在本章中，我们从以下三个不同方面概述热检测。

（1）使用生物材料的热检测

例如，与热响应聚合物结合的生物光子晶体可将热信号转换为光信号[18]。基于生物分子的纳米管具有依赖于温度的光致发光（PL）特性，可用于将热场可视化和实现热成像[19]。基于生物分子（例如DNA[20]、RNA[21,22]、蛋白质[23]和脂质[24]）的热传感器，在热或冷冲击的影响下可以转变其构象，这将导致基因转录和酶活性的改变。

（2）可能与生物系统的热功能无关的生物结构启发的热检测

这方面的启发通常涉及使用不同的热敏材料复制生物结构，例如洋葱薄膜[25]、水稻叶和荷叶[1]的结构。具有特殊仿生结构的热敏材料将增强其热行为，实现可感知的热检测。

（3）受生物系统热功能启发的热检测

此类生物启发的一种类型是生物聚合物，它们具有天然的热敏功能，通常与其他材料结合而具备双重功能，例如超疏水性[26]、荧光[23]、渗透性或优异的力学强度[27]。另一种生物启发的热检测器是仿生皮肤。热电热传感器[28]、热释电热传感器[29]和形状记忆材料[30]是此类检测器的例子。这种仿生皮肤采用了两种不同的方法：一种启发于皮肤热敏纤维，另一种是启发于皮肤毛孔。这些内容将在后面讨论。

仿生热检测被广泛地应用于许多领域。在基因治疗中，基于生物分子的热传感器可以监测细胞内的热变化和代谢活性[31]。在医疗行业，热敏聚合物可通过温度控制将药物输送和释放到所需位置[32]。在石化工程中，也需要热检测器来监测化学反应的程度[33]。在先进的机器人中，监测环境温度的热检测器可以引导机器人执行不同的功能，如消除火灾。在医疗保健方面，带有温度传感器的智能服装可以自动适应环境并改善人体的不适[34,35]。灵活多功能的生物启发热检测器具有高精度和快速响应，未来可能适合海洋和空间应用中的计量监测、机械状态监测和故障诊断。

8.2 热检测

热检测与我们的生活息息相关，被广泛用于工业、医疗服务和科学研究中。热检测可分为侵入式热检测和非侵入式热检测。侵入式热检测技术中，检测器在检测过程中与热源直接接触，例如使用热电偶来检测温度。相反，非侵入式热检测器在不接触热源的情况下远程监测温度。

8.2.1 侵入式热检测

侵入式热检测技术有着悠久的历史，在我们的日常生活和制造业中经常用到。在基于这种技术的各种热检测器中，温度计、热电偶和热敏电阻器最为常见。

8.2.1.1 温度计

温度计是一种能反映温度变化或温度梯度的装置。作为温度传感器，温度计能随着被测材料温度的变化而改变其物理特性，并将这种物理响应转化为数值。气体温度计随温度变化而改变压力，液体和固体温度计随温度变化，通过热膨胀改变其尺寸。

基于气体的温度计通过测量气体压力或体积的变化来检测温度的变化。理想气体定律是气体测温技术的基本依据。大多数基于气体的温度计在制造时都会保持一个或多个实验参数不变，例如恒定压力或恒定体积。Leslie A.Guildner[1]早先描述了四种类型的气体温度计及其相应的检测机制。

传统的玻璃管液体温度计通常由一个储液器和一个支撑在管杆上的毛细管组成。玻璃管水银温度计由物理学家丹尼尔·加布里埃尔·费伦海特（Daniel Gabriel Fahrenheit）[2]发明，它由一个带有刻度的密封玻璃毛细管组成，该毛细管位于一个含有水银的球体顶部。当温度升高时，水银的体积会膨胀，导致一根细细的水银丝在管内上升。在标有摄氏度或华氏度的管子上，通过读取上升的水银前表面的数字，即可获得测量的温度。具有不同热膨胀特性的材料将导致不同的中间读数。大多数情况下，这种温度计使用的是与温度呈函数关系的线性膨胀材料。因此，不同的玻璃液体温度计都是基于相同的检测原理来测量温度，从而呈现相同的测量温度效果。

由固体制成的温度计的工作原理是不同材料之间热膨胀系数存在差异性。此类装置通常使用双金属条[3]。当温度升高时，高热膨胀系数的金属会比低热膨胀系数的金属膨胀得更多，从而导致双金属条弯曲。因此，可以通过光学或电子方式检测双金属条的弯曲角度或偏转，从而检测出温度。

8.2.1.2 热电偶

热电偶是由两个或多个不同的导体或半导体组成的装置，这些导体或半导体相互之间有一个或多个的连接点。热电偶的工作原理是塞贝克效应，即当连接点的温度与另一连接点的温度不同时（∇T），将产生电压梯度（∇V），其计算公式为：

$$\nabla V = -S(T)\nabla T$$

其中$S(T)$是塞贝克系数，它是一个与温度相关的材料特征数。使用已知$S(T)$的材料，可根据电压读数获得温度。

贵金属、碱金属甚至非金属都可用于热电偶。现在已经开发出了不同类型的热电偶，可以监测 $-270 \sim 3000℃$ 之间的温度[10]。图8.1显示了不同热电偶的电路构成。在

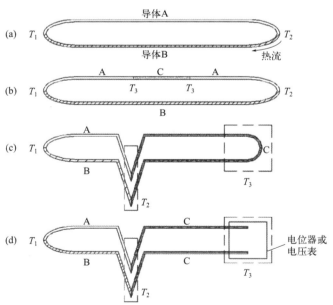

图8.1　不同热电偶的电路构成 [经Kinzie和Rubin授权引用，1973[4]；AIP Publishing LLC
版权所有（1973）]

A、B和C是三种不同的金属，T_1、T_2和T_3是三种不同的温度

图 8.1（a）所示的热电偶中，当 T_1 高于 T_2 时，在不同导体 A 和 B 的两边会出现温度梯度，并在电路中形成热电电动势。如图 8.1（b）所示，热电偶是在此基础上，在电路中插入了另一种不同的金属。图 8.1（c）是图 8.1（b）中电路的改进，在这种情况下，T_2 为参考结点温度，可使用冰水浴或帕尔贴冷却器使其保持温度恒定。图 8.1（d）中的电路构成了实际热电偶电路的基础。该电路与一个额外的电位器或电压表连接，用于检测虚线方格所示的电位差。

热电偶的优点是成本低、使用简单、耐用性好、互换性好、温度测量范围宽。此外，它们自身供电，无需外部电源。然而，对于某些需要精确温度检测的应用场合，热电偶的精度可能还不够高。

8.2.1.3 热敏电阻器

热敏电阻通常由陶瓷或聚合物材料组成，这些材料的电阻对温度变化非常敏感。使用混合金属氧化物的热敏电阻器可测量的温度达 250℃。对于 300℃ 以上的温度，可使用基于耐火金属氧化物的热敏电阻。当检测温度高于 700℃ 时，可使用掺杂稀土氧化物的氧化锆电阻器 [10]。此外，非化学计量的铁氧化物电阻器可以实现低温测量。对于更大温度范围的应用，可以使用由纯金属组成的电阻温度检测器（RTD）。

检测温度与电阻之间的关系如下 [36]：

$$R_T = R_0 \exp\left[1 - B\left(\frac{1}{T} - \frac{1}{T_0}\right)\right]$$

式中，R_0 是温度 T_0（T_0=25℃ =298.15K）下的电阻；B 是由热敏电阻材料决定的常数。

热敏电阻采用四线桥式电路实现高电阻率，精度可达 ±0.01 ～ ±0.05℃ [5]。然而，热敏电阻通常容易失准和漂移，从而降低使用寿命。

8.2.2 非侵入式热检测

由于不需要与热源接触，非侵入式热检测比侵入式热检测具有更大的优势。由于远离检测源，高温源或腐蚀性源材料不易对非侵入式检测器造成损坏。此外，非侵入式热检测不仅仅可以检测局部位置，还可以测量宽区域范围的温度。传统的非侵入式检测技术大多数使用电磁波来测量温度，也有使用声波来检测的。

8.2.2.1 基于电子或分子激发的非侵入式热检测

当电子被激发到不稳定状态时，它们将下降到较低的能量状态，并发射特定波长形成发射光谱。当电子吸收特定波长的电磁辐射时，将获得吸收光谱。温度的变化将改变发射光谱和吸收光谱，通过比较实验光谱和理论光谱可以计算出温度。这种光学技术需要激光源和精确的数据采集装置来提供高质量的热测量。

当然，热检测也可以使用其他方法，例如拉曼光谱，这种方法利用分子的激发来产生拉曼光谱的差异性。这些基于光谱的技术可用于测量火焰 [8,9]、气体和反应流 [37] 中的温度分布。

8.2.2.2　基于其他物理性质变化的非侵入式热检测

其他一些物理性质也与温度直接相关，例如黏度、电阻、密度和折射率。这些物理性质的变化也可用于非侵入式热检测。例如，纹影摄影和干涉测量法可以通过密度梯度的变化直观地提供气体、火焰、燃烧流、对流甚至可压缩流体的热场。当光线在热表面或火上闪烁时，这种现象很明显，空气密度的变化导致折射率的变化，从而导致热检测的敏感信号。

利用流动中密度变化引起的光学折射率变化，可以测量折射率梯度引起的准直光路的畸变。流体密度的相应变化可被描述为[38]

$$n=n_0\left[1+\beta(\rho/\rho_0)\right]$$

式中，β 是作为密度函数的折射率变化系数；ρ 和 n 是介质的密度和折射率；ρ_0 是参考条件下介质的密度；n_0 是参考密度下的折射率。这种密度变化是可感觉的温度梯度引起的，因此可用于检测温度的变化。

图8.2为纹影法的一个典型示意图。弧光灯的光源通过透镜聚焦在刀刃上，然后经过气体或火焰。相机位于第二个焦点的后面，用于测量由空气折射率的变化而引起的光线偏转。

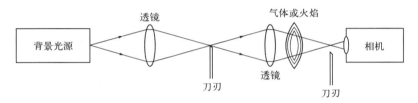

图8.2　用于检测气体和火焰温度的纹影法的代表性示意图［经Childs等人授权引用，2000[10]；
AIP Publishing LLC版权所有（2000）］

还有其他非侵入性热检测的方法，例如声学方法。举例来说，对于气体，可通过公式[39]计算得出热力学温度：

$$c=\sqrt{\kappa RT/M}$$

式中，R 为摩尔气体常数，8.314J/（mol·K）；M 为气体的摩尔质量，kg/mol（干燥空气的平均摩尔质量为28.97g/mol）；κ 为绝热指数（空气为1.402）；c 为声速。声速可以通过声音信号经过的时间除以一对声波换能器之间的距离来确定。这种方法也适用于流体或固体表面的温度测量，传统测量中，在温度低至 $2.5 \sim 30K$[10]，高至 $1800℃$ 时都会采用这种方法[40]。

8.3　仿生热检测类型

仿生热检测按仿生方法的不同层次可分为三类，即直接使用生物材料的热检测、与生物系统热功能无关的生物结构启发的热检测，以及受生物系统热功能启发的热检测。

8.3.1 直接使用生物材料进行的热检测

8.3.1.1 生物材料和热材料相结合

光子晶体（PC）由能影响光子运动的周期性阵列结构组成。蓝闪蝶蝶翼是一种天然的PC分层纳米结构，它具有光在水平层上干涉和在垂直脊上衍射的综合特性，这两种特性都有助于形成蝶翼的虹彩现象。另外，聚（N-异丙基丙烯酰胺）-丙烯酸共聚物（pNIPAM-co-AAc）是一种对温度敏感的水凝胶，当温度达到最低临界溶液温度（LCST）时会发生体积相变[41]。Xu及其同事[18]将蓝闪蝶蝶翼与pNIPAM-co-AAc共同组装在一起，并利用蝶翼实现了灵敏的热感测。pNIPAM响应温度，并通过表面结合将该响应转化为蝶翼的PC结构变化，通过结构变化影响光的干涉和衍射，因此能够通过测量反射光谱来检测温度。在图8.3中，用pNIPAM-co-AAc-PC证明了存在可逆的温度响应。当温度低于LCST时，pNIPAM链具有亲水性，在这种溶胀状态下温度的变化将导致PC结构的折射率变化。当温度达到LCST时，pNIPAM链具有疏水性，并且这种消溶胀结构导致PC的厚度减小。生物分层结构的光学特性和附着聚合物的热特性的结合为热检测提供了一种有效的途径。这样的检测可在多个领域实现广泛的应用，例如光热开关和受控输送或化学反应过程。

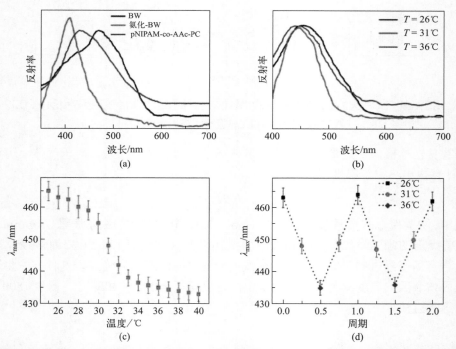

图8.3 原始蝶翼（BW）的反射光谱，通过碱处理实现蝶翼的氨化，处理后由于样品折射率的变化，样品的峰值发生了变化（a）；26℃、31℃和36℃下pNIPAM-co-AAc-PC样品的反射光谱（b）；反射光谱的峰值（λ_{max}）取决于温度，随着温度的升高，峰值位置表现出蓝移，pNIPAM-co-AAc-PC的体积相变发生在较窄的范围内，当温度从29℃左右变化到32℃时，对应的峰值急剧移动（c）；λ_{max}与加热和冷却循环的关系，该曲线代表pNIPAM-co-AAc-PC样品的可逆和持久特性（d）

8.3.1.2 具有温度依赖性的光致发光（PL）传感器

在不同的活细胞中，病理细胞与正常细胞不同，正常细胞由于新陈代谢快，温度较高。因此，正常的微环境温度对细胞活动（例如基因表达和酶反应）至关重要。亚微米尺度的局部热检测对于疾病诊断和癌症治疗尤为必要。具有温度依赖性的PL是一种基于材料温度敏感PL的光谱技术，包括有机染料、量子点和稀土掺杂材料。Gan和他的同事[19]制造了二苯基丙氨酸（FF）纳米管作为热检测材料系统，它具有温度依赖的PL特性。FF是阿尔茨海默氏β-淀粉样肽的主要成分，具有化学稳定性，能够抵抗酸、碱、有机溶剂和蛋白水解的攻击。图8.4显示了FF纳米管的合成过程。

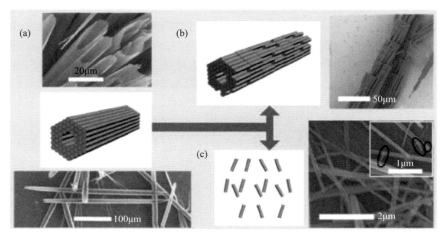

图8.4　二苯基丙氨酸（FF）纳米管合成和对应于每种形态下的扫描电子显微镜（SEM）图像［改编自Gan等人，2013[19]；美国化学学会版权所有（2013）］

（a）原始微管；（b）处理后，样品保持较大，呈阶梯状；（c）从微管上掉下的纳米管，插图显示一些长度小于300nm的短纳米管

图8.4（b）中呈阶梯状的大微管和图8.4（c）中的小纳米管是由图8.4（a）中的裂解微管通过在乙醇中密集搅拌而来的。这些纳米管具有生物相容性，而且结构相对简单，尺寸小。它们可以用于原位热场可视化或热成像，并且可以广泛地应用于微芯片或微流体装置以及用于细胞内检测。此外，这种热传感器可以从随温度变化的PL和时间分辨的PL光谱的强度和寿命监测热力学温度（图8.5）。可以看出，从25℃到45℃，PL

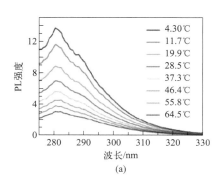

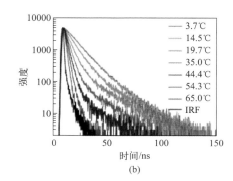

图8.5

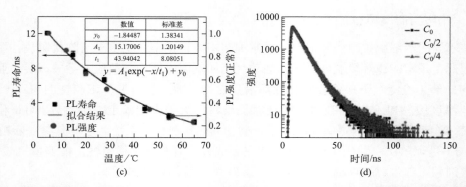

图8.5　FF纳米管的光致发光（PL）（a）；时间分辨光致发光（TRPL）光谱随温度的变化趋势，IRF为仪器响应函数（b）；不同温度下三次独立测量的平均PL寿命（黑色正方形响应左 y 轴）和平均PL强度（蓝色圆圈响应右 y 轴），黑线是实验寿命与温度的拟合曲线，插入的表包含拟合函数的常数值和相应的标准误差，图中的误差条表示了平均值的标准偏差（c）；作为浓度函数的FF纳米管的三个PL衰减曲线，显示FF纳米管的寿命值与FF浓度无关（d）

经Ga等人授权引用，2013[19]；美国化学学会版权所有（2013）

强度降低了约39.2%。假设荧光光谱的分辨极限为强度变化的1%，FF纳米管的热检测灵敏度能够达到0.5℃，可以满足检测细胞内温度变化的温度分辨要求。

8.3.1.3　生物分子热传感器

在所有与生命系统相关的因素中，温度是影响人类生命和新陈代谢的最重要因素之一。大多数生物特别是恒温动物都生活在特定的温度范围内。在微尺度上，细胞热检测对于生物系统应对环境温度的突然变化并作出适当的调整至关重要的。在分子水平上，DNA、RNA、蛋白质和脂类等生物分子对温度变化很敏感，并可以通过改变其构象对这种变化作出反应。

DNA是一种生物分子热敏传感器，其构象受温度的影响。DNA构象的改变往往最终影响基因的表达。DNA构象改变的机制主要有两种。一种是DNA超螺旋，它受到温度压力的影响。如图8.6（a）[20]所示，当热应激作用于嗜热菌，例如大肠杆菌和沙门氏菌等时，DNA超螺旋从负向变为正向，导致质粒松弛。相反，冷冲击可诱导DNA超螺旋的相反构象转换。这些变化影响了毒力基因的转录效率和基因表达。DNA曲率变化是DNA分子构象变化的另一种模式［图8.6（b）］[20]。在低温下，DNA分子弯曲和增强沉默蛋白的结合，导致转录抑制，而热休克和温度升高会破坏这种结合并恢复转录过程。

同样，低温或冷冲击诱导温度敏感的RNA分子构象状态的改变。通过将Shine-Dalgarno（SD）序列与AUG起始密码子配对形成发夹结构，从而抑制转录过程。当施加热冲击或温度升高时，此结构变得不稳定，RNA分子展开以促进翻译的启动，如图8.7[20]所示。

近年来，基于蛋白质的温度传感器得到了广泛的研究。Naik等人[42,43]首先发明了温度响应性卷曲螺旋蛋白TlpA作为基于蛋白质的温度传感器。TlpA在37℃左右由一个平行的卷曲螺旋二聚体转变为两个未折叠的单体。正如前面对DNA和RNA的描述，温度变化诱导的TlpA的突变和可逆构象转变能够对转录过程施加限制。

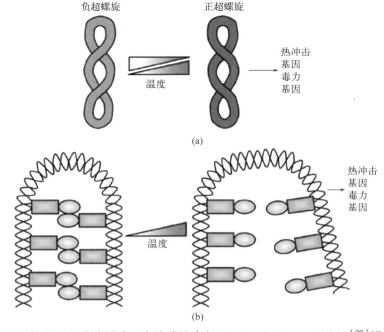

图8.6　使用DNA作为温度压力传感器（由Shapiro和Cowen 2012[20]提供）

（a）热应激或冷冲击诱导的DNA超螺旋的形态改变；（b）温度变化时局部结构的DNA曲率变化

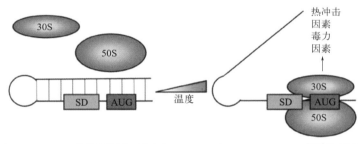

图8.7　RNA热检测的机制（由Shapiro和Cowen 2012[20]提供）

在低温下，SD序列与AUG起始密码子结合，并在5′非翻译区（UTR）中产生一个发夹结构；当温度升高时，该结构变得不稳定，30S和50S核糖体亚单位开始结合，导致基因转录的初始化

京都大学的Mori团队[23]通过将具有荧光特性的绿色荧光蛋白（GFP）和具有可变结构的TlpA两种蛋白质融合在一起，进一步发展了基于TlpA的热检测材料。图8.8显示了tsGFP1和tsGFP2的设计和组成。TlpA（TlpA$_{94-257}$）或全长TlpA（TlpA$_{1-371}$）的卷曲螺旋区域的规整性被GFP破坏，并相应地形成了新链。受温度刺激的TlpA结构变化被转移到GFP蛋白上，其荧光光谱的测量变化证明了这一点。在20～50℃温度范围内，3种生物传感器的荧光强度在480nm处有增加，在400nm处有下降。特别是tsGFP1和tsGFP2的最敏感温度分别为34～41℃和38～46℃。tsGFP1和tsGFP2的强度变化明显比未融合的GFP大。tsGFP具有较高的感温性能，可以通过适当的TlpA段与GFP相结合来调整感温范围。最重要的是，基于基因编码GFP的生物传感器可以直接连接到指定区域，并应用于离散细胞器中，以监测活细胞内的亚细胞热变化。这种方法是无害的，可以直接提供热场的可视化。

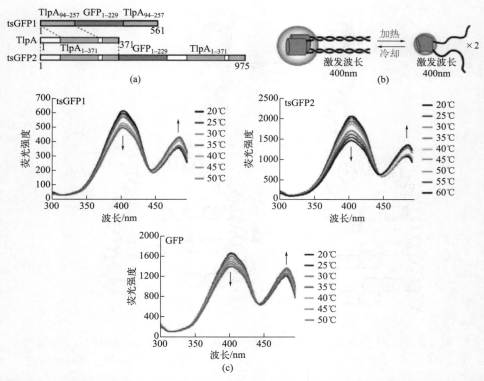

图8.8 tsGFP1和tsGFP2的组合（a），基于绿色荧光蛋白的温度传感器（tsGFPs）经受加热或冷却时的结构和荧光变化（b），作为温度函数的tsGFP1、tsGFP2和GFP的荧光激发光谱（c）

经Kiyonaka等人授权引用，2013 [23]；Nature America, Inc版权所有（2013）

　　脂质膜的流动性和厚度也容易受到温度变化的影响。在低温下，由于流动性的降低和厚度的增加，DesK的"浮标"区域被埋在膜中，促进了激酶的活性，在较高的温度下，膜的流动性和厚度发生相反的变化，导致DesK的"浮标"区域暴露，使蛋白质的信号关闭（图8.9）。

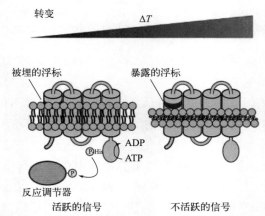

图8.9 脂质-蛋白质温度传感器的机理［经Sengupta和Garrity等人授权引用，2013 [24]；Elsevier Ltd.版权所有（2013）］

由于温度升高，膜的流动性和厚度显著影响脂质和蛋白质的相互作用，使信号活跃度降低

8.3.2 可能与生物系统热功能无关的生物结构启发的热检测

经过数十亿年的自然选择，生物物种已经进化并发展出具有独特功能的复杂结构。例如，水稻和荷叶具有惊人的自我清洁能力。由于表面能量低，水稻和荷叶的超疏水表面的水接触角（CAs）都大于150°。Gao等人[26]采用两步相分离微模塑法（PSμM）复制水稻叶片的表面结构，并将这种结构转移到对温度敏感的pNIPAM薄膜中（图8.10）。首先将聚二甲基硅氧烷（PDMS）浇铸在水稻叶片表面，固化后从叶片上分离。其次，用pNIPAM溶液覆盖PDMS模具，在减压下干燥。最后，将pNIPAM从PDMS模具上剥离，得到具有水稻叶片表面结构的pNIPAM薄膜。所得表面具有热响应的润湿性，即水滴在该pNIPAM膜上的静态接触角随温度的升高而增大。因此，这种温度引起的润湿性变化可以用于热检测。

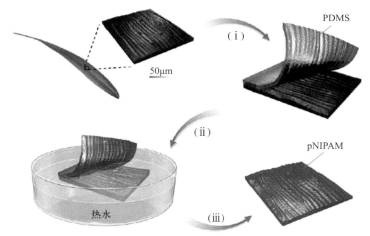

图8.10　水稻叶片结构的两步复制过程示意图［经Gao等人授权引用，2010[26]；美国化学学会版权所有（2010）］

（ⅰ）通过使用常规复制模塑（REM）方法固化PDMS，对形态形式进行负向复制；（ⅱ）在热水中将PDMS模板的表面转化为pNIPAM；（ⅲ）分离PDMS模具后水稻叶片的正向pNIPAM复制

另一种类似的热检测器是将洋葱的天然膜结构转移到 $[Fe(ptz)_6](BF_4)_2$ 中，其中ptz是1-丙基-四唑。$[Fe(ptz)_6](BF_4)_2$ 是一种热致变色材料，可作为热检测的指示剂。在 $[Fe(ptz)_6](BF_4)_2$ 沉积在洋葱薄膜上之后，微晶体/纳米尺寸的晶体将生长在生物膜上，生物膜被用作模板，将纳米晶体的精细图案转移到硅晶片上[25]。通过保角接触和压力加载，可将生物膜的形貌图案转移到硅片上。图8.11显示了这种微接触印刷工艺（μCP）。这种"软模板"结合了具有复杂结构的生物材料和具有灵敏热响应的材料的优点。

8.3.3 受生物系统热功能启发的热检测

8.3.3.1 热敏生物聚合物

生物聚合物，例如pNIPAM、聚（环氧乙烷）-聚（环氧丙烷）-聚（环氧乙烷）（PEO-

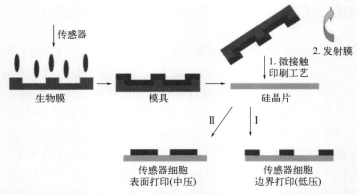

图8.11 硅晶片传感器生长生物膜的微接触印刷（μCP）示意图以及在不同压力下形成的两种图案
[经Naik等人授权引用，2010[25]；WILEY-VCH Verlag GmbH & Co. KGaA, Weinheim版权所有（2010）]

膜的尺寸为5mm×5mm

PPO-PEO，pluronic）共聚物、多糖和脂质体对温度敏感，并可原位形成凝胶。这种特性使得这些聚合物广泛使用在保健和医疗方面，例如药物释放、组织修复和整形手术。有时，它们被接枝到金膜上或与其他聚合物反应形成共聚物，并改善其生物学特性、力学性能以及温度敏感性。

例如，透明质酸（HA）水凝胶是一种生物材料，具有相对良好的生物相容性，但易于被酶降解，也容易在体内吸收过多的水分。聚醚共聚物在经历温度变化时具有溶胶-凝胶转变行为。低组织黏附性、非耐腐蚀性和较差的力学强度限制了该聚合物在伤口愈合和药物输送中的应用。HA和聚醚水凝胶的组合可能会克服两种水凝胶的局限性。蓝色海贻贝（mytilus edulis）的分泌物中含有3，4-二羟基-L-苯丙氨酸（DOPA）的黏附蛋白。在氧化条件下，DOPA的邻二羟基苯基（儿茶酚）官能团与包括硫醇在内的大量聚合物官能团有很强的相互作用，为HA/聚醚水凝胶的融合提供了可能的途径。通过邻苯二酚和硫醇的反应可以制备HA/聚醚混合水凝胶。从图8.12中可以看出[27]，两条曲线的交叉温度对应于溶胶-凝胶之间的转变点。HA/聚醚水凝胶的溶胶-凝胶转变温度随着硫醇封端的Pluronic F127共聚物（Plu-SH）的浓度增加而降低。临界凝胶化温度可由弹性模量G'和黏性模量G''的重叠值求得。这种方法可以将温度信号变化传递给弹性模量或黏性模量，并可通过旋转流变仪进行检测。此外，通过控制儿茶酚-硫醇反应的交联度和Plu-SH浓度，可以获得各种临界凝胶化温度。这种混合HA/聚醚水凝胶在体内高度稳定，由于其具有良好的组织黏附性和可逆的温度敏感性，可用于人体内部的关键温度检测。

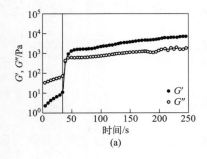
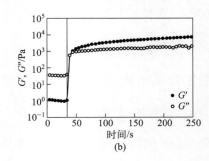

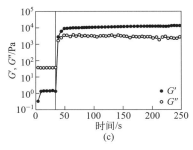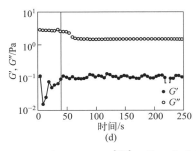

图8.12　HA/聚醚水凝胶G'和G''变化曲线［经Lee等人授权引用，2010[27]；英国皇家化学学会版权所有（2010）］

HA/聚醚水凝胶［HA-多巴胺缀合物，5%（质量分数，下同）］的溶胶-凝胶相变特性，取决于0.25℃的温升，通过检测弹性（G'）和黏性（G''）模量来表征，Plu-SH浓度为（a）11.3%、（b）12.5%、（c）13.8%、（d）5%HA和13.8%聚醚，F127物理混合物作为对照，弹性模量G'和黏性模量G''的重叠点对应于凝胶化温度

8.3.3.2　受皮肤启发的热检测

作为恒温动物，人的皮肤对于体温保持在37.2～37.6℃之间起着至关重要的作用。皮肤热敏纤维的受体末端靠近皮肤表面，这种纤维存在于皮肤下层，对温度变化极其敏感（图8.13）[44]。这些热敏纤维具有对温暖或寒冷环境作出反应的特殊功能。它们可以被分为热感受器和冷感受器。当血液温度高于正常值时，下丘脑中的神经元被刺激并将此信号发送到另一个神经中枢。

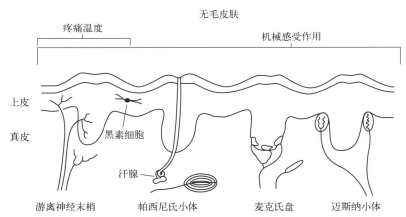

图8.13　无毛皮肤内的感觉纤维末端［经Drewes等人授权引用，2004[44]；生物实验室教育协会（ABLE）版权所有（2005）］

皮肤中的血管在接收到这种高温信号时对其作出响应。这些血管随后会膨胀，从而使体表附近有更多的血液流动，并通过辐射与环境交换多余的热量。相反，冷冲击信号将导致血管收缩，这时流向皮肤表面的血液会减少，并减少热辐射，从而减少来自身体表面的热量损失。这两个循环由特定神经元控制，有助于维持皮肤温度[45]。

受皮肤热敏纤维功能的启发，人工制造的热检测可基于两种物理效应：热诱导的电导率变化和热释电效应[30]。

导电聚合物复合材料是一种利用热诱导电导率变化的温度传感器。当环境温度波动时，聚合物基体会膨胀或收缩，从而导致填料的导电路径发生变化。Shih 的团队 [28] 设计了一种柔性的温度传感器阵列，这些阵列构筑在分布有石墨-PDMS 复合材料的聚酰亚胺基底上。该阵列的面积为 $4×4cm^2$，由 64 个传感单元组成（图 8.14）。聚酰亚胺薄膜上的图案由相互交错的铜电极组成，这些电极对石墨-PDMS 复合材料的温度引起的电阻率变化很敏感。电阻温度系数（TCR）α 可通过下式获得 [28]

$$\alpha = \frac{\Delta R/R_0}{T-T_0}$$

式中，T_0 为环境温度；R_0 为复合材料的初始电阻。

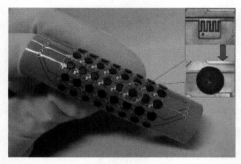

图8.14　柔性的热阻传感器阵列（资料来源：Shih 等人，2010 [28]；http://www.mdpi.com/1424-8220/10/4/ 3597/html，根据 CC BY 3.0 获得许可）

插图显示了相互交错的铜电极（顶部）和在电极上沉积的石墨-PDMS 复合材料（底部）

如公式和图 8.15 所示，铂的 TCR 为 $0.0055K^{-1}$，而石墨体积分数为 25% 和 15% 的复合材料的 TCR 分别为 $0.042K^{-1}$ 和 $0.286K^{-1}$。由于石墨-PDMS 复合材料具有较好的热敏感性和柔性，因此可用于机器人或人的可穿戴热检测服。

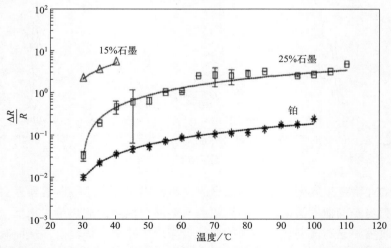

图8.15　石墨-PDMS复合材料的电阻随温度的变化曲线（资料来源：Shih 等人，2010 [28]；http://www.mdpi.com/1424-8220/10/4/3597/html，根据 CC BY 3.0 获得许可）

铂薄膜温度传感器作为对比对象，石墨-PDMS 复合材料中石墨粉末的体积分数分别为 15% 和 25%

在热释电响应中，材料在经历温度变化时产生瞬时电压。温度变化会引起晶体结构中原子的轻微运动和材料的自发极化。当温度恢复到平衡状态时，热释电电压将逐渐消失。热释电系数 p 可以描述为：

$$p^X = \left(\frac{dD}{dT}\right)_{X,E}$$

式中，D 是电位移（在大多数情况下，D 几乎等于极化 p）；T 是温度；E 是电场；X 是应力，下标 X 表示在恒定应力下进行测量。

有些热释电温度敏感材料是聚合物。聚偏氟乙烯（PVDF）及其偏二氟乙烯-三氟乙烯共聚物 [P（VDF-TrFE）] 经常被用于温度传感和监测[30]。带有铁电晶粒的铁电聚合物具有优良的柔性，但其热释电系数低于陶瓷材料。将铁电聚合物与热释电陶瓷结合在一起的复合材料具有良好的柔性和低介电常数。这种材料结合了高热释电系数和压电系数，并且在传感器和换能器领域引起了越来越多的关注。Solnyshkin[29] 开发了一种由 P（VDF-TrFE）共聚物和锆钛酸钡铅铁电陶瓷组成的复合薄膜，具有优异的热释电性能。这种薄膜能够检测到低频和高频的热通量。

另一种受皮肤毛孔启发的热检测器也值得关注。这种检测器利用了形状自恢复材料。聚氨酯基聚合物，例如 DiAPLEX，用于制造智能服装[30]。当温度高于材料的临界相变温度时，分子会因微观布朗运动而振动，并在分子网络中产生气隙。当材料过热时，这种超薄无孔聚合物膜会自动膨胀，并可穿透水蒸气（湿气），将身体热量传递到周围环境。当温度下降到低于转变温度时，这种材料也可用作绝热层。

8.3.4 仿生热检测技术的应用

从纳米/微分子到有机物再到宏观尺度的生物体，热检测都无处不在。仿生热检测为我们提供了一种全新的方法，并影响到我们社会的不同方面，包括医疗、石油化工和食品技术行业。

热敏聚合物具有天然生物相容性和生物降解性，它们可以放置在人体内部进行热检测。热触发脂质体是一种球形囊泡，已在医学上得到了广泛的应用。脂质体的结构和功能如图 8.16 [32] 所示。脂质体内部是由磷脂双层膜包围的水溶液核心。双层膜将包封材料（例如药物）与外部环境的不利刺激（例如免疫系统攻击）隔离。Vreeland[46] 制造了一种可检测热信号的仿生热触发脂质体。脂质体包裹亲水性荧光染料，并在聚碳酸酯微流体装置内的指定位置释放。包封的羧基荧光素（CF）染料的浓度为 200mmol/L，并且在该浓度下自猝灭。在两个末端顶点之间的微通道具有温度梯度，其中一个末端的荧光强度较低。随着脂质体沿微通道移动（对应图 8.17 从左到右）并且当温度达到凝胶-液相转变温度（T_m）时，CF 对这种变化作出响应并穿透脂质体膜，局部荧光染料的浓度降低至未猝灭浓度，并导致荧光强度急剧增加（图 8.17）。这种技术仅适用于亲水性化学物种，因为它要求化学物种在开始时不会泄漏和穿过脂质体膜，这非常适用于生物物种，例如 DNA。图 8.18 显示，热触发脂质体可控制生物反应后荧光标记 DNA 的强度。

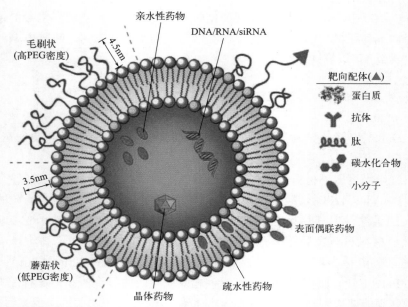

图8.16　脂质体结构和药物输送的功能设计（资料来源：Çağdaş等人，2014[32]；https://www.intechopen.com/books/application-of-nanotechnologyin-drug-delivery/liposomes-as-potential-drug-carrier-systems-for-drug-delivery，根据CC BY 3.0获得许可）

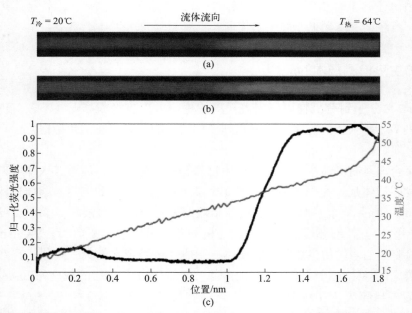

图8.17　仿生热触发脂质体运动过程表征［经Vreeland和Locascio授权引用，2003[46]；2003美国化学学会版权所有（2003）］

（a）荧光信号图像显示200mmol/L羧基荧光素（CF），它被封装在穿过聚碳酸酯微通道的溶液中，该溶液含有摩尔分数为5%胆固醇和95% 1，2-二棕榈酰-sn-甘油-3-磷酸胆碱（DPPC）脂质体和0.5mol/L Tris缓冲液，微通道的温度梯度为20～64℃，长度为2mm，但图中仅显示1.7mm的微通道，溶液的体积流速为100μL/h；（b）与（a）相同，但荧光信号图像为假彩色；（c）对应于（a）的微通道中的位置的归一化荧光强度和温度将包含嵌入DNA染料和溴化乙锭的100% 1,2-二棕榈酰-*sn*-甘油-3-磷酸胆碱（DPPC）脂质体溶液与小牛胸腺DNA溶液混合，并通过100μm熔融石英毛细管，毛细管长度为2mm，温度梯度为20～80℃。最初，脂质体膜将溴化乙锭与DNA分开，因此荧光显微照片没有改变，仍然保持黑色。当溶液温度达到32℃时，溴化乙锭穿透脂质体膜并附着在DNA分子上。因此出现荧光效应，如图8.18所示。标记过程仅在微通道的一小部分中完成。这种基于脂质体的热检测方法可用于药物输送和微通道中的快速试剂混合，这可能会促进医疗和制药业的发展。

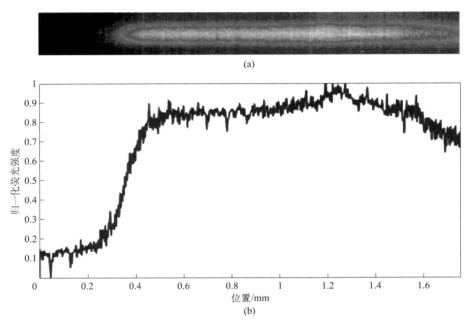

(a)

(b)

图8.18　荧光信号图像显示1mg/mL溴化乙锭被包裹在100%（摩尔分数）DPPC溶液中，与0.1单位/mL小牛胸腺DNA混合，通过熔融二氧化硅毛细管，该微通道的温度梯度为20～80℃，长度为2mm，溶液的体积流速为100μL/h（a）；（b）是与（a）相对应的微通道中不同位置的归一化荧光强度

经Vreeland和Locascio等人授权引用，2003[46]；美国化学学会版权所有（2003）

　　形状记忆合金（SMA）是另一种用于热检测的形状自恢复材料，通常是无机材料，例如镍钛诺。在20世纪90年代末，人们已经设计出了集成SMA的功能性服装[47]。镍钛诺弹簧被交织到织物中并形成绝缘空气层。这项发明被应用于制造消防员的智能服。2000年，Marielle Leenders[48]用各种形式缝合SMA线，并讨论了影响机织织物中智能织物结构的效应。Carosio[49]通过将镍钛诺纤维与尼龙一起编织而发明了第一种混合织物。

　　当温度变化引起微机械相变过程时，镍钛诺能够改变晶体结构。因此，这种热敏材料具有超弹性和形状记忆功能。当温度变得过热时，这种智能服装的袖子可以立即变短。如今，用作皮肤界面的智能服装可广泛用于头带、头盔、T恤、腰带和鞋子中[34]，可用于监测人们的健康状态，以预防包括糖尿病和超重在内的风险。此外，它们还可以帮助人们建立更健康的生活方式，得到更多的锻炼，并减少压力。

8.4 展望

本章简要介绍了基于仿生方法的热检测研究。热检测正迅速扩展到不同的领域，其中非侵入式检测方法变得越来越重要。仿生热检测具有灵活和环保的优点，可以满足更广泛的应用。

此外，仿生检测器具有高可靠性、便携性、出色的灵敏度和精度。对复杂的结构赋予热敏特性，它们有望在热检测中体现出非凡的性能。对于仿生热检测，第一层次要做的是直接利用生物材料来实现热场的准确快速响应和可视化。对生物热检测机制的进一步理解将为我们提供生物材料或系统的结构和功能之间的关联性。之后可以生成基于模拟生物热检测的类似设计或方法。脂质体或聚合物凝胶在药物输送方面的应用就是这种第二层次生物启发的一个例子。对于此类应用，精确控制药物释放到指定位置（例如肿瘤靶向）非常重要[32]。此外，需要考虑更好的细胞渗透和细胞主动吸收。仿生热检测的第三层应该完全脱离生物热传感器。基于对生物热检测方法的透彻理解，我们可以创造新的设计，其中包含与原始生物物种完全不同的结构或材料，甚至可能优于生物物种。另外，可穿戴热传感器也是一个新的发展新趋势[50]。

参考文献

1 Guildner, L.A. (1982) The measurement of thermodynamic temperature. *Physics Today*, **35** (12), 24–31.

2 Dunn, P.F. (2011) *Fundamentals of Sensors for Engineering and Science*, CRC Press.

3 Stephenson, R.J., Moulin, A.M., Welland, M.E., and Webster, J.G. (1999) Bimaterials thermometers, in *The Measurement Instrumentation and Sensors Handbook* (ed. J.R. Webster), Hanbook Chemical Rubber, Boca Raton, FL.

4 Kinzie, P.A. and Rubin, L.G. (1973) Thermocouple temperature measurement. *Physics Today*, **26** (11), 52–55.

5 Childs, P.R. (2001) *Practical Temperature Measurement*, Butterworth-Heinemann.

6 Su, X., Fu, F., Yan, Y., Zheng, G., Liang, T., Zhang, Q., Cheng, X., Yang, D., Chi, H., Tang, X., Zhang, Q., and Uher, C. (2014) Self-propagating high-temperature synthesis for compound thermoelectrics and new criterion for combustion processing. *Nature Communications*, **5**, 4908.

7 Vining, C.B. (2001) Semiconductors are cool. *Nature*, **413** (6856), 577–578.

8 Burlbaw, E.J. and Armstrong, R.L. (1983) Rotational Raman interferometric measurement of flame temperatures. *Applied Optics*, **22** (18), 2860–2866.

9 Hall, R.J. and Bonczyk, P.A. (1990) Sooting flame thermometry using emission/absorption tomography. *Applied Optics*, **29** (31), 4590–4598.

10 Childs, P.R.N., Greenwood, J.R., and Long, C.A. (2000) Review of temperature measurement. *Review of Scientific Instruments*, **71** (8), 2959–2978.

11 Allison, S.W. and Gillies, G.T. (1997) Remote thermometry with thermographic phosphors: instrumentation and applications. *Review of Scientific Instruments*, **68** (7), 2615–2650.

12 Tobin, K.W., Allison, S.W., Cates, M.R., Capps, G.J., and Beshears, D.L. (1990)

High-temperature phosphor thermometry of rotating turbine blades. *AIAA Journal*, **28** (8), 1485–1490.

13 Kucsko, G., Maurer, P.C., Yao, N.Y., Kubo, M., Noh, H.J., Lo, P.K., Park, H., and Lukin, M.D. (2013) Nanometre-scale thermometry in a living cell. *Nature*, **500** (7460), 54–58.

14 Fox Jr, T.G. and Flory, P.J. (1948) Viscosity—molecular weight and viscosity—temperature relationships for polystyrene and polyisobutylene1, 2. *Journal of the American Chemical Society*, **70** (7), 2384–2395.

15 Keerl, M., Pedersen, J.S., and Richtering, W. (2009) Temperature sensitive copolymer microgels with nanophase separated structure. *Journal of the American Chemical Society*, **131** (8), 3093–3097.

16 Gan, D. and Lyon, L.A. (2001) Interfacial nonradiative energy transfer in responsive core–shell hydrogel nanoparticles. *Journal of the American Chemical Society*, **123** (34), 8203–8209.

17 Wang, J., Gan, D., Lyon, L.A., and El-Sayed, M.A. (2001) Temperature-jump investigations of the kinetics of hydrogel nanoparticle volume phase transitions. *Journal of the American Chemical Society*, **123** (45), 11284–11289.

18 Xu, D., Yu, H., Xu, Q., Xu, G., and Wang, K. (2015) Thermoresponsive photonic crystal: synergistic effect of poly(*N*-isopropylacrylamide)-*co*-acrylic acid and *Morpho* butterfly wing. *ACS Applied Materials & Interfaces*, **7** (16), 8750–8756.

19 Gan, Z., Wu, X., Zhang, J., Zhu, X., and Chu, P.K. (2013) In situ thermal imaging and absolute temperature monitoring by luminescent diphenylalanine nanotubes. *Biomacromolecules*, **14** (6), 2112–2116.

20 Shapiro, R.S. and Cowen, L.E. (2012) Thermal control of microbial development and virulence: molecular mechanisms of microbial temperature sensing. *MBio*, **3** (5), e00238-12.

21 Kortmann, J. and Narberhaus, F. (2012) Bacterial RNA thermometers: molecular zippers and switches. *Nature Reviews Microbiology*, **10** (4), 255–265.

22 Shamovsky, I., Ivannikov, M., Kandel, E.S., Gershon, D., and Nudler, E. (2006) RNA-mediated response to heat shock in mammalian cells. *Nature*, **440** (7083), 556–560.

23 Kiyonaka, S., Kajimoto, T., Sakaguchi, R., Shinmi, D., Omatsu-Kanbe, M., Matsuura, H., Imamura, H., Yoshizaki, T., Hamachi, I., Morii, T., and Mori, Y. (2013) Genetically encoded fluorescent thermosensors visualize subcellular thermoregulation in living cells. *Nature Methods*, **10** (12), 1232–1238.

24 Sengupta, P. and Garrity, P. (2013) Sensing temperature. *Current Biology*, **23** (8), R304–R307.

25 Naik, A.D., Stappers, L., Snauwaert, J., Fransaer, J., and Garcia, Y. (2010) A biomembrane stencil for crystal growth and soft lithography of a thermochromic molecular sensor. *Small*, **6** (24), 2842–2846.

26 Gao, J., Liu, Y., Xu, H., Wang, Z., and Zhang, X. (2010) Biostructure-like surfaces with thermally responsive wettability prepared by temperature-induced phase separation micromolding. *Langmuir*, **26** (12), 9673–9676.

27 Lee, Y., Chung, H.J., Yeo, S., Ahn, C.H., Lee, H., Messersmith, P.B., and Park, T.G. (2010) Thermo-sensitive, injectable, and tissue adhesive sol–gel transition hyaluronic acid/pluronic composite hydrogels prepared from bio-inspired catechol-thiol reaction. *Soft Matter*, **6** (5), 977–983.

28 Shih, W.P., Tsao, L.C., Lee, C.W., Cheng, M.Y., Chang, C., Yang, Y.J., and Fan, K.C. (2010) Flexible temperature sensor array based on a graphite-polydimethylsiloxane composite. *Sensors*, **10** (4), 3597–3610.

29 Solnyshkin, A.V., Morsakov, I.M., Bogomolov, A.A., Belov, A.N., Vorobiev, M.I., Shevyakov, V.I., Silibin, M.V., and Shvartsman, V.V. (2015) Dynamic pyroelectric response of composite based on ferroelectric copolymer of poly(vinylidene fluoride-trifluoroethylene) and ferroelectric ceramics of barium lead zirconate titanate. *Applied Physics A*, **121** (1), 311–316.

30 De Rossi, D., Carpi, F., and Scilingo, E.P. (2005) Polymer based interfaces as bioinspired 'smart skins'. *Advances in Colloid and Interface Science*, **116** (1), 165–178.

31 Bai, T. and Gu, N. (2016) Micro/nanoscale thermometry for cellular thermal sensing. *Small*, **12** (34), 4590–4610.

32 Çağdaş, M., Sezer, A.D., and Bucak, S. (2014) Liposomes as potential drug carrier systems for drug delivery, in *Application of Nanotechnology in Drug Delivery* (ed. A.D. Sezer), InTech.

33 Ryu, S., Yoo, I., Song, S., Yoon, B., and Kim, J.M. (2009) A thermoresponsive fluorogenic conjugated polymer for a temperature sensor in microfluidic devices. *Journal of the American Chemical Society*, **131** (11), 3800–3801.

34 Dittmar, A. and Lymberis, A. (2005). Smart clothes and associated wearable devices for biomedical ambulatory monitoring. The 13th International Conference on Solid-State Sensors, Actuators and Microsystems, 2005. Digest of Technical Papers. TRANSDUCERS'05, Vol. 1, IEEE, pp. 221–227.

35 Gao, L., Zhang, Y., Malyarchuk, V., Jia, L., Jang, K.I., Webb, R.C., Fu, H., Shi, Y., Zhou, G., Shi, L., Shah, D., Huang, X., Xu, B., Yu, C., Huang, Y., and Rogers, J. (2014) Epidermal photonic devices for quantitative imaging of temperature and thermal transport characteristics of the skin. *Nature Communications*, **5**.

36 Wood, S.D., Mangum, B.W., Filliben, J.J., and Tillet, S.B. (1978) An investigation of the stability of thermistors. *Journal of Research of the National Bureau of Standards*, **83** (3), 247–263.

37 Dibble, R.W., Stårner, S.H., Masri, A.R., and Barlow, R.S. (1990) An improved method of data aquisition and reduction for laser Raman-Rayleigh and fluorescence scattering from multispecies. *Applied Physics B: Lasers and Optics*, **51** (1), 39–43.

38 Lee, T.W. (2008) *Thermal and Flow Measurements*, CRC Press.

39 Yntema, D. R. and de Bree, H. E. (2005) A Microflown Based Sound Pressure Microphone Suitable for Harsh Environments.

40 Auld, B.A. (1990) *Acoustic Fields and Waves in Solids*, 2nd edn, vol. **2**, Krieger Publishing Company, Malabar, FL.

41 Luo, Z., Chen, J., Shen, Q., He, J., Shan, H., Song, C., Tao, P., Deng, T., and Shang, W. (2015) Bioinspired infrared detection using thermoresponsive hydrogel nanoparticles. *Pure and Applied Chemistry*, **87** (9-10), 1029–1038.

42 Naik, R.R., Kirkpatrick, S.M., and Stone, M.O. (2001) The thermostability of an α-helical coiled-coil protein and its potential use in sensor applications. *Biosensors and Bioelectronics*, **16** (9), 1051–1057.

43 Tao, P., Shang, W., Song, C., Shen, Q., Zhang, F., Luo, Z., Yi, N., Zhang, D., and Deng, T. (2015) Bioinspired engineering of thermal materials. *Advanced Materials*, **27** (3), 428–463.

44 Drewes, C. (2004) Touch and temperature senses. Proceedings of the Association for Biology Laboratory Education (ABLE), OH, USA.

45 Malshe, A., Rajurkar, K., Samant, A., Hansen, H.N., Bapat, S., and Jiang, W. (2013) Bio-inspired functional surfaces for advanced applications. *CIRP Annals–Manufacturing Technology*, **62** (2), 607–628.

46 Vreeland, W.N. and Locascio, L.E. (2003) Using bioinspired thermally

triggered liposomes for high-efficiency mixing and reagent delivery in microfluidic devices. *Analytical Chemistry*, **75** (24), 6906–6911.

47 Congalton, D. (1999) Shape memory alloys for use in thermally activated clothing, protection against flame and heat. *Fire and Materials*, **23** (5), 223–226.

48 Cabral, I., Souto, A.P., Carvalho, H., and Cunha, J. (2015) Exploring geometric morphology in shape memory textiles: design of dynamic light filters. *Textile Research Journal*, **85** (18), 1919–1933.

49 Carosio, S. and Monero, A. (2004) Smart and hybrid materials: perspectives for their use in textile structures for better health care. *Studies in Health Technology and Informatics*, **108**, 335–343.

50 Gibney, E. (2015) The body electric. *Nature*, **528** (7580), 26.

9

仿生隔热储热材料概述

陶鹏[1]，Dominic J · McCafferty[2]

1 上海交通大学材料科学与工程学院金属基复合材料国家重点实验室，中国上海市闵行区东川路800号，邮编200240

2 英国格拉斯哥大学医学、兽医与生命科学学院生物多样性、动物健康与比较医学研究所，格雷厄姆克尔大楼，格拉斯哥 G12 8QQ

9.1 隔热材料概述

9.1.1 引言

隔热储热材料对于人类生活、节能和高效工业工艺过程具有广泛而深刻的影响[1,2]。隔热保温的纺织品不仅让人类在寒冷的环境下舒适保暖，而且还提高了服装设计的灵活性和美观性。在墙体、屋面和窗体材料上加设隔热材料，可节省80%的建筑能耗，相当于减少5.5%的全球温室气体排放量[2-5]。深海及极寒地区的输油管线，必须加设有效的隔热材料后才能正常运行[6]。同样，低温工程也需要加设隔热系统，防止冷量损失，确保航天器液氮燃料的顺利加载和生物实验室内细胞的成功培养[7]。储热材料可储存热能，不仅能直接为建筑物保温，还能带动汽轮机在夜间发电，协调电能的供需矛盾[8,9]。

高效的隔热储热机制对于极寒环境下生物的生存也至关重要[10]。大自然物竞天择的生存环境，使得生物能够适应地球上最极端的温度条件，或进化出纤小的鳞片结构，或发育出独特的机制，借以抵抗热量损失。尤其是鸟类和哺乳动物，更是发育出具有多重结构的羽毛，形成气密性良好防水抗风的外部防护层。为了抵御−50℃的低温，北极熊演变出了厚厚的脂肪层、隔热的中空毛发以及吸收太阳辐射的黑色皮肤[11]。其他物种则是简单地依赖身体颜色控制热能获取量，调节体温[12]。例如，蝴蝶在寒冷的早晨就会展开黑色的翅膀对着太阳取暖[13]。

随着生活水平的提高，工业系统迅猛发展，其效率越来越高，功能越来越强，对优质隔热储热材料的需求也越来越大。经过数十年的工程实践，材料最佳性能的进一步突破变得愈发困难。生物仿生工程是研发先进人造隔热储热材料和系统的新兴技术[14]。

9.1.2　隔热的基本原理

隔热材料广义上是指能显著减少热流动且导热性通常较低的材料。气体的导热性比固体和液体弱，如滞留空气的热导率就只有0.024W/（m·K）。因此，多数隔热材料都具有多孔特点，分布着大量的开放或闭合孔。这类隔热材料的导热机制总体可分为三个部分：固相导热、气相导热、辐射导热。

固相导热是隔热材料的主要传热机制，这是因为固体的热导率更大，而具体大小取决于固体材料的类型及其热物理学特性。通过加大孔的数量降低密度，是降低固体材料表观热导率的有效方式。这类多孔材料大大缩小了导热路径之间微小连接的接触面积，限制了固相导热反应。多孔结构材料内的固相导热成分可通过下式表示[15]

$$k'_s = \frac{\rho' v'}{\rho_s v_s} k_s \tag{9.1}$$

式中，ρ' 和 ρ_s 分别表示隔热材料和基体材料的表观密度；v' 和 v_s 分别为二者对应的声速；k_s 为基体材料的热导率。

气相热导率大小取决于不同气体分子之间碰撞作用的强弱。表9.1为部分常见气体的热导率数据。除了与热导率更低的气体交换外，还可通过缩小隔热材料孔径减少气相导热组分，以此增加气体分子与孔壁的碰撞，减少与其他气体分子的碰撞。根据克努森（Knudsen）效应[16]，多孔材料中的气相热导率（k'_g）可通过下式表示

$$k'_g = \frac{k_g}{2 + \alpha K_n} \tag{9.2}$$

表9.1　常见气体的热传导特性

气体名称	热导率/[mW/（m·K）]
空气	25.5（20℃）
氮气	24.1（0℃）
氩气	16.2（0℃）
二氧化碳	16.2（25℃）
氟利昂-13（CFCl$_3$）	8.3（30℃）

式中，α 为气体分子与孔壁之间的能量转换常数，其值取决于气体的类型（空气约为2）；K_n 为克努森（Knudsen）数，根据孔隙中气体平均自由程（Λ_g）和孔隙直径（d_{pore}）

的相对大小确定，见式（9.3）[16]：

$$K_n = \frac{\Lambda_g}{d_{pore}}$$

（9.3）

气体分子的平均自由程（Λ_g）是指气体分子在不与其他气体分子碰撞的情况下可自由移动的平均距离，可通过式（9.4）表示

$$\Lambda_g = \frac{k_b T}{\sqrt{2}\pi d_g^2 p}$$

（9.4）

式中，k_b 为玻尔兹曼常数（1.380×10^{-23}J/K）；T 为平均热力学温度；d_g 为气体分子的平均尺寸；p 为孔隙内的气体压力。正常温度和大气压力下，空气的平均自由程为 $70 \sim 80$nm。根据计算结果，当孔径大于 10μm 时，其克努森效应可忽略不计。因此，纳米孔可显著抑制气相导热。通过降低气体压力可加大平均自由程，进而增强克努森效应。

辐射传热是通过由高温面到低温面发生的净电磁辐射通量实现的。隔热材料的辐射热导率（k_r'）符合以下关系式[17]

$$k_r' = \frac{16}{3}\times\frac{\sigma n^2 T^3}{\rho' K_s / \rho_s}$$

（9.5）

式中，σ 为斯特藩-玻尔兹曼常数 $[5.670\times10^{-8}$W/（$m^2 \cdot K^4$）]；n 为平均折射率；K_s 为固体的吸热效率。辐射传热量随着温度升高而迅速增加。在隔热材料中添加能散射或吸收辐射的二氧化钛等光散射材料或碳烟等光吸收剂，可减少辐射传热。

对流对闭孔隔热材料的传热影响甚微，但它可能对开孔系统有很大影响。自然对流效应常采用修正的瑞利（Rayleigh）数进行表征[5]

$$Ra_{mod} = \frac{\rho_a c_a g\beta_\alpha d\omega(T^+ - T^-)}{\gamma k_m}$$

（9.6）

式中，ρ_a、c_a 和 γ 分别为空气的密度、比热容、动力黏度，kg/m³、J/（kg·K）、m²/s；g 为重力加速度；β_α 为热胀系数；d 为隔热材料的厚度；ω 为渗透率，m²；T^+ 和 T^- 分别为高温侧和低温侧温度；k_m 为多孔材料的热导率，W/（m·K）。

隔热材料的总热导率（k_{tot}）是固相导热组分的热导率（k_s'）、气相导热组分的热导率（k_g'）、辐射导热组分的热导率（k_r'）之和。

$$k_{tot} = k_s' + k_g' + k_r'$$

（9.7）

综合三种导热组分的导热特性，绘制出隔热材料总等效热导率随材料密度变化的关系图，见图9.1。传统隔热材料中的气相导热可视为常数。固相导热和辐射导热的相消效应，形成了最佳密度下的最小热导率，约30mW/（m·K）。该预测值与前人报道的测量数据基本一致，说明传统隔热材料已达到极限值。从机理上而言，为了进一步提高材料的隔热性能，还需要减少气相导热的促进效率，如在隔热材料中增加纳米孔，或排空材料内的气体等。

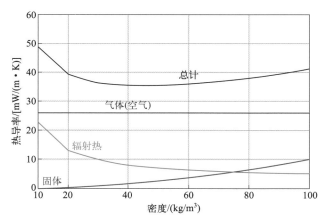

图9.1 多孔隔热材料的热导率与密度的关系曲线［经Cuce等人授权引用，2014[5]；Elsevier版权所有（2014）］

9.2 隔热材料的工程设计

9.2.1 传统的隔热材料

隔热材料按化学或物理结构特点可划分为无机材料、有机材料、复合材料和新技术材料四大类（图9.2）。每一大类还可进一步细分为纤维材料、泡沫材料、微孔材料等小类。本节采用矿物棉（玻璃棉、石棉）、发泡聚苯乙烯（EPS）、挤塑聚苯乙烯（XPS）和聚氨酯（PU）泡沫等几种常见的隔热材料为代表性示例。各隔热材料的部分主要物理特性见表9.2。

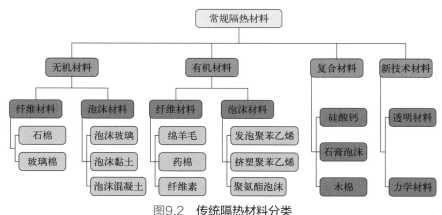

图9.2 传统隔热材料分类

表9.2 普通材料的热物理特性

材料	密度/（kg/m³）	K/［W/（m·K）］	使用温度/℃
玻璃棉	13～100	0.030～0.045	−100～500
石棉	30～180	0.033～0.045	−100～750

材料	密度/（kg/m³）	K/［W/（m·K）］	使用温度/℃
发泡聚苯乙烯（EPS）	20 ~ 80	0.025 ~ 0.035	−60 ~ 75
挤塑聚苯乙烯（XPS）	18 ~ 50	0.029 ~ 0.041	−80 ~ 80
聚氨酯（PU）泡沫	30 ~ 80	0.020 ~ 0.027	−50 ~ 120

矿物棉主要包括玻璃棉和石棉两种，是最常见的隔热材料，市场占比高达40%[4]。玻璃棉是一种以玻璃纤维黏合而成的无机纤维材料。化学成分上，玻璃棉的成分有硅砂、石灰石、白云石和萤石，制成的玻璃棉密度小，热导率低［0.03 ~ 0.045W/（m·K）］，适用温度高，可达500℃。石棉也是一种无机纤维材料，制作时将玄武岩或辉绿岩基的石料以1500℃左右的高温熔化，使材料更适合在更高的温度下应用。

发泡聚苯乙烯（EPS）是一种广受欢迎的轻质塑料隔热材料［热导率为0.03 ~ 0.04W/（m·K）］，市场占比在10%以上[4,5]。发泡聚苯乙烯是以聚苯乙烯为基体，以戊烷为膨胀气体聚合而成的。材料的组成结构为空心聚苯乙烯小球，球内的空气含量占98%。发泡聚苯乙烯具有闭孔或部分闭孔的结构特征，使得材料同时具备优越的刚性和可成型性。但发泡聚苯乙烯属易燃物质，应用温度多在75℃以内。为了提高材料的阻燃性，生产过程中会添加阻燃剂和抗氧化剂。挤塑聚苯乙烯（XPS）是在熔融的聚苯乙烯中添加二氧化碳等膨胀气体制备而成的[4,5]。因此，材料中闭合孔数量多，热导率低，在0.029 ~ 0.041W/（m·K）之间。发泡聚苯乙烯常用于生产一次性盘、杯和食品包装，而挤塑聚苯乙烯则常用于制作建筑模型。

聚氨酯（PU）是另一种应用广泛的有机隔热材料[4,5]，它是多元醇与异氰酸酯相互反应的产物，在膨胀过程中利用二氧化碳或戊烷作为膨胀剂。聚氨酯具有机械柔韧性好、延展性强、抗压强度高的特点，应用十分广泛，既可用于加工鞋底、床垫，又可制作屋顶板，还可充当管道的隔热保温层。

9.2.2　先进的隔热材料

气凝胶是Kistler[18]在20世纪30年代发现的新型超绝热材料，数十年来一直备受追捧，是一类热导率小于0.02W/（m·K）的材料。无机气凝胶包括二氧化硅气凝胶、碳气凝胶和氧化铝气凝胶三种，以二氧化硅气凝胶的研究和应用最为广泛[3,5]。二氧化硅气凝胶的组成结构为交联二氧化硅纳米颗粒链和大量孔径在50 ~ 60nm以下的小孔[19]。二氧化硅气凝胶的加工通常包括硅醇盐与水或醇发生溶胶-凝胶反应、老化处理、临界干燥或冷冻干燥等工序［图9.3（a）］，制成的纳米孔气凝胶密度低，约3g/cm³。材料密度低，加上结构为多孔纳米结构，因此热导率也非常低，仅在0.01 ~ 0.02W/（m·K）之间。而且单片二氧化硅气凝胶还是半透明体，它的透明性使其可以用作具有优良隔热性能的透明材料，还可以通过添加增透剂抑制辐射传热，进一步提高半透明气凝胶的隔热性能。

与此同时，由于固体含量极低，气凝胶易碎易裂，限制了材料的应用。最常见的解决方法是采用其他材料或支撑体进行增强处理，制成复合材料，应用于实际工程中的隔热保温，例如在地毯上涂刷二氧化硅气凝胶，复合体的热导率可降至0.01W/（m·K）。为了探讨二氧化硅的推广应用，人们想方设法提高材料的固有强度。其中最为直接的方法，是加大成胶过程中前体的添加量，或延长老化过程，以此提高气凝胶的密度。科学家们想出了一种更实用、更有效的聚合物增强方法，即在二氧化硅气凝胶的表面加入官能团，使其能够发生聚合反应[20]。如图9.3（b）所示，通过烷氧基硅烷与表面羟基反应，使二氧化硅纳米颗粒表面产生不同的反应基团。这种方法既能形成一道保形聚合物涂层加大凝胶结构的强度，还能在其间加入柔性烷基连接基团，以降低二氧化硅主链的刚度。从图9.3（c）中可以看出，通过甲基三甲氧基硅烷（MTMS）、双三甲氧基硅丙基胺（BTMSPA）和聚脲低聚物共同反应制成的聚脲增强气凝胶，在释放了25%的加载应变后实现完全回复。聚合物增强型二氧化硅常常由聚合物组分热稳性不良导致应用温度较低（一般都低于200℃），为克服这个问题，科学家们又合成出纯有机聚酰亚胺气凝胶[21]。制成的聚合物气凝胶在室温下的起始分解温度为560℃，热导率为0.014W/（m·K）。而且，这种聚合物气凝胶薄膜还具有柔韧性和可折叠性，显著拓宽了材料的应用范围。

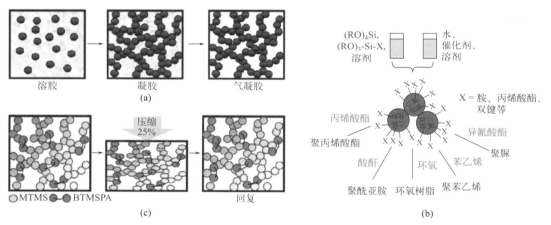

图9.3　气凝胶先进隔热材料［经Randall等人授权引用，2007[20]；美国化学学会版权所有（2011）］

（a）气凝胶制备工艺示意图；（b）聚合物增强二氧化硅气凝胶；（c）可压缩、可回收聚脲增强二氧化硅气凝胶

9.2.3　隔热材料的应用

9.2.3.1　建筑物的隔热保温

建筑物的隔热保温是隔热材料最大的应用领域之一，因为这类材料能显著降低建筑供暖供冷的能源需求，进而缓解温室气体排放压力。为实现目标隔热性能，在使用玻璃、木材、EPS和XPS等热导率适中的传统隔热材料时，往往需要设置较厚的隔热层。相比之下，气凝胶作为先进的隔热材料，热导率非常低，能在不增加建筑围护厚度的同时降低建筑的传热量[3-5]。另外，气凝胶还可具有强透明性，有利于光的透射。这种独特的特性组合，使得气凝胶能广泛应用于建筑围护，尤其是窗体的隔热保温。图9.4（a）

为半透明二氧化硅气凝胶颗粒作为玻璃组件在玻璃窗上的应用，可以为建筑隔热保温、调节自然采光。嵌装玻璃的制作方法是将充填在两张聚甲基丙烯酸甲酯（PMMA）薄片内的颗粒状气凝胶固定在两块低辐射性镀膜玻璃之间。整套玻璃装置热导率低，不到 0.4W/（m·K），而且将太阳光透射量保持在35%左右[22]。

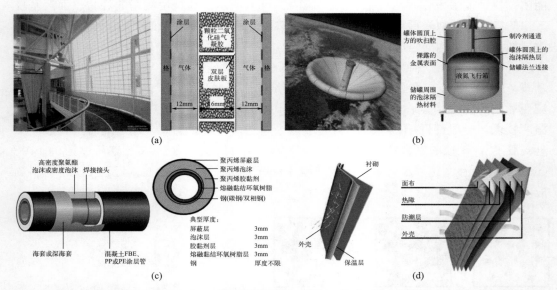

图9.4　隔热材料的应用［经Baetens等人授权引用，2011；Reim等，2005；Randall等，2011；Fesmire，2006[3,20-23]；Elsevier版权所有（2011），Elsevier版权所有（2005），美国化学学会版权所有（2011），Elsevier版权所有（2006）］

（a）建筑隔热；（b）航天器低温隔热；（c）海底管线热管理；（d）衣物隔热保温和防火消防

9.2.3.2　航天器的隔热保温

有效的隔热性能对于航天器顺利发射和返回至关重要[20, 23]。当航天器在高速（声速的15～20倍）条件下重返大气层时，会产生空气动力加热效应，导致大量的热产生并使机体快速升温。如果不能适当控制热效应，就可能导致航天器整体损坏。为避免隐患，人们在机身下表面贴有隔热瓷砖，最大程度减少航天飞机铝制机身外表面的传热量。隔热材料有一个普遍难题，即材料的性能受湿度的影响极大。低温推进剂装填时，隔热材料会产生冷凝排气效应。空气和水分子会从高温侧运移到低温侧，再积聚到隔热层内，增加了隔热材料的热导率，并加大了机体的起飞重量。尤其是在航天器从大气层进入低压空间时，机体外表面产生空气动力加热效应时，问题更为复杂。这些积聚的物质扩散后，可严重损害航天器内部的隔热保护系统和硬件设施。科学家们发现，纳米多孔气凝胶可作为优良的航天器控热材料[23]。气凝胶超细的纳米孔及疏水特性可抑制空气和水分子的大量传输。而且，由于气凝胶具有优异的隔热性能，还可在高低温界面之间形成明显的等温线。试验结果表明，气凝胶基材料可有效消除冰霜，成功阻止低温液氮飞行箱装载期间瞬态冷却后产生的冷凝排气效应［图9.4（b）］。在进入真空空间后，气凝胶的多孔结构也为残余积聚分子的逸出打开了方便之门。

9.2.3.3　机械系统的隔热保温

隔热保温对于工业节能和机械系统正常运行同样意义重大。例如，一座300MW燃气轮机发电厂中，主汽轮机和输送管道的温度每下降1℃，每年就会分别增加167t和139t的燃煤消耗量。热力输送过程中，电厂管道从高温段到低温段的自发散热量占总能损的80%～90%。采用合理的隔热设计后，热损量相比未隔热前可减少90%。海底油气开采和输送作业中，也需要加设隔热保护，防止高温原油形成水合物和蜡质，引起管道堵塞[6]。管道在深水下铺设时，也会出现液压过大和长期蠕变的现象，导致隔热结构坍塌和致密化损害。这类管道的隔热系统更加复杂。如图9.4（c）所示，隔热层一般都采用多层涂覆设计，需要综合协调隔热与结构的稳定性需求。

9.2.3.4　纺织行业的隔热保温

纺织业大概是隔热材料最早的应用领域了，因为早在原始社会，人们就知道在冬季用纺织品御寒了[24, 25]。现代社会的人们对衣服的要求越来越高，不仅要有良好的隔热保温性能，而且还要能够呼吸，也就是要充分透气，便于人体与环境之间的空气交换。为突出衣物的美观，还要求在保暖的同时尽量轻薄。为满足这些要求，设计时往往采用多层结构。从图9.4（d）中可以看出，冬季的户外服至少有三层，每层的功能各不相同。外层提供防风保护；中间的隔热层一般都采用无纺结构，减少人体的热散失；内衬层则用来保障人体与环境之间的空气和水交换。在消防等特殊应用场景下，衣服还需要设置稳定的隔热保护，用于防烫伤而不是御寒。图9.4（d）中的消防服为五层结构，包括1个面布层、2个隔热层、1个防潮层和1个外壳层。

9.3　仿生隔热储热材料概述

9.3.1　生物的隔热保暖

动物的隔热保暖形式有两种，一种是依靠低导热性脂质细胞层（脂肪），另一种是能捕获空气进而有效隔热的角蛋白结构（羽毛）。这些材料的进化方向既包括适应低温环境，也包括适应高温环境，可以看到大量趋同进化的例子。鸟类和哺乳动物的隔热特性最为显著，能适应极冷极热气候。

9.3.1.1　脂肪

脂肪是一层导热性较低的组织，或包裹在身体之外，或位于身体的某个区域之中。脂肪不仅提供隔热保护，还能充当能量储备，因季节或能量消耗的不同而各异。多数鸟类和哺乳动物都具有脂肪组织，由含有脂质的脂肪细胞（储脂细胞）组成[26]。脂肪的热导率在$0.2W/(m \cdot K)$[10]左右。不少适寒性物种都具有较厚的脂肪层，同时还长有羽毛或皮毛，实现最大程度的整体保暖。不过，与羽毛和皮毛不同的是，皮下层在水生环境下仍可继续保暖。

鲸脂专指海洋哺乳动物皮下的一层布满血管的组织[27]，由大量脂肪细胞组成。不过，与其他脂肪组织不同的是，这些细胞是通过结构性胶原纤维连成一体的。鲸脂还含有丰富的血管和特殊的动静脉吻合（AVA），能快速调节血液向皮肤表面流动；并且包含多种不同的脂质，其主要成分为三酰甘油。最大鲸目动物的脂厚可达到0.5m。不同物种鲸脂的热导率从0.060W/（m·K）到0.280W/（m·K）不等。鲸脂有一个有趣的特点，即存在的脂质类型熔点较低，因此，脂肪层充当了相变材料，具有较高的相变热，能储存和释放热能[27,28]。

9.3.1.2 羽毛

鸟类的隔热保暖通过若干个羽层实现，主要包括廓羽和绒羽，二者共同构成鸟类的全套羽毛。廓羽主要是防风防水和提供机械保护，绒羽则是最主要的保暖层[29]。多数廓羽的底部也发育有绒羽。羽毛之所以能隔热保暖，是因为羽毛内部有空气截留，而保暖的强弱可通过羽毛竖立的程度控制。羽层结构和羽毛深度因身体部位的不同而各异，不同物种之间也有较大差异。成鸟和雏鸟（幼鸟）的羽毛在结构上并不相同。雏鸟只有绒羽，长大后变成廓羽和飞羽。岩雷鸟（lagopus muta）等北极物种的小羽内发育有充气的空泡，可增强保暖效果，而且能影响羽层的辐射性能。整体保暖性能随着羽毛深度的增加而增加，而不同物种的羽毛热导率也是千差万别。小型雀形目鸟类的羽毛热导率最高，为0.069W/（m·K）；企鹅羽毛的热导率最低，仅为0.048W/（m·K）[30]。

9.3.1.3 毛发和皮毛

哺乳动物的隔热保暖通常依靠紧密堆积的毛发单元。毛发单元包括原生毛发和次生纤维。北极熊和驯鹿（rangifier tarandus）等北极物种的针毛内发育有充气空腔，可提供额外的隔热保护[31]。不过，北极熊的这种针毛仅占毛发纤维的10%，对于毛皮保暖的贡献率可能被夸大了[32]。哺乳动物的皮毛可分为三类：粗毛，密度在100～200根/cm²之间，隔热性较弱，但可通过竖立增强保暖性；软毛，密度从小型哺乳动物及北极种的4000根/cm²，最大可达海獭的130000根/cm²；绒毛，由浓密纠缠的卷曲软毛组成，密度为1000根/cm²。与鸟类羽毛相同，动物皮毛的整体隔热性随着深度的增加而增加，但不同物种的热导率各不相同，如小型哺乳动物皮毛的热导率为0.023W/（m·K），而北极熊的则高达0.063W/（m·K）[10]。厚厚的毛皮不仅是多数高海拔物种的保暖神器，而且，在炎热气候，紧密堆积的皮毛（如有袋类动物）能有效抵御强烈的阳光照射[32]。

9.3.1.4 动物皮毛的传热过程

鸟类和哺乳动物的皮毛提供的平均隔热量相当于静止空气深度的60%。传热方式有多种：通过滞留空气和羽毛/毛发的传导，羽毛/毛发的辐射传导，静止空气时的自由对流，以及风穿透毛发时的强制对流[33]。鸟类以羽毛传热为表层的主要传热机制；而动物皮毛纤维的截面积小，几何形状更简单，说明这种传热方式对于皮毛的意义不大。羽毛和毛皮都具有多元结构，因此能有效拦截皮肤表层散发的辐射。空气静止时，通过羽毛的自由对流相对较弱；而皮毛的结构较为开放，自由对流就成为重要的传热机制。风速较大时，风会穿透皮毛层，产生的强制对流会将热量排出体外。已有多项研究证明，皮毛的导热性随着风速的增加而呈线性或非线性下降[30]。不过，风是否能穿透皮毛，取决于风相对于皮毛轴的方向，且不同物种之间存在较大差异[34]。例如，企鹅羽毛上的加厚羽轴具有流体力学特性，能提供有效的防风保护[35]。同样，驯鹿等北极哺乳动物坚硬的针毛和紧密堆积的皮毛能起到挡风的作用[31]。

下雨后雨水渗入皮毛内，可加快羽毛或毛发传热或减缓皮毛内截留空气的置换，进而减弱保暖效果[36]。皮毛打湿后，可导致毛皮发生力学破坏，而进水过深也会压缩皮毛的空气层，使水渗入并置换空气层[37]。不过，很多动物的皮毛都能有效防止渗水。廓羽和原生针毛的羽轴相对较硬，而且皮毛的密积堆列，使水能从表面溢流。皮毛的微观组织形态和表面的疏水分子保护层能促进水分的散失，进一步增强抗水效果[38]。很多鸟类的脂质和蜡质会定期从尾（羽）腺转移到羽毛上，尤其是水生鸟类更为明显。哺乳动物能从靠近毛囊的导管中分泌出皮脂腺脂质（皮脂），为毛皮提供一道防水涂层[29]。羽毛还表现出优异的防结冰性能（抗冰性）。通过对企鹅皮毛的研究发现，皮毛中发育有充气的微观和纳米级粗粒结构，具有疏水性和抗黏附性特点[39]。

水蒸气存在于动物皮毛的空气空间内，与皮毛吸收或吸附的水呈均衡状态。这种方式下传输水量的大小取决于羽毛或毛发的具体特征，尤其是疏水性特征，以及皮毛内空气的相对湿度。由于水蒸气的吸附为放热反应，解吸为吸热反应，因此，两种反应可能产生瞬态加热或冷却效应[40]。例如，绵羊毛内部通过水蒸气冷凝（相当于汽化热）和水蒸气吸附有效传热。由于吸收的热量要小于冷凝的热量，因此，当吸收和相变同时发生时，吸收的热量在总传热量中的比例很小。绵羊毛的传热效应较弱，因为绵羊毛的相对湿度变化缓慢，靠近皮肤部位的湿度即使有任何增加，也会被外层羊毛中相对湿度的减小所抵消[40]。相反，雨水可增加外层羊毛的相对湿度，引起瞬态产热反应。不过，如果降雨时间过长，也会降低隔热和蒸发效果，加剧热散失。

有关皮毛颜色对于动物皮毛内传热反应的作用，长期争议较大。毛皮和羽毛并不是简单的辐射传热表面。皮毛的反射性大小决定了吸收太阳能的多少，但对于整体传热的贡献率，则取决于不同皮毛深度下透入皮毛的辐射量随吸收量的变化机制，取决于皮毛的微观光学特性和结构特点[41]。虽然皮毛颜色越浅，反射率越高，但阳光辐射对浅色皮毛的穿透深度要大于对深色皮毛的穿透深度。风速较小时，深色皮毛在皮肤表面承受的热荷载较大；风速较大时，深色皮毛下的热荷载较小，因为皮毛外层的导热性下降，且辐射未能进一步穿透[12,32]。很多北极的鸟类和哺乳动物的皮毛颜色都会随季节变化，在冬季变成神秘的白色皮毛，但只有北极熊是一年四季一袭白衣不变。不过，冬季阳光辐射强度低，皮毛厚度大，导致辐射无法穿透到皮肤表面。因此，白色皮毛即使有优势也是枉然[32,42]。

人们发现北极熊皮毛的紫外线反射弱，并提出北极熊的空心毛发可能通过内部反射将辐射转移到皮肤上[43]，有关北极熊毛皮的辐射特性的研究报道越来越多。根据光纤传输的研究结果，紫外线反射弱，可能是因为紫外线被组成毛发的角蛋白所吸收[44]。而且，北极熊的毛发紧密堆积，能有效截留皮肤表面散发的辐射[45]。

9.3.2 基于动物的仿生先进隔热材料

动物，尤其是生活在寒冷极地地区的动物，拥有优异的保温能力，最大程度减少体内的热散失。例如，在南极的冬季，帝企鹅（aptenodytes forsteri）在120天孵蛋期内就需要抵御极寒环境[46]。如图9.5所示，企鹅的羽毛上长有一条坚硬的羽轴，羽轴上羽枝密布，而且指向一定的角度。每根羽枝都由一条长羽和大量羽小枝组成。相邻羽小枝之间长着纤毛，与许多鸟类的绒羽相似。从白眉企鹅（pygoscelis papua）的羽毛上可以看出，交织状羽小枝形成了一套多层结构，能有效屏蔽辐射热的传输；层状羽毛结构可消除羽毛内部自然对流引起的热散失[47]。由于羽毛的孔隙率高（96%），还能最大程度减少传导热散失，降低导热量，使热导率低至2.38W/（m·K）。进一步研究表明，除几何排列外，羽小枝纤细的结构是企鹅羽毛优异隔热性能的另一个主要贡献因素[48]。

　　鸭绒和鹅绒具有保温比好、手感柔和、压缩性强的特点，是纺织业最重要的天然填充材料之一[49]。羽绒（somateria mollissima）更是登山队员最喜爱的夹克和睡袋填充物。相比鹅绒和鸭绒，羽绒的羽毛体量更大，相互配合更紧密，能更好地抵御空气流动，更好地隔热保暖。不过，羽绒的隔热性会因受湿而减弱（见9.3.1.4）。早期商业羽绒产品中，会抽去羽绒中的天然油脂以消除异味，导致疏水性丧失。因此，人们又做出创新尝试，通过Tan-O-Quil-QM处理[50]、氟碳化合物表面处理及二氧化硅和蜡基防水剂涂层等工序加工防水羽绒服。迄今为止，已研制出Primaloft、Thinsulate和Polarguard等无纺合成保暖织物，作为珍贵天然羽绒的替代品，即使在潮湿的条件下也能保持良好的性能[50]。

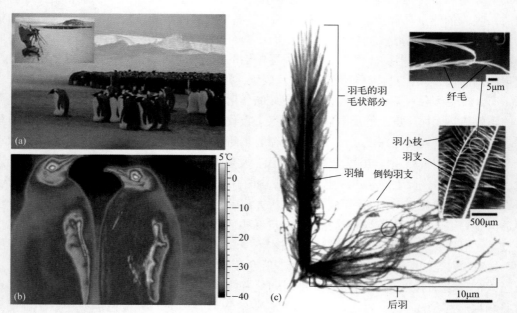

图9.5　拥有隔热羽毛的企鹅［经Mccaffierty等人授权转载，2013[46]；Dawson等人，1999[47]；英国皇家化学学会版权所有（2013），美国学术出版社版权所有（1999）］
（a）南极洲帝企鹅群体图片；（b）一对帝企鹅的红外图像；（c）白眉企鹅羽毛的分级微结构

　　受北极熊皮毛和皮肤的太阳能集热机制启发（图9.6，见9.3.1.4），Stegmaier等[51]将纺织技术与仿生学结构相结合，研制出一种新型柔性移动式太阳能集热系统。该系统最上层采用透明硅胶涂层，在吸收可见光的同时阻挡紫外光，防止损害下部的有机组分。最上层还采用超疏水润湿设计，用于维持系统表面的整体清洁。中间层采用光稳性聚合物纤维涂覆透明硅胶。纤维垫片采用开放结构，使光能有效输送至底部的吸热层，同时强效隔离热散失。底部采用掺有黑色色素的硅胶涂层，模拟北极熊的深色皮肤，用于吸收入射太阳光并转换成热能。黑色吸收体发出的大波长红外光再反射到多孔性纤维间隔层。封闭式系统还可最大程度减少对流热散失。之后，Engelhardt和Sarsour又通过研究材料排列及辐射度和气流流速等外部条件对集热器内温度分布的影响，进一步优化了太阳能集热器的集热性能[52]。

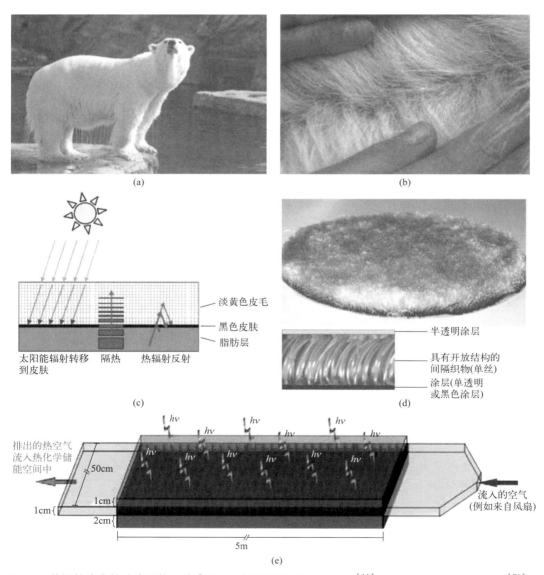

图9.6 北极熊启发的仿生隔热系统［经Tao等人授权引用，2015[14]；Stegmaier等，2009[51]；Engelhardt和Sarsour，2015[52]；Wiley-VCH版权所有（2015），英国皇家化学学会版权所有（2009），Elsevier版权所有（2015）］

（a）北极熊图片；（b）北极熊黄色皮毛和黑色皮肤；（c）北极熊皮毛吸收太阳能热功能示意图；（d）仿生间隔纤维用于采集太阳能热；（e）太阳热能采集与热传输系统示意图

9.3.3　基于黑蝴蝶的仿生储热技术

　　巴黎翠凤蝶（papilioparis）等蝴蝶的黑色翅膀鳞片（图9.7）是采光和调温的适应性演化。外观为黑色，是因为翅膀内含有均匀分布的黑色素，而翅膀就是依赖黑色素吸收太阳光并转换成热能的[13]。在寒冷的天气，蝴蝶会将黑色翅膀对着阳光取暖。研究发现，这种黑色素能吸收92%的太阳辐射量。蝴蝶翅膀甲壳素基质内的黑色素，就相当于无数个纳米级的光热转换器，能有效采集太阳光的热能。同时，蝴蝶翅膀还具有复杂的结构，可有效减少来自表面的反射。如图9.7（c）、（f）中的SEM图所示，黑色的鳞片呈现出复杂的准蜂窝状结构，而蓝色的鳞片则发育成规则的二维浅坑结构阵列。这种独特的多层微观组织，使得入射光子受到微观特征的多次反射，最终被黑色素截留下来[53]。人类受这种适应性演化启发，利用蝶翼模板太阳能集热器减少反射损失，成功设计出能量转换效率更高的太阳能电池[54]。

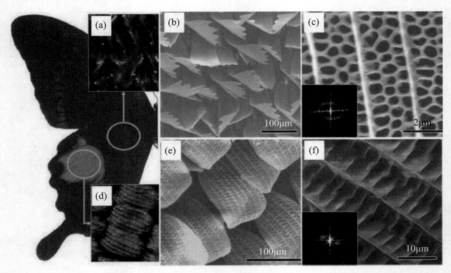

图9.7　黑色（a）～（c）和蓝色（d）～（f）雄性巴黎翠凤蝶的图片及其翅膀的微结构［经Zhang
等人授权引用，2008[13]；美国化学学会版权所有（2008）］

　　Deng等[55]基于巴黎翠凤蝶黑色素的太阳光集热机制，突破传统的导热增强法［图9.8（a）］，提出了一种全新的光充电法，实现储热材料的快速均匀充电。如图9.8（b）所示，将等离子体纳米颗粒均匀分散在储热材料基质中，形成人造色素，将光能有效转化为局部热能。转换的热能快速传输到周围介质中，以显热的形式储存在储热基质内。该法不仅发挥了等离子体纳米颗粒优越的光热转换效率（接近100%），而且能使光迅速穿透至透明储热材料基质内。

　　具体方法是将极低浓度（百万分之一体积）的表面改性金纳米颗粒（AuNP）分散到透明凝胶蜡基质中，用绿色激光直接照射样本，实现快速的光充电和储热。对照实验中，在受相同绿色激光照射的凝胶蜡正面放置一片黑色铝（Al）箔。采用这种传统的热扩散式充电法时，尽管黑铝具有良好的光热转换能力，但由于凝胶蜡的热导率低，转换的热很难传输到储热材料内。另外还发现，将金纳米颗粒和纳米棒（NRs）混合后制成的复合材料，还可直接用于将宽波段太阳辐射转换成可储存热。从图9.8中可以看出，凝胶蜡黑铝样本内发生了强烈的热积聚反应，而凝胶蜡铝样本内的温度分布则更为均匀。在相同的时间周期下，这种仿生型直接光充电法的充电效率是传统方法的两倍。如图9.8（c）中时序红外对照图所示，金纳米颗粒加载浓度过大时，很容易完全吸收入射光，引起局部发热，导致光充电速度减缓。在入射太阳光照明功率密度一定的情况下，可调整光热转换剂浓度，实现快速充电。这种仿生技术除了加快充电速度外，还降低了加载需求。这样，不仅能保留储热材料良好的物理特性，而且能降低实际应用的成本。

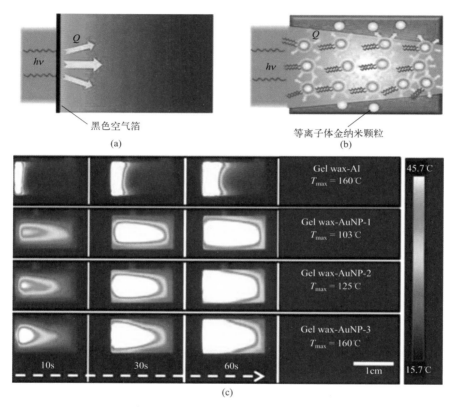

图9.8　受黑色蝴蝶启发的储存太阳热能材料的快速光学充电

（a）传统的热扩散式充电法；（b）仿生光学充电法；（c）采用热能充电和光学充电的凝胶蜡中金纳米粒子发生扩散的红外时序图片

9.4　总结与展望

隔热储热材料对于热能的采集、输送和高效利用具有核心意义，广泛应用于人类社会的不同领域。虽然传统的工程设计方法在提高隔热储热材料性能上卓有成效，但是，从大自然的生物系统中获取灵感，尤其是从那些已发育出独特热调节和热适应技术的物种中获取灵感，不失为突破最先进技术的有效路径。生物物种经过进化后，具有了整体性隔热机制、层次结构及特殊的表面疏水性，能最大程度减少传导、对流和辐射导致的热散失。这些秘密的破解激发着科学家和工程师们模仿大自然，开发出相应性能更好的工程热材料。目前，仿生学的研究还处于较为初级的阶段，主要是整合生物系统对环境变化的动态响应特征。随着纳米技术的迅猛发展，以及不同学科之间合作的增强，我们相信，仿生隔热储热材料不仅能具有更好的热物理学性能，而且还可用作智能材料，应用于更先进的热领域。

致谢

感谢中国国家自然科学基金会（基金编号：91333115、51420105009、51521004、51403127和21401129）、上海市自然科学基金会（基金编号：13ZR1421500、14ZR1423300）、上海市教育委员会晨光项目和上海市教育发展基金会（基金编号：15CG06）等单位提供的资金支持。

参考文献

1 Papadopoulos, A.M. (2005) State of the art in thermal insulation materials and aims for future developments. *Energy and Buildings*, **37** (1), 77–86.

2 Berge, A. and Johansson, P. (2012) *Literature Review of High Performance Thermal Insulation*, Chalmers University of Technology.

3 Baetens, R., Jelle, B.P., and Gustavsen, A. (2011) Aerogel insulation for building applications: a state-of-the-art review. *Energy and Buildings*, **43** (4), 761–769.

4 Jelle, B.P. (2011) Traditional, state-of-the-art and future thermal building insulation materials and solutions–properties, requirements and possibilities. *Energy and Buildings*, **43** (10), 2549–2563.

5 Cuce, E., Cuce, P.M., Wood, C.J., and Riffat, S.B. (2014) Toward aerogel based thermal superinsulation in buildings: a comprehensive review. *Renewable and Sustainable Energy Reviews*, **34**, 273–299.

6 Kaynakli, O. (2014) Economic thermal insulation thickness for pipes and ducts: a review study. *Renewable and Sustainable Energy Reviews*, **30**, 184–194.

7 Hofmann, A. (2006) The thermal conductivity of cryogenic insulation materials and its temperature dependence. *Cryogenics*, **46** (11), 815–824.

8 Hasnain, S.M. (1998) Review on sustainable thermal energy storage technologies, Part I: heat storage materials and techniques. *Energy Conversion and Management*, **39** (11), 1127–1138.

9 Zalba, B., Marín, J.M., Cabeza, L.F., and Mehling, H. (2003) Review on thermal energy storage with phase change: materials, heat transfer analysis and applications. *Applied Thermal Engineering*, **23** (3), 251–283.

10 Gates, D.M. (2012) *Biophysical Ecology*, Springer-Verlag, Berlin.

11 Scholander, P.F., Walters, V., Hock, R., and Irving, L. (1950) Body insulation of some arctic and tropical mammals and birds. *The Biological Bulletin*, **99** (2), 225–236.

12 Walsberg, G.E. (1983) Coat color and solar heat gain in animals. *BioScience*, **33** (2), 88–91.

13 Zhang, W., Zhang, D., Fan, T., Gu, J., Ding, J., Wang, H., Guo, X., and Ogawa, H. (2008) Novel photoanode structure templated from butterfly wing scales. *Chemistry of Materials*, **21** (1), 33–40.

14 Tao, P., Shang, W., Song, C., Shen, Q., Zhang, F., Luo, Z., Yi, N., Zhang, D., and Deng, T. (2015) Bioinspired engineering of thermal materials. *Advanced Materials*, **27** (3), 428–463.

15 Hrubesh, L.W. and Pekala, R.W. (1994) Thermal properties of organic and inorganic aerogels. *Journal of Materials Research*, **9** (03), 731–738.

16 Kennard, E.H. (1938) *Kinetic Theory of Gases, with an Introduction to Statistical Mechanics*, McGraw-Hill, New York.

17 Cengel, Y.A., Ghajar, A.J., and Ma, H. (2011) *Heat and Mass Transfer: Fundamentals & Applications*, 4th edn, McGraw-Hill, New York.

18 Kistler, S.S. (1931) Coherent expanded aerogels and jellies. *Nature*, **127**, 741.

19 Riffat, S.B. and Qiu, G. (2013) A review of state-of-the-art aerogel applications in buildings. *International Journal of Low Carbon Technologies*, **8** (1), 1–6.

20 Randall, J.P., Meador, M.A.B., and Jana, S.C. (2011) Tailoring mechanical properties of aerogels for aerospace applications. *ACS Applied Materials & Interfaces*, **3** (3), 613–626.

21 Williams, J.C., Meador, M.A.B., McCorkle, L., Mueller, C., and Wilmoth, N. (2014) Synthesis and properties of step-growth polyamide aerogels cross-linked with triacid chlorides. *Chemistry of Materials*, **26** (14), 4163–4171.

22 Reim, M., Körner, W., Manara, J., Korder, S., Arduini-Schuster, M., Ebert, H.P., and Fricke, J. (2005) Silica aerogel granulate material for thermal insulation and daylighting. *Solar Energy*, **79** (2), 131–139.

23 Fesmire, J.E. (2006) Aerogel insulation systems for space launch applications. *Cryogenics*, **46** (2), 111–117.

24 Matusiak, M. and Kowalczyk, S. (2014) Thermal-insulation properties of multilayer textile packages. *Autex Research Journal*, **14** (4), 299–307.

25 Eadie, L. and Ghosh, T.K. (2011) Biomimicry in textiles: past, present and potential. An overview. *Journal of the Royal Society Interface*, **8**, 761–775.

26 Eckert, R., Randall, D.J., Burggren, W.W., and French, K. (1997) *Eckert Animal Physiology: Mechanisms and Adaptations*, WH Freeman and Company.

27 Perrin, W.F. and Wursig, B. (eds) (2009) *Encyclopedia of Marine Mammals*, Academic Press.

28 Dunkin, R.C., McLellan, W.A., Blum, J.E., and Pabst, D.A. (2005) The ontogenetic changes in the thermal properties of blubber from Atlantic bottlenose dolphin Tursiops Truncatus. *Journal of Experimental Biology*, **208** (8), 1469–1480.

29 Bereiter-Hahn, J., Matoltsy, A.G., and Richards, K.S. (eds) (2012) *Biology of the Integument: Invertebrates*, Springer Science & Business Media.

30 McCafferty, D.J., Moncrieff, J.B., and Taylor, I.R. (1997) The effect of wind speed and wetting on thermal resistance of the barn owl (Tyto Alba). II: Coat resistance. *Journal of Thermal Biology*, **22** (4), 265–273.

31 Timisjärvi, J., Nieminen, M., and Sippola, A.L. (1984) The structure and insulation properties of the reindeer fur. *Comparative Biochemistry and Physiology. Part A, Physiology*, **79** (4), 601–609.

32 Dawson, T.J., Webster, K.N., and Maloney, S.K. (2014) The fur of mammals in exposed environments; do crypsis and thermal needs necessarily conflict? The polar bear and marsupial koala compared. *Journal of Comparative Physiology. B*, **184** (2), 273–284.

33 Monteith, J. and Unsworth, M. (2007) *Principles of Environmental Physics*, Academic Press.

34 Lentz, C.P. and Hart, J.S. (1960) The effect of wind and moisture on heat loss through the fur of newborn caribou. *Canadian Journal of Zoology*, **38** (4), 679–688.

35 Le Maho, Y., Delclitte, P., and Chatonnet, J. (1976) Thermoregulation in fasting emperor penguins under natural conditions. *American Journal of Physiology—Legacy Content*, **231** (3), 913–922.

36 Webb, D.R. and King, J.R. (1984) Effects of wetting of insulation of bird and mammal coats. *Journal of Thermal Biology*, **9** (3), 189–191.

37 Ponganis, P.J. (2015) *Diving Physiology of Marine Mammals and Seabirds*, Cambridge University Press.

38 Srinivasan, S., Chhatre, S.S., Guardado, J.O., Park, K.C., Parker, A.R., Rubner, M.F., McKinley, G.H., and Cohen, R.E. (2014) Quantification of feather structure, wettability and resistance to liquid penetration. *Journal of the Royal Society Interface*, **11** (96), 20140287.

39 Wang, S., Yang, Z., Gong, G., Wang, J., Wu, J., Yang, S., and Jiang, L. (2016) Icephobicity of penguins *Spheniscus Humboldti* and an artificial replica of penguin feather with air-infused hierarchical rough structures. *The Journal of Physical Chemistry C*, **120** (29), 15923–15929.

40 Gatenby, R.M., Monteith, J.L., and Clark, J.A. (1983) Temperature and humidity gradients in a sheep's fleece. II. The energetic significance of transients. *Agricultural Meteorology*, **29** (2), 83–101.

41 Wolf, B.O. and Walsberg, G.E. (2000) The role of the plumage in heat transfer processes of birds. *American Zoologist*, **40** (4), 575–584.

42 Walsberg, G.E. (1991) Thermal effects of seasonal coat change in three subarctic mammals. *Journal of Thermal Biology*, **16** (5), 291–296.

43 Grojean, R.E., Sousa, J.A., and Henry, M.C. (1980) Utilization of solar radiation by polar animals: an optical model for pelts. *Applied Optics*, **19** (3), 339–346.

44 Koon, D.W. (1998) Is polar bear hair fiber optic? *Applied Optics*, **37** (15), 3198–3200.

45 Simonis, P., Rattal, M., Oualim, E.M., Mouhse, A., and Vigneron, J.P. (2014) Radiative contribution to thermal conductance in animal furs and other woolly insulators. *Optics Express*, **22** (2), 1940–1951.

46 Mccafferty, D.J., Gilbert, C., Thierry, A.M., Currie, J., Le Maho, Y., and Ancel, A. (2013) Emperor penguin body surfaces cool below air temperature. *Biology Letters*, **9** (3), 20121192.

47 Dawson, C., Vincent, J.F., Jeronimidis, G., Rice, G., and Forshaw, P. (1999) Heat transfer through penguin feathers. *Journal of Theoretical Biology*, **199** (3), 291–295.

48 Du, N., Fan, J., Wu, H., Chen, S., and Liu, Y. (2007) An improved model of heat transfer through penguin feathers and down. *Journal of Theoretical Biology*, **248** (4), 727–735.

49 Gao, J., Yu, W., and Pan, N. (2007) Structures and properties of the goose down as a material for thermal insulation. *Textile Research Journal*, **77** (8), 617–626.

50 Fuller, M.E. (2015) The structure and properties of down feathers and their use in the outdoor industry. PhD thesis. The University of Leeds.

51 Stegmaier, T., Linke, M., and Planck, H. (2009) Bionics in textiles: flexible and translucent thermal insulations for solar thermal applications. *Philosophical Transactions of the Royal Society of London A: Mathematical, Physical and Engineering Sciences*, **367** (1894), 1749–1758.

52 Engelhardt, S. and Sarsour, J. (2015) Solar heat harvesting and transpar-

ent insulation in textile architecture inspired by polar bear fur. *Energy and Buildings*, **103**, 96–106.

53 Han, Z., Niu, S., Shang, C., Liu, Z., and Ren, L. (2012) Light trapping structures in wing scales of butterfly Trogonoptera brookiana. *Nanoscale*, **4** (9), 2879–2883.

54 Lou, S., Guo, X., Fan, T., and Zhang, D. (2012) Butterflies: inspiration for solar cells and sunlight water-splitting catalysts. *Energy & Environmental Science*, **5** (11), 9195–9216.

55 Wang, Z., Tao, P., Liu, Y., Xu, H., Ye, Q., Hu, H., Song, C., Chen, Z., Shang, W., and Deng, T. (2014) Rapid charging of thermal energy storage materials through plasmonic heating. *Scientific Reports*, **4**, 6246.

10

仿生疏冰性

Ri Li

英属哥伦比亚大学工程学院，加拿大基洛纳，BC V1V1V7

　　长期以来，结冰和积冰一直是不同行业中影响许多基础设施部件和机器运行的问题，包括飞机、船舶、海上石油平台、风力涡轮机、发电厂、输电线路以及供暖、通风和空调（HVAC）部件。为了防止或减少结冰问题，已经开发出不同的除冰方法。这些方法可分为机械、电热和化学方法[1]。尽管这些方法已经被广泛使用，但是耗电量大，且需要保障人员的持续操作。另外，化学方法还需要大量使用化学试剂，从而衍生一定的环境问题。

　　近年来，疏冰表面的开发受到了广泛的关注，这种表面可以提供被动的防冰保护。这里的表面疏冰性是指在表面形成冰的难度，它与表面疏水性有显著的关系。因此，大多数关于疏冰表面的研究集中在超疏水表面的开发上[2-8]，这种表面往往是受天然植物叶子的疏水特性而启发的[9-11]。

　　自然界中许多动植物的表面都表现出超疏水和自清洁的特性。荷叶的超疏水性主要是由于微观结构的表面粗糙度和顶部的蜡状晶体。除了众所周知的"自洁效应"，水滴可以很容易地从叶子上滚下来，超疏水性还可以减少霜的沉积和冰的形成。一般来说，提高表面粗糙度和在粗糙的表面上涂覆表面能较低的涂层是实现超疏水性的两个步骤。

　　需要对人工制造的表面进行表征，以评估疏水性和疏冰性。通过测量固着水滴的接触角来评估表面的润湿性能，用单个水滴在表面结冰的情况来评估疏冰性。尽管在设计和制造超疏水和疏冰表面方面已经做了大量的工作，但在了解表面特性如何影响结冰方面的研究还不多。本章的重点是表面润湿和水滴结冰之间的关系，而不是表面设计和制造。文中介绍了表面过冷水滴的基本成核理论、实验方法以及固着水滴和冲击水滴结冰的数据分析。

10.1 固着水滴的结冰

在本节中，我们讨论位于基底上的水滴内部水-冰成核的基本原理。这里我们考虑一个理想的情况，即水滴是纯净的，基底表面是完全光滑的，这种理想情况如图10.1所示。在沉积到表面上之前，水滴是直径为D的球体。由于表面光滑，接触角满足

$$\cos\theta_{e,d}=\frac{\sigma_{VS}-\sigma_{WS}}{\sigma_{WV}}\qquad(10.1)$$

式中，σ表示单位面积的表面能，下标W、V、S分别表示水、蒸汽和基底（见图10.1）。忽略重力等，我们认为固着水滴是一个球冠，其底面积为

$$A_{b,d}=\pi D^2\frac{1-\cos^2\theta_{e,d}}{(4-6\cos\theta_{e,d}+2\cos^3\theta_{e,d})^{2/3}}\qquad(10.2)$$

由于基底表面是光滑的，这里$A_{b,d}$是水和基底表面之间的接触面积。

图10.1所示的整个系统的温度为T，低于平衡冰点温度$T_e=273.15K$，即$T<T_e$。过冷度可通过$\delta T=T_e-T$来量化。对于这种过冷的固着纯水滴，由于异质成核的能量屏障较低，成核将从W-S界面开始。图10.1展示了在W-S界面处形成的冰核。该核是具有体积V_n、顶面积A_t和基区$A_{b,n}$的球冠。该核的形成导致的吉布斯自由能的变化可以表示为

$$\Delta G=V_n\Delta\tilde{g}+A_t\sigma_{IW}+A_{b,n}(\sigma_{IS}-\sigma_{WS})\qquad(10.3)$$

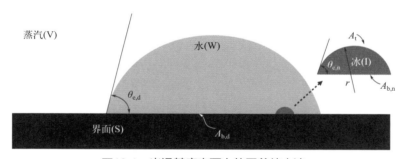

图10.1 光滑基底表面上的固着纯水滴

整个系统的温度T低于平衡冻结温度T_e，成核发生在W-S界面

其中$\Delta\tilde{g}$为单位体积吉布斯能的变化量。这里下标I代表冰。由于基底表面光滑，接触角$\theta_{e,n}$满足

$$\cos\theta_{e,n}=\frac{\sigma_{WS}-\sigma_{IS}}{\sigma_{IW}}\qquad(10.4)$$

因此，将式（10.3）除以σ_{IW}，得到

$$\frac{\Delta G}{\sigma_{IW}}=\frac{V_n\Delta\tilde{g}}{\sigma_{IW}}+A_t-A_{b,n}\cos\theta_{e,n}\qquad(10.5)$$

其中使用了式（10.4）。

在温度T低于平衡温度T_e时，水和冰的每单位质量的吉布斯能量可表示为

$$g_{\mathrm{w}}(T)=h_{\mathrm{w}}(T)-Ts_{\mathrm{w}}(T) \tag{10.6a}$$

$$g_{\mathrm{l}}(T)=h_{\mathrm{l}}(T)-Ts_{\mathrm{l}}(T) \tag{10.6b}$$

式中，h 和 s 是质量比焓和熵。因此，每单位质量的吉布斯能量的变化为

$$\Delta g(T)=(g_{\mathrm{l}}-g_{\mathrm{w}})_{@T}=(h_{\mathrm{l}}-h_{\mathrm{w}})_{@T}-T(s_{\mathrm{l}}-s_{\mathrm{w}})_{@T} \tag{10.7}$$

如果可以忽略比热容差 $\Delta c_p = c_{p,\mathrm{l}} - c_{p,\mathrm{w}}$，则可以简化式（10.7）的进一步推导。$\Delta c_p$ 对式（10.7）右侧第一项的影响可使用 $\Delta c_p (T-T_{\mathrm{e}})/L$ 进行评估，其中 L 为熔融潜热。Δc_p 对第二项的影响可使用 $\Delta c_p T_{\mathrm{e}} \ln(T/T_{\mathrm{e}})/L$ 进行评估。使用温度 T_{e} 下的 Δc_p，对于 $(T-T_{\mathrm{e}})$ 约为 -10K，两者的数量级均约为 1%。同样，也可以证明 c_p 的温度依赖性的影响是可忽略的。

因此，我们忽略了相间的比热容差和比热容的温度依赖性。式（10.7）右侧的第一项变为

$$(h_{\mathrm{l}}-h_{\mathrm{w}})_{@T}\approx(h_{\mathrm{l}}-h_{\mathrm{w}})_{@T_{\mathrm{e}}}=-L \tag{10.8}$$

第二项可以写成

$$(s_{\mathrm{l}}-s_{\mathrm{w}})_{@T}\approx(s_{\mathrm{l}}-s_{\mathrm{w}})_{@T_{\mathrm{e}}} \tag{10.9}$$

T_{e} 处的熵差可由吉布斯能量在平衡时的零差得到，即

$$\Delta g(T_{\mathrm{e}})=-L-T_{\mathrm{e}}(s_{\mathrm{j}}-s_{\mathrm{i}})_{@T_{\mathrm{e}}}=0 \tag{10.10}$$

从式（10.9）和式（10.10）中，我们得到：

$$(s_{\mathrm{l}}-s_{\mathrm{w}})_{@T}\approx-\frac{L}{T_{\mathrm{e}}} \tag{10.11}$$

将式（10.8）和式（10.11）代入式（10.7），得到

$$\Delta g=-\frac{T_{\mathrm{e}}-T}{T_{\mathrm{e}}}L \tag{10.12}$$

为了将吉布斯能量差从质量比转换为体积比（每单位体积的晶核），我们将式（10.12）与核的密度相乘，得到

$$\Delta \tilde{g}=\Delta g\rho_{\mathrm{l}}=-\frac{\delta T}{T_{\mathrm{e}}}L\rho_{\mathrm{l}} \tag{10.13}$$

假设晶核是半径为 r 的球体的一部分，如图 10.1 所示。式（10.5）中的体积和面积 V_{n}、A_{t} 和 $A_{\mathrm{b,n}}$ 可由基于 r 和 θ 的几何关系代替。将式（10.5）相对于 r 进行微分，求 $\mathrm{d}\Delta G/\mathrm{d}r=0$，我们得到该核的临界半径为：

$$r_{\mathrm{c}}=\frac{2\sigma_{\mathrm{WI}}}{L\rho_{\mathrm{l}}}\times\frac{T_{\mathrm{e}}}{\delta T} \tag{10.14}$$

式（10.14）如图 10.2 所示。对于低温 T，临界半径远小于 1μm，只有当 T 非常接近 T_{e} 时，才接近 1μm。

将式（10.14）代入式（10.5），得到成核能量势垒，即：

$$\Delta G_\mathrm{c} = \frac{4\pi}{3}\sigma_\mathrm{wl}r_\mathrm{c}^2\frac{(2+\cos\theta_\mathrm{e,n})(1-\cos\theta_\mathrm{e,n})^2}{4} \tag{10.15}$$

然后可通过下式计算异相成核速率:

$$I = I_0\exp\left(-\frac{\Delta G_\mathrm{c}}{kT}\right) \tag{10.16}$$

式中，$I_0 = 10^{29}\,\mathrm{m^{-2}\cdot s^{-1}}$ 为动力学常数；$k = 1.308066\times10^{-23}\,\mathrm{J/K}$ 为玻尔兹曼常数。

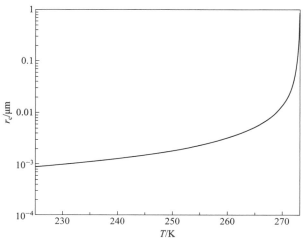

图10.2　水-冰成核的临界半径与过冷温度的关系

对于纯水滴，W-S接触区域的异相成核决定了水滴的冻结。为了评估异相成核，我们引入单位体积的成核速率，计算公式如下

$$I_\mathrm{v} = \frac{IA_\mathrm{b,d}}{\pi D^3/6} \tag{10.17}$$

单位体积的无量纲成核速率可表示为

$$\tilde{I}_\mathrm{v} = \frac{I}{I_0}\times\frac{A_\mathrm{b,d}}{\pi D^2} = \exp\left(-\frac{\Delta G_\mathrm{c}}{kT}\right)\frac{1-\cos^2\theta_\mathrm{e,d}}{(4-6\cos\theta_\mathrm{e,d}+2\cos^3\theta_\mathrm{e,d})^{2/3}} \tag{10.18}$$

式（10.18）包含由式（10.1）和式（10.4）定义的两个接触角。润湿接触角 $\theta_\mathrm{e,d}$ 易于测量，而接触角 $\theta_\mathrm{e,n}$ 难于确定。然而，两种接触角随基底表面的变化趋势相似。为了继续分析，我们使用 $\theta_\mathrm{e,d}$ 来近似 $\theta_\mathrm{e,n}$，并在图10.3中绘制 $\tilde{I}_\mathrm{v}$ 和 $\theta_\mathrm{e,d}$ 对不同温度 T 的关系。图10.3显示，随着接触角的增加，$\tilde{I}_\mathrm{v}$ 显著减少。过冷程度越低，这种趋势就越明显（比较 $T=240\mathrm{K}$ 和 $250\mathrm{K}$ 时的两条曲线）。

以上讨论基于光滑基底表面的假设，其中接触角为平衡接触角 $\theta_\mathrm{e,d}$ 和 $\theta_\mathrm{e,n}$。对于粗糙表面，静态接触角和平衡接触角的关系由参考文献 [12] 给出

$$\cos\theta_i = f_i\gamma_i\cos\theta_\mathrm{e,i}+f_i-1 \tag{10.19}$$

式中，$i=\mathrm{d}$，n。在这里，$f\leqslant1$ 是投影面积 A_b 的润湿部分，$\gamma\geqslant1$ 是实际润湿面积与投影润湿面积的比率。粗糙疏水表面上的静态接触角大于平衡接触角。根据

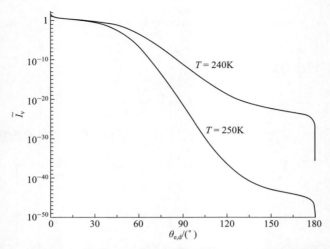

图10.3　两个过冷温度下每单位体积的无量纲成核速率与接触角的关系

式（10.19），如果 $\theta_{e,i} > 90°$，则 $\theta_i \geqslant \theta_{e,i}$，则在粗糙表面的情况下，式（10.18）可写成

$$\tilde{I}_v = \exp\left(-\frac{\Delta G_c(\theta_n)}{kT}\right)\frac{1-\cos^2\theta_d}{(4-6\cos\theta_d+2\cos^3\theta_d)^{2/3}}\gamma_d f_d \qquad (10.20)$$

式中，平衡接触角 $\theta_{e,i}$ 已被替换为静态接触角 θ_i。此外，式（10.20）中的 γ_d 和 f_d，可以校正 W-S 接触面积。

图 10.2 显示冰核的临界半径远小于 1μm。这表明能够影响冰核静态接触角 θ_n 的粗糙度纹理尺寸可能是 1nm。然而，制造超疏水表面时常用的纹理尺寸（可显著影响 D 约为 1mm 水滴的接触角）大约为 1μm。因此，应考虑采用二元纹理的表面进行防冰。小纹理用于增大 θ_n，通过影响式（10.20）中的指数函数，可显著降低成核速率。较大纹理并不增加成核能垒，而只能减小 W-S 接触面积。请注意，式（10.20）中的粗糙度 γ_d 倾向于增加 W-S 接触面积。因此，最好采用 Cassie 润湿，其水滴仅位于微柱顶部（$\gamma_d = 1$，$f < 1$）。

10.2　表面水滴的结冰

上述讨论清楚地表明，表面特性（平衡接触角 θ_e，表面结构 γ，f）对成核过程具有显著的影响。已经进行的研究包括考察水滴在从超亲水到超疏水的不同表面上的结冰情况。通过测量静态接触角、前进接触角、后退接触角和滚降接触角来表征表面。本节的讨论重点是静态接触角。

由于现实生活中面临结冰问题的大多数表面是具有高导热性的金属或非金属，因此研究中使用的表面是在铜、铝、硅等板材上制成的。在表面涂覆涂层以改变 θ_e，并在表面制造纹理以影响 γ 和 f。例如，Wang 等人 [13] 通过结合湿法蚀刻和涂层工艺在铝板上制造超亲水和超疏水表面；Suzuki 等人 [14] 使用防水剂涂覆光滑的硅晶片表面；Alizadeh 等人 [15] 在硅片上制造了亲水至超疏水表面。首先对晶片进行等离子体处理，将不同的自组装单层膜气相沉积在晶片表面上，以形成亲水性和疏水性表面。为了制造超疏水表面，使用标准光刻和反应离子蚀刻工艺制造由立柱阵列组成的纳米结构，然后涂覆疏水涂层。有两组关于水滴在表面结冰的研究。一组关注在基底表面上静止的固着水滴的结冰，对于该基底表面，水滴和基底都被冷却。另一组关注撞击过冷基底表面的水滴的结冰。本节将对这两组进行讨论。

10.2.1 静止水滴的结冰

通过研究不同表面上水滴的结冰情况，考察了表面的结冰特性。一种方法是水滴在高于 T_e 的温度下沉积在表面上之后一起冷却表面和水滴。冷却导致温度持续降低，直到水滴冻结。图10.4展示了结冰前后的水滴图片。有两个需要关心的问题：①结冰过程是怎样的？②表面对水滴结冰的影响是什么？

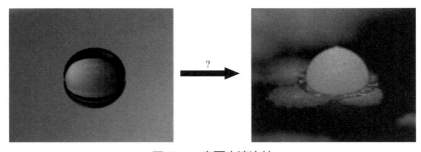

图10.4　表面水滴冻结

为了回答这些问题，需要准确采集数据对结冰过程进行定量分析。数据采集不应干扰水滴和表面。Alizadeh等人[15]采用红外成像技术，提供快速响应的实时、非侵入式温度测量。将红外照相机聚焦在水滴的上表面，从而测量表面温度（因为水在红外波长下是不透明的）。在水滴旁边，将一块导热黑色胶带贴在表面上，以监测基底温度。

实时温度测量显示结冰相变期间的水滴温度，并检测冻结的发生。图10.5展示了一种此类试验，以20℃/min冷却亲水表面上的6μL水滴，当水滴冻结时，温度突然从−19℃升至0℃。温度的突然升高是由于熔融潜热的释放。因此，测量的表面温度也同时显示升高。图10.5展示了两个重要的观察结果。首先，当水滴过冷时发生结冰。其次，在快速返回到冷却温度曲线之前，水滴温度在一段时间内保持在 T_e。图10.5所示的水滴温度趋势是固着水滴结冰的典型趋势。如图10.6所示，温度变化可分为四个过程[16]：液体冷却、再热、冻结和固体冷却。过冷温度 $T_{0,r}$ 为再热开始时的温度，称为再热前温度，Δt_f 称为冻结时间。下面重点讨论表面效应对 $T_{0,r}$ 和 Δt_f 的影响。

测量的再热前温度 $T_{0,r}$ 表示成核所需的过冷度。然而，图10.5已经表明水滴的最高温度与表面温度不同。正如下文将要讨论的，水滴不具有均匀的温度，并且水滴内部的温度分布随表面润湿性而变化。因此，为了研究表面对所需过冷度的影响，可以比较再热时的瞬时表面温度。采用5℃/min的恒定冷却速度，对相同体积的固着水滴在3个表面上的结冰情况进行了测试，记录了三种情况下的表面温度。由于难以使红外照相机与冷板的冷却同步，因此无法呈现与同一时钟相对的从三次试验中获取的表面温度数据。

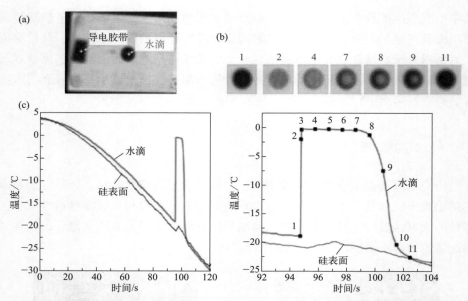

图10.5 以20℃/min速率冷却期间硅基底（θ=44°）上6μL水滴冻结的红外热成像分析［经Alizadeh 等人授权引用，2012[15]；美国化学学会版权所有（2012）］

（a）水滴和导电黑胶带的红外图像；（b）相变体系的放大图；（c）水滴（红色）硅表面（黑色）的温度

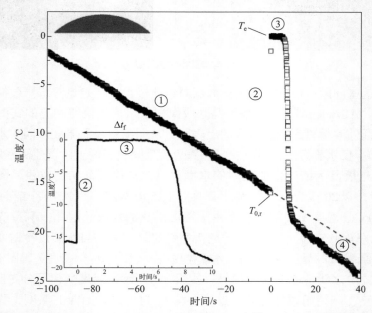

图10.6 液滴冷却过程［经Chaudhary和Li授权引用，2014[16]；Elsevier Inc版权所有（2014）］

以10℃/min冷却的亲水表面上21μL水滴的最高温度，确定了四个过程：（1）液体冷却；（2）再热；（3）冻结；（4）固体冷却。将再热和冻结期间的温度放大，并在插图中显示为一条连续曲线

为了进行比较，当表面温度显示突然上升时，再热的瞬间被认为是时间轴的零点，并在图10.7中绘制了表面温度。再热温度随接触角的增加而降低。θ=45°时的温度为−12℃，θ=110°时为−14℃，θ=145°时为−22℃。显然，随着表面疏水性的增加，结冰需要更多的过冷。

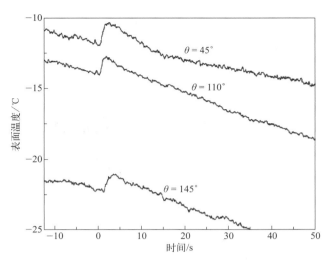

图10.7　不同接触角表面的温度曲线

当以5℃/min的速度冷却表面上具有相同体积的固着水滴时，测试了具有不同接触角的三个表面的表面温度

表面也会影响冻结时间。图10.8展示了两个表面上两个水滴的冻结过程：疏水性表面上的小水滴（7.2μm，θ=110°）和亲水表面上的大水滴（21μL，θ=45°）。小水滴完全冻结大约需要14s，而大水滴冻结只需7s。尽管其体积小，但由于其接触角大，在疏水性表面上的固着水滴具有较高的轮廓。固着水滴的高度影响将熔化潜热传递到基底所需的时间。因此，冻结过程是一个热传递驱动过程，并且表面疏水性影响从冻结水滴到基底的热传递。

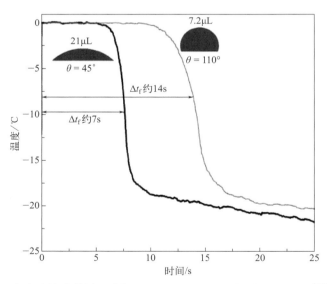

图10.8　亲疏水表面上水滴的冻结过程［经Chaudhary和Li授权引用，2014[16]；Elsevier Inc版权所有（2014）］

在不同冷板冷却速率下，亲水表面上21μL水滴和疏水表面上7.2μL水滴的最高温度

为了研究表面对冻结过程的影响，通过求解基于焓的热传导方程，建立了一个数值热模型来模拟冻结过程。为了确定冻结模拟的初始条件和边界条件，通过求解快速冷却

驱动的单相热传导，对冻结发生前水滴的热历史进行了数值分析。有人已经报道了冻结过程中的瞬态温度分布[16]。图10.9展示了相变边界（冰的厚度）沿垂直于基底表面的水滴中心线的传播。纵轴是由水滴中心高度归一化的冰层厚度。图10.9显示，亲水表面上的水滴传播结冰速度比在疏水表面上的水滴更快。

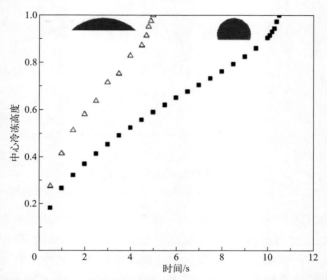

图10.9　亲疏水表面水滴冻结时中心冷冻高度变化［经Chaudhary和Li授权引用，2014[16]；
Elsevier Inc版权所有（2014）］
冻结边界沿水滴垂直中心线的传播，纵轴是与水滴底部的距离，以水滴中心高度为标准

10.2.2　撞击表面的水滴结冰

通过观察水滴对过冷表面的撞击，研究了其表面结冰现象。当水滴落在固体表面上时，它会扩散并反弹[17]。水滴的机械能在动能和势能之间转换，并且最终由于黏性耗散而减小。表面润湿性对冲击动力学有显著影响[17]。如果水滴落在超疏水表面上，它甚至可能从表面反弹[18]。由于水黏度的温度依赖性，水滴的冲击动力学也受到表面温度的影响[19]。

水滴对过冷表面的撞击是一个热-流体耦合过程，其中流体动力学和传热相互影响，对流热传递导致水滴内部的温度变化。据报道，疏水表面可以延迟撞击表面的水滴结冰。图10.10展示了水滴在具有不同疏水性程度的三个表面上冻结的瞬态温度。使用与研究静止水滴相同的方法测量温度。在这些实验中，室温下4μL的水滴以2.2m/s的速度降落在基底上，基底保持在−20℃的低湿度环境（室温下<2% RH）以避免冷凝。在所有情况下，水滴在撞击后约100ms内停止。图10.11展示了疏水表面上水滴的撞击，参考温度的时间变量为ms级。

图10.10显示，水滴冷却至−20℃所需的时间较长。由于存在较大的扩散面积（传热面积），亲水表面上的水滴降温的速度更快。所有结冰发生在水滴停止之后，并且在超疏水表面上的水滴开始结冰所需的时间最长。超疏水表面上的延迟结冰类似于

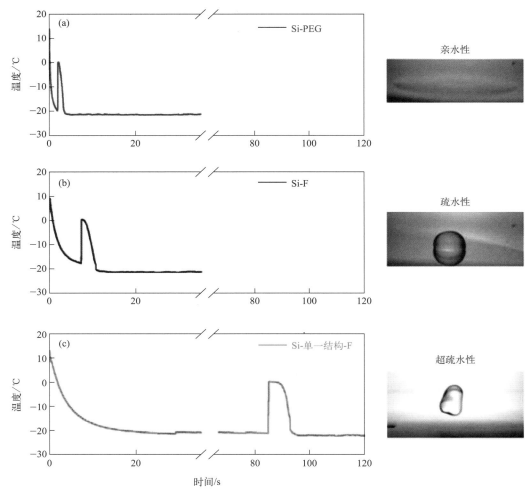

图10.10 亲水性（44°）（a），疏水性（109°）（b）和超疏水性（145°）（c）基底上4μL水滴冻结的瞬态温度［经Alizadeh等人授权引用，2012[15]；美国化学学会版权所有（2012）］

在所有情况下，室温下的水滴都撞击在−20℃基底上

图10.7，这表明超疏水表面上的结冰需要更多的过冷。

　　图10.10中的观察结果总结如下，表面疏水性决定疏冰性，亲水性决定亲冰性。通过对比图10.12和图10.10（a），可以清楚看到亲水性和亲冰性之间的关系。图10.12显示了水滴撞击经过等离子体处理的硅晶片表面过程，该表面的静态接触角为10°，温度保持在−20℃。

　　从图10.12（a）中可以看出，当水滴扩散到最大范围时，水滴边缘被固定，只有顶层似乎保持液态并向中心缩回。图10.12（b）显示了在两个位置测得的水滴瞬态温度，一个在边缘，另一个在中心。两个温度曲线没有显示从过冷温度到平衡温度的任何突然升高。边缘处测得的温度持续下降，而中心温度降至0℃并保持约2s，然后突然下降至边缘温度。图10.12和图10.10（a）的比较表明，更易润湿的表面上的水滴更容易结冰。这有两个原因：从热力学角度来看，更易润湿的表面上的结冰需要更少的过冷；从热学角度看，水滴在更易润湿的表面上扩散到更大的范围，导致水滴的温度更快地降低。

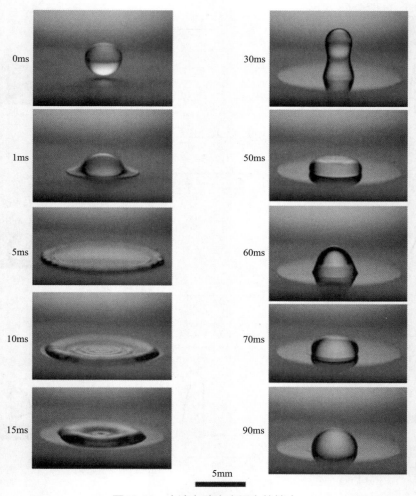

图10.11　水滴在疏水表面上的撞击

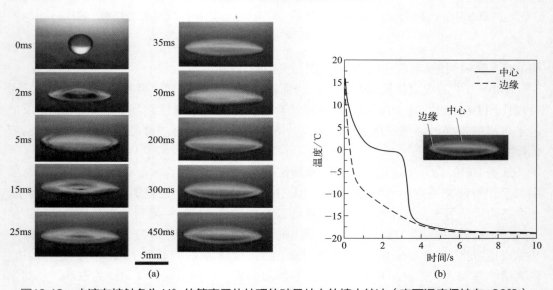

图10.12　水滴在接触角为11°的等离子体处理的硅晶片上的撞击结冰（表面温度保持在-20℃）

Bioinspired Engineering of Thermal Materials

参考文献

1 Boinovich, L.B. and Emelyanenko, A.M. (2013) Anti-icing potential of super-hydrophobic coatings. *Mendeleev Communications*, **23** (1), 3–10.

2 Cao, L., Jones, A.K., Sikka, V.K., Wu, J., and Gao, D. (2009) Anti-icing super-hydrophobic coatings. *Langmuir*, **25** (21), 12444–12448.

3 Xiao, J. and Chaudhuri, S. (2012) Design of anti-icing coatings using super-cooled drops as nano-to-microscale probes. *Langmuir*, **28** (9), 4434–4446.

4 Mishchenko, L. *et al.* (2010) Design of ice-free nanostructured surfaces based on repulsion of impacting water drops. *ACS Nano*, **4** (12), 7699–7707.

5 Meuler, A.J., McKinley, G.H., and Cohen, R.;.E. (2010) Exploiting topographical texture to impart icephobicity. *ACS Nano*, **4** (12), 7048–7052.

6 Tourkine, P., Le Merrer, M., and Quéré, D. (2009) Delayed freezing on water repellent materials. *Langmuir*, **25** (13), 7214–7216.

7 Jung, S. *et al.* (2011) Are superhydrophobic surfaces best for icephobicity? *Langmuir*, **27** (6), 3059–3066.

8 Bahadur, V. *et al.* (2011) Predictive model for ice formation on superhy-drophobic surfaces. *Langmuir*, **27** (23), 14143–14150.

9 Gao, L. and McCarthy, T.J. (2009) Wetting 101°. *Langmuir*, **25** (24), 14105–14115.

10 Quéré, D. (2008) Wetting and roughness. *Annual Review of Materials Research*, **38**, 71–99.

11 Lv, J. *et al.* (2014) Bio-inspired strategies for anti-icing. *ACS Nano*, **8** (4), 3152–3169.

12 Li, R., Alizadeh, A., and Shang, W. (2010) Adhesion of liquid droplets to rough surfaces. *Physical Review E*, **82** (4). doi: 041608.

13 Wang, Y. *et al.* (2013) Verification of icephobic/anti-icing properties of a superhydrophobic surface. *ACS Applied Materials & Interfaces*, **5** (8), 3370–3381.

14 Suzuki, S., Nakajima, A., Yoshida, N., Sakai, M., Hashimoto, A., Kameshima, Y., and Okada, K. (2007) Freezing of water drops on silicon surfaces coated with various silanes. *Chemical Physics Letters*, **445** (1), 37–41.

15 Alizadeh, A., Yamada, M., Li, R., Shang, W., Otta, S., Zhong, S., Ge, L., Dhinojwala, A., Conway, K.R., Bahadur, V., and Vinciquerra, A.J. (2012) Dynamics of ice nucleation on water repellent surfaces. *Langmuir*, **28** (6), 3180–3186.

16 Chaudhary, G. and Li, R. (2014) Freezing of water drops on solid surfaces: an experimental and numerical study. *Experimental Thermal and Fluid Science*, **57**, 86–93.

17 Gao, X. and Li, R. (2014) Spread and recoiling of liquid drops impacting solid surfaces. *AICHE Journal*, **60** (7), 2683–2691.

18 Deng, T., Varanasi, K.K., Hsu, M., Bhate, N., Keimel, C., Stein, J., and Blohm, M. (2009) Nonwetting of impinging drops on textured surfaces. *Applied Physics Letters*, **94** (13), 133109.

19 Alizadeh, A., Bahadur, V., Zhong, S., Shang, W., Li, R., Ruud, J., Yamada, M., Ge, L., Dhinojwala, A., and Sohal, M. (2012) Temperature dependent drop impact dynamics on flat and textured surfaces. *Applied Physics Letters*, **100** (11), 111601.